• The Manuscripts of Leibniz on His Discovery of the Differential Calculus •

莱布尼兹给他的祖国赢得的荣耀，是柏拉图、亚里士多德和阿基米德给希腊带来的荣耀的总和。

——狄德罗（法国思想家，启蒙运动领袖之一）

在一切理论成就中，未必再有什么像 17 世纪下半叶微积分的发明那样被看作人类精神的最高胜利了。

——恩格斯

微积分是现代数学取得的最高成就，对它的重要性怎样估计也是不会过分的。

——冯·诺伊曼（美国数学家，计算机学家）

二进制乃是具有世界普遍性的、最完美的逻辑语言。

——莱布尼兹

近代哲学领域内继笛卡儿和斯宾诺莎之后，内容最为丰富的哲学家乃是莱布尼兹。

——费尔巴哈（德国哲学家）

本书列入“十四五”国家重点图书出版规划

科学元典丛书

The Series of the Great Classics in Science

主　　编　任定成

执行主编　周雁翎

策　　划　周雁翎

丛书主持　陈　静

科学元典是科学史和人类文明史上划时代的丰碑，是人类文化的优秀遗产，是历经时间考验的不朽之作。它们不仅是伟大的科学创造的结晶，而且是科学精神、科学思想和科学方法的载体，具有永恒的意义和价值。

科学元典丛书

莱布尼兹微积分

The Manuscripts of Leibniz on His Discovery of the Differential Calculus

[德] 莱布尼兹 著 [英] 蔡尔德 英译
李保滨 汉译

图书在版编目（CIP）数据

莱布尼兹微积分/（德）莱布尼兹著；（英）蔡尔德英译；李保滨汉译. —北京：北京大学出版社，2024.6

（科学元典丛书）

ISBN 978-7-301-34951-9

Ⅰ.①莱… Ⅱ.①莱…②蔡…③李… Ⅲ.①微积分 Ⅳ.①O172

中国国家版本馆 CIP 数据核字（2024）第 068662 号

THE MANUSCRIPTS OF LEIBNIZ
ON HIS DISCOVERY OF THE DIFFERENTIAL CALCULUS
Translated by J. M. Child

书　　名　莱布尼兹微积分
LAIBUNIZI WEIJIFEN
著作责任者　［德］莱布尼兹（Leibniz）著　［英］蔡尔德　英译　李保滨　汉译
丛 书 策 划　周雁翎
丛 书 主 持　陈　静
责 任 编 辑　孟祥蕊　陈　静
标 准 书 号　ISBN 978-7-301-34951-9
出 版 发 行　北京大学出版社
地　　址　北京市海淀区成府路 205 号　100871
网　　址　http://www. pup. cn　新浪微博：@北京大学出版社
微信公众号　通识书苑（微信号：sartspku）　科学元典（微信号：kexueyuandian）
电 子 邮 箱　编辑部：jyzx@pup. cn　总编室：zpup@pup. cn
电　　话　邮购部 010-62752015　发行部 010-62750672　编辑部 010-62755446
印 刷 者　北京中科印刷有限公司
经 销 者　新华书店
787 毫米×1092 毫米　16 开本　16.75 印张　彩插 8　264 千字
2024 年 6 月第 1 版　2024 年 6 月第 1 次印刷
定　　价　88.00 元

弁　言

· Preface to the Series of the Great Classics in Science ·

这套丛书中收入的著作，是自古希腊以来，主要是自文艺复兴时期现代科学诞生以来，经过足够长的历史检验的科学经典。为了区别于时下被广泛使用的“经典”一词，我们称之为“科学元典”。

我们这里所说的“经典”，不同于歌迷们所说的“经典”，也不同于表演艺术家们朗诵的“科学经典名篇”。受歌迷欢迎的流行歌曲属于“当代经典”，实际上是时尚的东西，其含义与我们所说的代表传统的经典恰恰相反。表演艺术家们朗诵的“科学经典名篇”多是表现科学家们的情感和生活态度的散文，甚至反映科学家生活的话剧台词，它们可能脍炙人口，是否属于人文领域里的经典姑且不论，但基本上没有科学内容。并非著名科学大师的一切言论或者是广为流传的作品都是科学经典。

这里所谓的科学元典，是指科学经典中最基本、最重要的著作，是在人类智识史和人类文明史上划时代的丰碑，是理性精神的载体，具有永恒的价值。

一

科学元典或者是一场深刻的科学革命的丰碑，或者是一个严密的科学体系的构架，或者是一个生机勃勃的科学领域的基石，或者是一座传播科学文明的灯塔。它们既是昔日科学成就的创造性总结，又是未来科学探索的理性依托。

哥白尼的《天体运行论》是人类历史上最具革命性的震撼心灵的著作，它向统治西方思想千余年的地心说发出了挑战，动摇了“正统宗教”学说的天文学基础。伽利略《关于托勒密和哥白尼两大世界体系的对话》以确凿的证据进一步论证了哥白尼学说，更直接地动摇了教会所庇护的托勒密学说。哈维的《心血运动论》以对人类躯体和心灵的双重关怀，满怀真挚的宗教情感，阐述了血液循环理论，推翻了同样统治西方思想千余年、被“正统宗教”所庇护的盖伦学说。笛卡儿的《几何》不仅创立了为后来诞生的微积分提供了工具的解析几何，而且折射出影响万世的思想方法论。牛顿的《自然哲学之数学原理》标志着17世纪科学革命的顶点，为后来的工业革命奠定了科学基础。分别以惠更斯的《光论》与牛顿的《光学》为代表的波动说与微粒说之间展开了长达200余年的论战。拉瓦锡在《化学基础论》中详尽论述了氧化理论，推翻了统治化学百余年之久的燃素理论，这一智识壮举被公认为历史上最自觉的科学革命。道尔顿的《化学哲学新体系》奠定了物质结构理论的基础，开创了科学中的新时代，使19世纪的化学家们有计划地向未知领域前进。傅立叶的《热的解析理论》以其对热传导问题的精湛处理，突破了牛顿的《自然哲学之数学原理》所规定的理论力学范围，开创了数学物理学的崭新领域。达尔文《物种起源》中的进化论思想不仅在生物学发展到分子水平的今天仍然是科学家们阐释的对象，而且100多年来几乎在科学、社会和人文的所有领域都在施展它有形和无形的影响。《基因论》揭示了孟德尔式遗传性状传递机理的物质基础，把生命科学推进到基因水平。爱因斯坦的《狭义与广义相对论浅说》和薛定谔的《关于波动力学的四次演讲》分别阐述了物质世界在高速和微观领域的运动规律，完全改变了自牛顿以来的世界观。魏格纳的《海陆的起源》提出了大陆漂移的猜想，为当代地球科学提供了新的发展基点。维纳的《控制论》揭示了控制系统的反馈过程，普里戈金的《从存在到演化》发现了系统可能从原来无序向新的有序态转化的机制，二者的思想在今天的影响已经远远超越了自然科学领域，影响到经济学、社会学、政治学等领域。

科学元典的永恒魅力令后人特别是后来的思想家为之倾倒。欧几里得的《几何原本》以手抄本形式流传了1800余年，又以印刷本用各种文字出了1000版以上。阿基米德写了大量的科学著作，达·芬奇把他当作偶像崇拜，热切搜求他的手稿。伽利略以他的继承人自居。莱布尼兹则说，了解他的人对后代杰出人物的成就就不会那么赞赏了。为捍卫《天体运行论》中的学说，布鲁诺被教会处以火刑。伽利略因为其《关于托勒密和哥白尼两大世界体系的对话》一书，遭教会的终身监禁，备受折磨。伽利略说吉尔伯特的《论磁》一书伟大得令人嫉妒。拉普拉斯说，牛顿的《自然哲学之数学原理》揭示了宇宙的最伟大定律，它将永远成为深邃智慧的纪念碑。拉瓦锡在他的《化学基础论》出版后5年被法国革命法庭处死，传说拉格朗日悲愤地说，砍掉这颗头颅只要一瞬间，再长出这样的头颅100年也不够。《化学哲学新体系》的作者道尔顿应邀访法，当他走进法国科学院会议厅时，院长和全体院士起立致敬，得到拿破仑未曾享有的殊荣。傅立叶在《热的解析理论》中阐述的强有力的数学工具深深影响了整个现代物理学，推动数学分析的发展达一个多世纪，麦克斯韦称赞该书是“一首美妙的诗”。当人们咒骂《物种起源》是“魔鬼的经典”“禽兽的哲学”的时候，赫胥黎甘做“达尔文的斗犬”，挺身捍卫进化论，撰写了《进化论与伦理学》和《人类在自然界的位置》，阐发达尔文的学说。经过严复的译述，赫胥黎的著作成为维新领袖、辛亥精英、“五四”斗士改造中国的思想武器。爱因斯坦说法拉第在《电学实验研究》中论证的磁场和电场的思想是自牛顿以来物理学基础所经历的最深刻变化。

在科学元典里，有讲述不完的传奇故事，有颠覆思想的心智波涛，有激动人心的理性思考，有万世不竭的精神甘泉。

二

按照科学计量学先驱普赖斯等人的研究，现代科学文献在多数时间里呈指数增长趋势。现代科学界，相当多的科学文献发表之后，并没有任何人引用。就是一时被引用过的科学文献，很多没过多久就被新的文献所淹没了。科学注重的是创造出新的实在知识。从这个意义上说，科学是向前看的。但是，我们也可以看到，这么多文献被淹没，也表明划时代的科学文献数量是很少的。大多数科学元典不被现代科学文献所引用，那是因为其中的知识早已成为科学中无须证明的常识了。即使这样，科学经典也会因为其中思想的恒久意义，而像人文领域里的经典一样，具有永恒的阅读价值。于是，科学经典就被一编再编、一印再印。

早期诺贝尔奖得主奥斯特瓦尔德编的物理学和化学经典丛书“精密自然科学经典”从1889年开始出版，后来以“奥斯特瓦尔德经典著作”为名一直在编辑出版，有资料说目前已经出版了250余卷。祖德霍夫编辑的“医学经典”丛书从1910年就开始陆续出版了。也是这一年，蒸馏器俱乐部编辑出版了20卷“蒸馏器俱乐部再版本”丛书，丛书中全是化学经典，这个版本甚至被化学家在20世纪的科学刊物上发表的论文所引用。一般把1789年拉瓦锡的化学革命当作现代化学诞生的标志，把1914年爆发的第一次世界大战称为化学家之战。奈特把反映这个时期化学的重大进展的文章编成一卷，把这个时期的其他9部总结性化学著作各编为一卷，辑为10卷“1789—1914年的化学发展”丛书，于1998年出版。像这样的某一科学领域的经典丛书还有很多很多。

科学领域里的经典，与人文领域里的经典一样，是经得起反复咀嚼的。两个领域里的经典一起，就可以勾勒出人类智识的发展轨迹。正因为如此，在发达国家出版的很多经典丛书中，就包含了这两个领域的重要著作。1924 年起，沃尔科特开始主编一套包括人文与科学两个领域的原始文献丛书。这个计划先后得到了美国哲学协会、美国科学促进会、美国科学史学会、美国人类学协会、美国数学协会、美国数学学会以及美国天文学学会的支持。1925 年，这套丛书中的《天文学原始文献》和《数学原始文献》出版，这两本书出版后的 25 年内市场情况一直很好。1950 年，沃尔科特把这套丛书中的科学经典部分发展成为“科学史原始文献”丛书出版。其中有《希腊科学原始文献》《中世纪科学原始文献》和《20 世纪（1900—1950 年）科学原始文献》，文艺复兴至 19 世纪则按科学学科（天文学、数学、物理学、地质学、动物生物学以及化学诸卷）编辑出版。约翰逊、米利肯和威瑟斯庞三人主编的“大师杰作丛书”中，包括了小尼德勒编的 3 卷“科学大师杰作”，后者于 1947 年初版，后来多次重印。

在综合性的经典丛书中，影响最为广泛的当推哈钦斯和艾德勒 1943 年开始主持编译的“西方世界伟大著作丛书”。这套书耗资 200 万美元，于 1952 年完成。丛书根据独创性、文献价值、历史地位和现存意义等标准，选择出 74 位西方历史文化巨人的 443 部作品，加上丛书导言和综合索引，辑为 54 卷，篇幅 2 500 万单词，共 32 000 页。丛书中收入不少科学著作。购买丛书的不仅有“大款”和学者，而且还有屠夫、面包师和烛台匠。迄 1965 年，丛书已重印 30 次左右，此后还多次重印，任何国家稍微像样的大学图书馆都将其列入必藏图书之列。这套丛书是 20 世纪上半叶在美国大学兴起而后扩展到全社会的经典著作研读运动的产物。这个时期，美国一些大学的寓所、校园和酒吧里都能听到学生讨论古典佳作的声音。有的大学要求学生必须深研 100 多部名著，甚至在教学中不得使用最新的实验设备，而是借助历史上的科学大师所使用的方法和仪器复制品去再现划时代的著名实验。至 20 世纪 40 年代末，美国举办古典名著学习班的城市达 300 个，学员 50 000 余众。

相比之下，国人眼中的经典，往往多指人文而少有科学。一部公元前 300 年左右古希腊人写就的《几何原本》，从 1592 年到 1605 年的 13 年间先后 3 次汉译而未果，经 17 世纪初和 19 世纪 50 年代的两次努力才分别译刊出全书来。近几百年来移译的西学典籍中，成系统者甚多，但皆系人文领域。汉译科学著作，多为应景之需，所见典籍寥若晨星。借 20 世纪 70 年代末举国欢庆“科学春天”到来之良机，有好尚者发出组译出版“自然科学世界名著丛书”的呼声，但最终结果却是好尚者抱憾而终。20 世纪 90 年代初出版的“科学名著文库”，虽使科学元典的汉译初见系统，但以 10 卷之小的容量投放于偌大的中国读书界，与具有悠久文化传统的泱泱大国实不相称。

我们不得不问：一个民族只重视人文经典而忽视科学经典，何以自立于当代世界民族之林呢？

三

科学元典是科学进一步发展的灯塔和坐标。它们标识的重大突破，往往导致的是常规科学的快速发展。在常规科学时期，人们发现的多数现象和提出的多数理论，都要用科学元典中的思想来解释。而在常规科学中发现的旧范型中看似不能得到解释的现象，其重要性往往也要通过与科学元典中的思想的比较显示出来。

在常规科学时期，不仅有专注于狭窄领域常规研究的科学家，也有一些从事着常规研究但又关注着科学基础、科学思想以及科学划时代变化的科学家。随着科学发展中发现的新现象，这些科学家的头脑里自然而然地就会浮现历史上相应的划时代成就。他们会对科学元典中的相应思想，重新加以诠释，以期从中得出对新现象的说明，并有可能产生新的理念。百余年来，达尔文在《物种起源》中提出的思想，被不同的人解读出不同的信息。古脊椎动物学、古人类学、进化生物学、遗传学、动物行为学、社会生物学等领域的几乎所有重大发现，都要拿出来与《物种起源》中的思想进行比较和说明。玻尔在揭示氢光谱的结构时，提出的原子结构就类似于哥白尼等人的太阳系模型。现代量子力学揭示的微观物质的波粒二象性，就是对光的波粒二象性的拓展，而爱因斯坦揭示的光的波粒二象性就是在光的波动说和微粒说的基础上，针对光电效应，提出的全新理论。而正是与光的波动说和微粒说二者的困难的比较，我们才可以看出光的波粒二象性学说的意义。可以说，科学元典是时读时新的。

除了具体的科学思想之外，科学元典还以其方法学上的创造性而彪炳史册。这些方法学思想，永远值得后人学习和研究。当代诸多研究人的创造性的前沿领域，如认知心理学、科学哲学、人工智能、认知科学等，都涉及对科学大师的研究方法的研究。一些科学史学家以科学元典为基点，把触角延伸到科学家的信件、实验室记录、所属机构的档案等原始材料中去，揭示出许多新的历史现象。近二十多年兴起的机器发现，首先就是对科学史学家提供的材料，编制程序，在机器中重新做出历史上的伟大发现。借助于人工智能手段，人们已经在机器上重新发现了波义耳定律、开普勒行星运动第三定律，提出了燃素理论。萨伽德甚至用机器研究科学理论的竞争与接受，系统研究了拉瓦锡氧化理论、达尔文进化学说、魏格纳大陆漂移说、哥白尼日心说、牛顿力学、爱因斯坦相对论、量子论以及心理学中的行为主义和认知主义形成的革命过程和接受过程。

除了这些对于科学元典标识的重大科学成就中的创造力的研究之外，人们还曾经大规模地把这些成就的创造过程运用于基础教育之中。美国几十年前兴起的发现法教学，就是在这方面的尝试。近二十多年来，兴起了基础教育改革的全球浪潮，其目标就是提高学生的科学素养，改变片面灌输科学知识的状况。其中的一个重要举措，就是在教学中加强科学探究过程的理解和训练。因为，单就科学本身而言，它不仅外化为工艺、流程、技术及其产物等器物形态，直接表现为概念、定律和理论等知识形态，更深蕴于其特有的思想、观念和方法等精神形态之中。没有人怀疑，我们通过阅读今天的教科书就可以方便地学到科学元典著作中的科学知识，而且由于科学的进步，我们从现代教科书上所学的知识甚至比经典著作中的更完善。但是，教科书所提供的只是结晶状态的凝固知识，而科学本是历史的、创造的、流动的，在这历史、创造和流动过程之中，一些东西蒸发了，另一些东西积淀了，只有科学思想、科学观念和科学方法保持着永恒的活力。

然而，遗憾的是，我们的基础教育课本和科普读物中讲的许多科学史故事不少都是误讹相传的东西。比如，把血液循环的发现归于哈维，指责道尔顿提出二元化合物的元素原子数最简比是当时的错误，讲伽利略在比萨斜塔上做过落体实验，宣称牛顿提出了牛顿定律的诸数学表达式，等等。好像科学史就像网络上传播的八卦那样简单和耸人听闻。为避免这样的误讹，我们不妨读一读科学元典，看看历史上的伟人当时到底是如何思考的。

现在，我们的大学正处在席卷全球的通识教育浪潮之中。就我的理解，通识教育固然要对理工农医专业的学生开设一些人文社会科学的导论性课程，要对人文社会科学专业的学生开设一些理工农医的导论性课程，但是，我们也可以考虑适当跳出专与博、文与理的关系的思考路数，对所有专业的学生开设一些真正通而识之的综合性课程，或者倡导这样的阅读活动、讨论活动、交流活动甚至跨学科的研究活动，发掘文化遗产、分享古典智慧、继承高雅传统，把经典与前沿、传统与现代、创造与继承、现实与永恒等事关全民素质、民族命运和世界使命的问题联合起来进行思索。

我们面对不朽的理性群碑，也就是面对永恒的科学灵魂。在这些灵魂面前，我们不是要顶礼膜拜，而是要认真研习解读，读出历史的价值，读出时代的精神，把握科学的灵魂。我们要不断吸取深蕴其中的科学精神、科学思想和科学方法，并使之成为推动我们前进的伟大精神力量。

任定成
2005 年 8 月 6 日
北京大学承泽园迪吉轩

莱布尼兹（Gottfried Wilhelm Leibniz，1646—1716）

➡ 1646年7月1日，莱布尼兹诞生于德国莱比锡的一个书香之家。他的父亲弗里德里希·莱布尼兹（Friedrich Leibniz，1597—1652）是路德教会的律师，也是莱比锡大学的道德哲学教授。老莱布尼兹有过三段婚姻，莱布尼兹是他和第三任妻子的唯一孩子，自小受到精心培养。遗憾的是，父亲在莱布尼兹6岁的时候就去世了。

⬅ 1646年7月3日，还是婴儿的莱布尼兹在莱比锡尼古拉教堂接受洗礼。图为尼古拉教堂今貌。

⬇ 8岁时，莱布尼兹进入尼古拉学校，开始正式上学，并在这里学习了6年。但他在入学之前就已经接触过学校所开设课程的许多内容，这使他学习起来十分轻松。

拉丁文是其中一门课。直到 19 世纪早期，拉丁文都是欧洲正规学校里的一门必修课，能流利地读、写拉丁文是欧洲社会中有教养的上层人士的基本素养。起初，莱布尼兹的拉丁文学得并不好，后来通过阅读古罗马历史学家李维（T. Livius，公元前 59—公元 17）的《罗马史》等拉丁文著作学好了拉丁文。图为李维雕像。

TITI LIVII
PATAVINI
HISTORIARUM
TOMUS SECUNDUS.
A Libro VI. ad XXIII.
INTERPRETATIONE ET NOTIS ILLUSTRAVIT
JOANNES DUJATIUS
JUSSU CHRISTIANISSIMI
REGIS,
IN USUM SERENISSIMI
DELPHINI.
ACCESSERE IN HAC NOVA EDITIONE
JOANNIS CLERICI Notae.
VENETIIS, M DCC XIV.
Apud CAROLUM BONARRIGUM.
SUPERIORUM PERMISSU.

《罗马史》又名《自建城以来史》，是一部艰深的著作。当时，人们很惊讶还是少年的莱布尼兹竟能读懂这本书。得益于此，莱布尼兹可以阅读他父亲留下的丰富藏书。

未满 12 岁，莱布尼兹就熟读了古希腊、古罗马的许多名家著作，这不仅使他熟练掌握了拉丁文和希腊文，还使他自幼养成了哲学思考的能力和习惯。13 岁时，莱布尼兹就敢于挑战权威，试图改进亚里士多德的范畴理论。1661 年，15 岁的莱布尼兹开始在莱比锡大学学习法律，同时还广泛阅读了哲学著作。图为 20 世纪初的莱比锡大学主楼。

在莱比锡大学，受托马修斯（J. Thomasius，1622—1684）教授的影响，莱布尼兹接受了经院哲学训练。

莱布尼兹原本的目标是留校任教，但根据当时莱比锡大学的规定，他需要先取得博士学位。于是，1663 年他开始在莱比锡大学攻读法学博士。但是，1666 年莱比锡大学却以他太年轻为由，拒绝授予他博士学位。这使他留校任教的想法破碎。一气之下，莱布尼兹当年就转到了纽伦堡附近的阿尔特多夫大学，在这里他很快获得了法学博士学位。但这次经历改变了莱布尼兹原本想当大学教师的想法。图为 18 世纪初的阿尔特多夫大学。

1663 年暑期，莱布尼兹曾到魏玛城的耶拿大学跟随魏格尔教授系统学习欧几里得几何学。他对数学产生兴趣，大约就是从这时开始的。

魏格尔（E. Weigel，1625—1699），德国数学家、天文学家和哲学家。

耶拿大学主楼

1666年，莱布尼兹在纽伦堡加入了一个由知识界人士组成的炼金术士团体——玫瑰十字兄弟会，虽然参与的时间只有两三个月，但他对炼金术的浓厚兴趣却持续终生，甚至去世前还在和医生探讨炼金术。

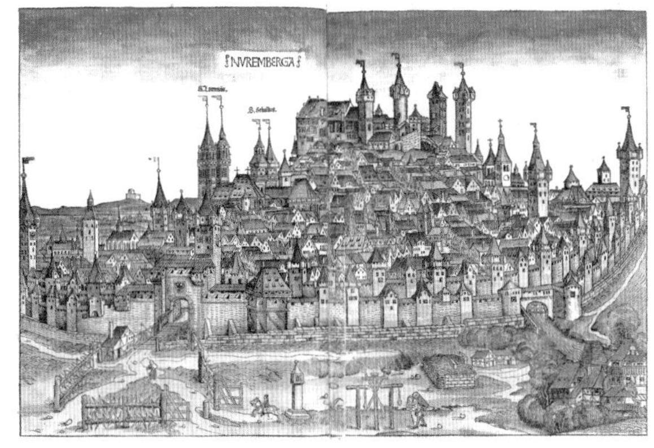

图为15世纪末的纽伦堡。在15—16世纪，文化繁荣的纽伦堡是德国文艺复兴的中心。

炼金术士布兰德（H. Brand，1630—1692）和莱布尼兹是朋友。1669年，布兰德意外在人的尿液中发现了磷元素，他也是化学史上第一个发现磷元素的人。莱布尼兹的《磷发现史》就是在布兰德的帮助下写成的。图为画作《寻找哲人石的炼金术士发现了磷》，其中的人物主角即布兰德。

约翰·菲利普（Johann Philipp von Schönborn，1605—1673）

1667年夏，21岁的莱布尼兹被推荐为美因茨选帝侯约翰·菲利普服务。期间，莱布尼兹充分展现了其法学才华和卓越的政治才能。1672年，菲利普任命26岁的莱布尼兹为外交官，并派其前往巴黎。1673年菲利普突然去世，莱布尼兹的政治生涯也随之结束。

得益于之前接触到的政治环境，莱布尼兹与社会各界建立了广泛的联系，这也铺就了他的学术之路。除了通过一些会议和社会活动结识各方人士外，通信也是他的一个主要的联络方式。与莱布尼兹通信的人有一千多位，他留下的信件有一万五千多封，这些信件记载了莱布尼兹在不同时期、不同领域的思想、见解和研究成果。

通过社会活动结识了法学家康林（H. Conring，1606—1681），并向其请教哲学方面的问题。

写信给英国著名哲学家霍布斯（T. Hobbes，1588—1679）请教哲学方面的问题。

写信给马格德堡的物理学家居里克（O. Gericke，1602—1686）请教真空问题。

写信给荷兰哲学家斯宾诺莎（B. Spinoza，1632—1677）请教光学方面的问题。

1671 年 3 月，莱布尼兹写成论文《物理学新假说》，并将上篇（论述抽象运动）寄交巴黎科学院，将下篇（论述具体运动）寄给了英国皇家学会。图为英国皇家学会现址。

1672—1676 年，莱布尼兹的主要活动地点是巴黎，他起初是为完成外交任务而前往巴黎的。他拜当时在巴黎旅居的荷兰学者惠更斯为师，并在惠更斯等人的帮助下迅速成长为一流数学家。另外，他在哲学方面深受笛卡儿著作的影响。

惠更斯（C. Huygens，1629—1695），荷兰数学家，英国皇家学会成员，巴黎科学院的首批院士。惠更斯于 1657 年发明了摆钟。莱布尼兹在阅读了惠更斯关于摆钟原理的数学著作后，被其中的数学方法深深吸引，于是拜其为师。

笛卡儿（R. Descartes，1596—1650），现代哲学之父，他最著名的哲学陈述是“我思故我在”。笛卡儿的部分著作在当时被列为“禁书”，其中一些重要著作是通过莱布尼兹的手抄本得以保存的。

在巴黎旅居的四年间（1672—1676），莱布尼兹不仅初步创建了微积分，还研制了计算器。图为莱布尼兹时代巴黎城市规划图。

1642 年，法国科学家帕斯卡（B. Pascal，1623—1662）建造了世界上第一台数字计算器，可直接进行加减运算。图为在巴黎展出的早期帕斯卡计算器。

1672 年莱布尼兹制得能够进行乘法的计算器，并于 1673 年将其带到伦敦展示，但遭到同样在研究计算器的胡克（R. Hooke，1635—1703）的白眼。图为根据胡克同事的描述所画的胡克肖像。

莱布尼兹在 1674 年又制成了第一台能够进行加、减、乘、除和开方运算的计算器。他在 1685 年一篇论文中详细阐述了这一计算器的原理和结构，并指明了计算器的重要性。图为莱布尼兹 1690 年制造的手摇计算器，现存于德国汉诺威的莱布尼兹图书馆。

目 录

导 读

孙小礼
（北京大学科学与社会研究中心　教授）

• *Introduction to Chinese Version* •

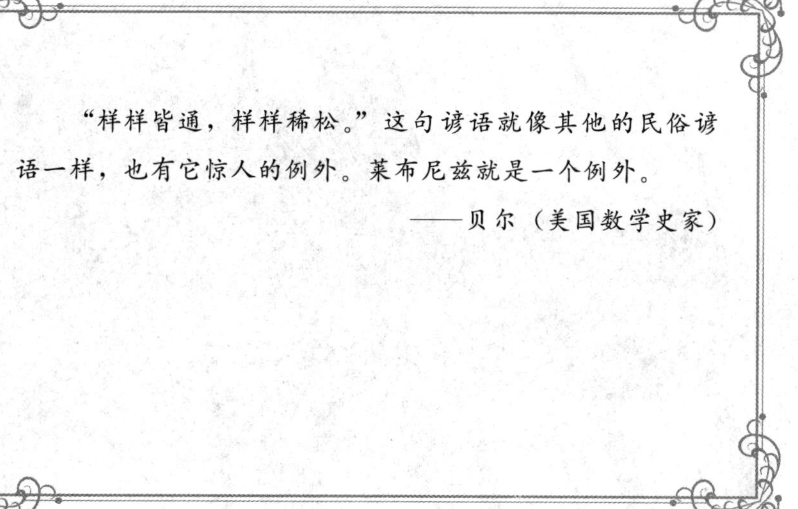

“样样皆通，样样稀松。”这句谚语就像其他的民俗谚语一样，也有它惊人的例外。莱布尼兹就是一个例外。

——贝尔（美国数学史家）

莱布尼兹（Gottfried Wilhelm Leibniz，1646—1716）在数学、哲学、政治学、法学、历史学、物理学、化学等众多领域都有建树，尤其在数学和哲学方面有里程碑式的创造性贡献。1700年莱布尼兹当选为巴黎科学院院士。作为著名学者，莱布尼兹为当时欧洲各国学术界所尊崇，而后人更把他誉为一位百科全书式的伟大学者。

莱布尼兹的一生

1646年7月1日，莱布尼兹诞生于德国莱比锡的一个书香之家。他的父亲曾经是莱比锡大学的道德哲学教授，他的母亲也出身于大学教授之家。幼小的莱布尼兹受到的家庭教育和熏陶，对他以后的志趣和成长产生了极其深远的影响。他的一生可分为四个时期。

一、勤奋求学（1646—1667）

莱布尼兹在上学之前就在家中开始了自己的学习生涯，有相当好的阅读能力，能独立阅读历史故事、诗歌等书籍。莱布尼兹8岁开始正式上学。当时学校开设的课程有拉丁文、希腊文、修辞学、算术、逻辑、音乐以及圣经、路德教义等。因为他在入学之前对学校课程的许多内容已经有所接触，所以他在课堂学习中显得十分轻松。

莱布尼兹喜欢阅读父亲的丰富藏书，还未满12岁，他就已熟读了古希腊和古罗马许多名家的著作；欧洲古典文化深深地影响和熏陶了他，使他自幼养成哲学思考的能力和习惯。

随着更加深入地研读经典著作，莱布尼兹已不完全膜拜在古代学者的脚下，而是开始与他所崇拜的伟人对话。13岁时，他在思考了有关

◀ 莱比锡大学中的莱布尼兹雕像。

逻辑学的古典理论之后，就敢于向权威挑战，试图改进亚里士多德（Aristotle，前 384—前 322）的范畴理论。在以亚里士多德的学说为基础的逻辑学中，简单概念被分为一定的等级——范畴。莱布尼兹提出了这样的问题：复合概念或一个陈述语句为什么不能被划分为不同的范畴呢？为什么它们不能按照演绎推理的方式从其他的逻辑规则中推导出来呢？这种思考成为他研究逻辑学的最早源头。

莱布尼兹天资聪颖，又勤奋努力，仅用 6 年时间就学完了一般孩子 10～12 年才能学完的课程，他还善于思考且勇于探索。

1661 年 3 月，15 岁的莱布尼兹进入莱比锡大学法律系，接受正规的传统大学教育。他一进校，就跟上了大学二年级的一些人文课程，如哲学、修辞学、拉丁文、希腊文和希伯来文等。同时数学也没有落下。因为许多课程的内容都以传统的经院哲学为主，所以他在课余还自学文艺复兴以后的哲学和科学，广泛阅读了培根（F. Bacon，1561—1626）、开普勒（J. Kepler，1571—1630）、伽利略（G. Galilei，1564—1642）、笛卡儿（R. Descartes，1596—1650）等人的著作。

在莱比锡大学，第一个对他有影响的老师是讲授修辞学的托马修斯（J. Thomasius，1622—1684）。这位教授精通古典哲学和经院哲学，使莱布尼兹接受了传统的经院哲学的训练，而哲学史的知识则为他日后从事哲学和神学的研究和著述工作奠定了基础。莱布尼兹第一篇公开发表的文章，即他 1663 年 5 月写成的毕业论文，题目是《论个体原则方面的形而上学争论》，是阐述和维护经院哲学的唯名论观点的。莱布尼兹因这篇论文获得哲学硕士学位。当时他 17 岁。

1663 年暑期，莱布尼兹利用获得硕士学位之后但尚未去法学院继续深造的那段空隙时间，在魏玛城的耶拿大学跟随魏格尔（E. Weigel，1625—1699）教授，系统地学习了欧几里得几何学。这使他开始确信毕达哥拉斯和柏拉图的宇宙观：宇宙是一个由数学和逻辑原则所统率的和谐的整体。魏格尔提出的四进位数概念对莱布尼兹很有启发，十多年后莱布尼兹创建了二进位算术。莱布尼兹对数学产生兴趣，大约就是从这一年的暑期开始的。

莱布尼兹在莱比锡大学法学院认真地学习和钻研法学理论，并努力将法学理论与法学实践结合起来；他利用各种机会列席法庭审判，以便能熟悉法庭判决的程序和方法。1664 年 1 月，他写出论文《论法学之艰难》，着重阐述了法学研究需要有哲学基础知识的观点，并讨论了法学基本理论中的许多问题。

1665 年，莱布尼兹写成了论文《论身份》，准备以此作为博士学位论文进行答辩。1666 年，他又完成了一篇重要论文《论组合术》，这篇数学论文作为现代组合分析学的前身，使他跻身于组合数学研究者的行列。当时莱布尼兹年仅 20 岁。然而，莱比锡大学竟以他还太年轻为由，拒绝授予他博士学位。

莱布尼兹只得转学到纽伦堡附近的阿尔特多夫大学。1666 年 10 月 4 日，他去学校注册，并立即向学校提交了已准备好的法学博士学位论文。虽然阿尔特多夫大学的规模不如莱比锡大学，但是学术氛围浓厚，学者之间的学术合作也较融洽。阿尔特多夫大学很快审议了他提交的论文。

1667 年 2 月，莱布尼兹的博士论文答辩会在阿尔特多夫大学举行。答辩以演讲的方式进行。他胸有成竹，从容不迫，先用散文形式，后用诗歌形式，轻松自如地对论文进行了阐述。他的演讲十分精彩，表现出了一个演说家的才能。而在答辩过程中，他的一些新颖独到的观点，令评委会的教授深深地折服，评委与听众们一起为他鼓掌。就连那些对莱布尼兹的观点持不同看法的人，在听了他的演讲和答辩之后，也对他的论文水平表示满意。

在论文答辩仪式结束前，评委会经过投票，一致同意授予这位年轻人阿尔特多夫大学法学博士学位。这一年他 21 岁。

二、初入社会（1667—1672）

为了使自己离开学校以后能在社会上有立足之地，莱布尼兹从 1666 年起就开始与一些社会人士交往，并加入了一个由知识界人士组成的炼金术士团体——玫瑰十字兄弟会。他担任的第一个社会职务，是做玫瑰十字兄弟会的秘书。莱布尼兹在这个团体中的时间并不长，约两三个月，但他对炼金术的浓厚兴趣终生不减，甚至在他临终卧床不起时，还和医生探讨炼金术。

莱布尼兹曾经声称，他研究炼金术的动机是从学术出发的。他认为，如果把一些贱金属变成诸如金、银等贵重金属的设想能够在实践上行得通，那么在实际操作过程中，人们就能从中获得有关物质结构的知识。

1667 年夏，莱布尼兹开始了自己的旅行计划，与社会各界建立起极其广泛的联络关系，结识了地位显赫的贵族。莱布尼兹开始为美因茨选帝侯服务，成为其重要幕僚，继续从事法学研究，写了不少有价值的论文和著作，还参与校订了罗马法。这时他开始积极投身于政治和外交活动，曾有短暂的外交官生涯。他志趣宽广，善于利用各种机会与各方面的朋友探讨各个领域的问题。

莱布尼兹很早就开始关心和思考有关自然哲学方面的问题了，并于 1669 年上半年写成《关于自然界反对无神论者的说明》。

1671 年 3 月，莱布尼兹写成论文《物理学新假说》(*Hypothesis Physica Nova*)，该文内容包括两部分，上篇是抽象运动论，下篇是具体运动论。他将上篇寄交巴黎科学院，将下篇寄给了英国皇家学会。

年轻的莱布尼兹已开始展现其百科全书式的广泛兴趣，常把自己所思考的有关宗教、政治、社会、学术等多方面的问题，与各方面的有识之士进行讨论，并用书信方式与熟悉的或不熟悉的人士进行思想交流。这种习惯，伴随了莱布尼兹的整整一生。

三、在巴黎 (1672—1676)

1672 年，莱布尼兹以外交官的身份出使巴黎。留居巴黎的四年，对他一生的学术生涯有着决定性的影响。当时巴黎正是欧洲大陆科学文化的中心，莱布尼兹在巴黎接触到了世界上最新的科学思想和科学成就，结识了许多世界一流的思想家、科学家。在此期间，他迅速成长为一流的数学家，也步入了当代哲学家的行列。1673 年 4 月，莱布尼兹成为英国皇家学会会员。他在这一时期最突出的科学贡献就是初步创建了微积分，还成功研制出了第一台能够进行四则运算的手摇木制计算器。

在巴黎的四年（其间两次访问伦敦和一次访问荷兰），莱布尼兹开阔了眼界，活跃了思想，这些经历为他一生的学术事业打下了坚实的基础，特别对他在数学和哲学方面的创造产生了决定性的影响。莱布尼兹能够熟练地使用法语，他的学术著述大都是用法文写的，这使得他的许多研究工作得以在欧洲广泛传播。

（一）拜惠更斯为师

1672 年秋，莱布尼兹有机会见到了著名物理学家兼数学家惠更斯（C. Huygens，1629—1695）。惠更斯送给他一份论述摆钟原理的数学著作。莱布尼兹被这一著作中的数学方法深深吸引住了，他诚心诚意地拜惠更斯为师。惠更斯为了试试莱布尼兹的数学水平，就在无穷级数方面出了一道题给他。通过一番努力钻研，莱布尼兹不但很巧妙地解出了这个题目，而且还引申出了一些新的问题和想法。当时，关于无穷级数的理论还处于萌芽状态，而莱布尼兹已能够独立地在这方面进行开创性的研究。惠更斯非常满意，认为莱布尼兹具有一流的数学头脑，他很乐意收下这位学生。于是，莱布尼兹就在惠更斯的指导下开始了真正的数学学习。这一年，他 26 岁。

莱布尼兹把惠更斯给他的题目作为一个级数求和的特例，将其逐步引申和转化为更一般的级数求和问题。他将圣文森特的格雷戈里（Grégoire de Saint-Vincent，1584—1667）的方法加以创造性推广，得到许多新结果，求出一大类无穷级数的和。莱布尼兹为自己在数学研究方面不断获得新成果而感到高兴和自豪，而他每推导出一个重要的或有趣的结果，都要详细地向惠更斯报告。惠更斯鼓励他将自己的独特成果发表出来。

（二）创建微积分

通过阅读和研究与微积分内容相关的著作，莱布尼兹掌握了导致微积分产生的一些基本思路和方法。1673 年，他首先在有关求面积的问题中取得突破，得到了求平面曲线所围面积的一般公式。关于微积分的创建工作是莱布尼兹在巴黎四年的学术研究中所做出的最重大的科学贡献。虽然当时他还没有将其研究成果写成论文正式发表，但是他在他的手稿、通信中已经记载了微积分的创建过程。

（三）研制算术计算器

莱布尼兹在从事微积分研究的同时，还抓紧改进计算器。为此，他也花费了不少时间和精力。经过反复研制，莱布尼兹终于在 1674 年制成了一架能够进行加、减、乘、除和开方运算的机器，这是他的又一个重大创造。

（四）探索哲学

在研究笛卡儿的几何学时，莱布尼兹接触到了笛卡儿的哲学。在他详细查阅数学文献时，也查阅了笛卡儿的其他著作，特别是哲学和物理学方面的著作。

1672 年秋，莱布尼兹结识了法国数学家和哲学家阿尔诺（A. Arnauld，1612—1694）。阿尔诺是一位很有影响力的资深学者，他又把自己的一些学生介绍给莱布尼兹。不久，莱布尼兹又结识了著名的哲学家马勒伯朗士（N. Malebranche，1638—1715）。与阿尔诺、马勒伯朗士等人的交往，对于他进一步研究和讨论笛卡儿及其学派的哲学，以及对于日后他自己的哲学思想的形成和发展，都有重大影响。

在巴黎期间，莱布尼兹还阅读了柏拉图对话集中的《巴门尼德篇》，并对这种用对话体裁论述哲学思想的方式产生了兴趣。

（五）学术旅行

1673 年 1 月至 3 月，莱布尼兹的伦敦之行使他在学术方面受益匪浅。一到伦敦，他就拜会了已通信三年但未谋面的英国皇家学会秘书奥尔登堡（H. Oldenburg，1618—1677）。奥尔登堡热情地把这位年轻的德国学者介绍给英国学术界，邀请他出席英国皇家学会的会议，使其直接与许多著名学者交往；此外，还帮助他寻找、搜集各种科学文献。这使莱布尼兹很快就熟悉了当时的科学前沿领域。奥尔登堡对他进入英国学术界起了关键作用。

1676 年 10 月 4 日，莱布尼兹再次自巴黎启程，在英国和荷兰进行了一系列学术访问。他拜访奥尔登堡，会见英国著名数学家柯林斯（J. Collins，1625—1683），了解当时居数学主导地位的英国学者们的一些最新工作。

两次访问伦敦，莱布尼兹都未能与牛顿（I. Newton，1642—1727）见面，但是通过奥尔登堡的帮助，自 1676 年起，这两位伟大学者开始了学术通信联系。

10 月 29 日，莱布尼兹怀着十分满足的心情离开了伦敦，他接着访问荷兰。在荷兰首都阿姆斯特丹，他结识了市长、数学家胡德（J. Hudde，1628—1704），新教神秘主义者普瓦里（P. Poiret，1646—1719）等人。在代尔夫特，他见到了生物学家列文虎克（A. Leeuwenhoek，1632—1723）。不久前，列文虎克使用显微镜第一次观察了细菌、原生动物和精子，莱布尼兹对于这一发现很有兴趣。他后来提出的单子论哲学和有机论自然观都受到列文虎克工作的启发。

在海牙，他见到了著名哲学家斯宾诺莎（B. Spinoza，1632—1677）。当时斯宾诺莎正患肺结核，病情很重，但依然满足了莱布尼兹的请求，不仅会见了这位年轻学者，还将自己未发表的著作《伦理学》的手稿给他看，并与他就一系列哲学问题进行了四天热烈的讨论。这次会见，对莱布尼兹的影响很大，后来他在伦理学方面的许多观点都秉承了斯宾诺莎的思想，而斯宾诺莎用几何学方式阐述哲学体系则使他更加坚信毕达哥拉斯-柏拉图主义。与莱布尼兹会见后不久，大约三个月之后，斯宾诺莎就与世长辞了。自 1671 年起，莱布尼兹就与斯宾诺莎在通信中讨论各种问题，1676 年的会见，以及四天的热烈讨论，为 17 世纪欧洲学术交流史留下了一段佳话。

1676 年 11 月底，莱布尼兹到达汉诺威。伦敦和荷兰近两个月的学术旅行，使他有多方面的学术收获，尤其是在数学和哲学方面。

四、在汉诺威（1676—1716）

（一）终身职务：汉诺威图书馆馆长

1676 年，莱布尼兹抵达汉诺威后，担任了汉诺威图书馆馆长。这一年，他 30 岁。

作为图书馆馆长，莱布尼兹为图书馆的管理和发展倾注了大量心血，置身于繁忙而琐碎的日常工作中，诸如行政管理事务、购置新书、设法藏书以及图书编目等。

1679 年，他负责将汉诺威图书馆由郊外的海勒豪森王宫转移到城内。1681 年，他又将图书馆从原来狭窄的房屋搬迁到比较宽敞的地方。1698 年，图书馆终于搬入一幢单独的房屋中，其中有一间是图书馆馆长的生活住房。后人将这间莱布尼兹长期工作和生活过的房子称为“莱布尼兹屋”，德国人曾把它作为重要文化遗址加以保护，但是“莱布尼兹屋”在第二次世界大战中被毁。后来，德国人又在别处将其重建。

后来，莱布尼兹还兼任布伦瑞克-沃尔芬比特尔公爵乌利希（A. Ulrich，1663—1714）侯府图书馆馆长。由于他的悉心经营，沃尔芬比特尔图书馆因极丰富的藏书和手稿而远近驰名。

莱布尼兹担任图书馆馆长的四十年间，在图书馆事业的管理和理论两个方面都很有成就，对图书编目、摘要索引做了许多开创性的工作。在图书馆学发展史上，莱布尼兹占有一席重要地位。

（二）修宫廷史，游历欧洲

除了图书馆馆长等职务外，莱布尼兹还承担了写关于布伦瑞克这个显赫家族历史的工作。这虽然是一件直接为宫廷服务的差事，但对莱布尼兹来说，却是一项严肃的研究任务。为了这项宫廷历史研究，莱布尼兹策划了游历欧洲各地的一次学术旅行。由于有宫廷的支持，欧洲所有的档案馆和图书馆都向他敞开了大门，莱布尼兹充分利用这一难得机会，拜访欧洲的著名人士，并与他们探讨有关科学、社会等的学术问题。

莱布尼兹是把这个家族的历史当作欧洲文明史的一个组成部分来加以研究和写作的。他从矿山和化石的形成、欧洲部落的迁徙、欧洲语言的形成等开始写起，但由于他要写的东西非常宽广，追溯的源头太远，尽管他努力工作，可直至逝世时也只写到公元 1005 年。大部分材料直到他去世以后才陆续出版。布伦瑞克家族嫌他写作进度太慢，经常抱怨他说："莱布尼兹什么事都做，就是不做那些付给他薪水的事。"然而，莱布尼兹的工作却得到了历史学界的承认。

（三）为筹建科学院而奔波

莱布尼兹从自己的科学研究经历中体会到，建立像英国皇家学会那样的研究机构是十分重要的。他竭力倡导建立科学院，以便把人才集中起来研究科学、文化和工程技术。为此，他曾向柏林、美因茨、汉堡、萨克森、波兰、维也纳和圣彼得堡等许多地方建议创办科学院。

1700年，柏林科学院宣告成立，莱布尼兹出任首任院长，直到1716年逝世。柏林科学院定期开会讨论有关的学术论文，并于1710年用拉丁文出版了《柏林科学院集刊》第一卷，收录涉及数学、自然科学的论文共58篇，其中有12篇是莱布尼兹亲自撰写的科学论文，在科学史上有相当高的价值。

由于莱布尼兹在建议和筹建柏林科学院、维也纳科学院和圣彼得堡科学院过程中的重要作用，1712—1713年，他同时被五个王室雇用，并在五个王室宫廷中领取薪金。

（四）最后的岁月

莱布尼兹在50岁以后，身体就日渐衰弱，关节的疼痛时时折磨着他，有时甚至令他卧床不起，后来他还经常发生难忍的腹绞痛。但是为了挚爱的事业，他还像年轻时一样，由一辆马车和一位车夫陪伴着，四处颠簸和游说。

莱布尼兹在生命的最后几年，仍保持着相当旺盛的学术活力，继续从事数学、科学和哲学方面的研究，继续与友人进行学术通信。

1716年11月14日，莱布尼兹在由痛风、胆结石引起的绞痛中，结束了自己的人生旅程，终年70岁。

莱布尼兹一生没有结婚，一生没有在大学当教授，一生没有进过教堂。在莱布尼兹临终的时候，陪伴他的只有秘书艾克哈特（G. Eckhart，1674—1730），或许还有他的车夫或医生。

尽管法国百科全书派领袖狄德罗（D. Diderot，1713—1784）曾赞誉，莱布尼兹给他的祖国赢得的荣耀，是柏拉图、亚里士多德和阿基米德给希腊带来的荣耀的总和。[①]然而，在莱布尼兹去世时，德国人还对此毫无认识，无论是在汉诺威，还是在柏林，都没有人纪念他。只有巴黎科学院发表了一篇庄严的悼词，向这位伟大的德国学者、柏林科学院的创始人和首任院长表示敬意。

莱布尼兹的学术贡献

一、17 世纪具有最高能力的数学通才

微积分是莱布尼兹最著名的数学贡献，然而他对于数学的贡献绝不仅于此。这里我们至少可以列出他另外几项举世闻名的重大成就。

(一) 算术计算器

莱布尼兹经反复研制，于 1674 年制成了一部能够进行加、减、乘、除四则运算的机器，将其呈送给巴黎科学院审查验收，并当众做了演示。十多年后，即 1685 年，他用拉丁文写了一篇论文《论能自动进行加、减、乘、除法运算的算术计算器》(简称《论算术计算器》)，叙述了他设计这台计算器的经过，详细论述了这一计算器的原理和结构，并阐述了他对计算器的重要性的认识。他认为杰出人物像计算的奴隶一样去浪费时间是不值得的，如果用计算器，这些计算交给任何人都可以。“我所说的关于该机器的建造和未来应用，在将来一定会更完善，并且我相信，将来能见到它的人会看得更清楚。”

这篇文章直到 1897 年才由数学家若尔当（C. Jordan，1838—1922）在《测量杂志》上发表。[②] 现在，莱布尼兹制造的这台算术计算器和他这篇文章的手稿，都存放在汉诺威的莱布尼兹博物馆。

在计算机的发展史上，莱布尼兹所研制的这台计算器，无疑是一个

---

① 哈特科普夫．莱布尼茨和柏林科学院的创立[J]．周志家，摘译．江城子，校．科学学译丛，1990，(5)：23-27.

② 这篇论文的中译文见李文林主编的《数学珍宝》，于 1998 年在科学出版社出版。

里程碑式的创造。无论是莱布尼兹研制计算器，还是他对计算器原理的探讨，抑或是他对计算器发展趋势的预言，都说明他确实不愧为计算机科学的先驱，有人还把他称为“计算机之父”。

（二）二进制算术

莱布尼兹首创的二进制算术，是最适合于20世纪电子计算机所需要的数字工具。这是莱布尼兹当时不可能想象到的事情，人们公认这是一个超越时代的重大贡献。

早在1679年，莱布尼兹就用拉丁文撰写了关于他所创建的二进制算术的论文。文中他对二进制数和十进制数作了对比，给出了二进制数的四则运算法则。但这篇论文手稿一直搁置着没有发表。1701年他才把这篇论文提交给巴黎科学院，并作了宣读，但他仍然要求暂不发表，因为他还想从数的理论方面作进一步的研究，而且他当时尚未看出二进制算术的实用价值。直到1703年5月，他才将这篇文章在巴黎科学院正式发表。

（三）在代数方面的贡献

莱布尼兹在代数领域的工作，是从研究数论开始的。他是最早求解“六平方问题”的数学家之一，曾提出约30种不同的解法，成为研究这类课题的重要人物。他进而把该命题推广，试图寻求更一般的代数方法。他还通过归纳计算，得到一个具有充分必要条件的素数判别法则：若 p 为一素数，则 $(p-1)!+1$ 是 p 的倍数；若 $(p-1)!+1$ 是 p 的倍数，则 p 为一素数。

方程论在很长时期都是代数学的核心。莱布尼兹对一般高次方程的求根问题进行过广泛而深入的研究。有数学史家认为，他的工作实际上是伽罗瓦理论的前奏。伽罗瓦（E. Galois，1811—1832）正是从方程的可解性问题出发，开创出群论的，这也成为数学中的重大转折点之一。

莱布尼兹还是线性方程组与行列式理论研究的先驱。人们认为线性方程组的研究，是在1678年以前由莱布尼兹开创的，他建立了线性方程组的消去法，并且第一次引入了行列式概念及其运算法则，尤其令人注目的是，在符号方面，他已运用了与现代符号相接近的双码标记。

（四）创设先进的数学符号

许多数学家对使用什么样的符号漫不经心，而莱布尼兹却自觉地、慎重地引入每一个数学符号。他曾经对两千年来科学中出现过的符号进行研究，对各种符号的优劣作细致的比较。他认为好的符号能大大节省思维劳动，运用符号的技巧是数学成败的关键之一。他总是精心选择，引用最好的、最富有启示性的符号。他所选用的微分、积分符号，其简便和优美，令后来的数学家们拍案叫绝，而他创立的双码标记则更是独具匠心。

莱布尼兹还创设了许多至今仍在使用的数学符号，如分数符号$\frac{a}{b}$；表示比例的符号$a:b$，$a:b=\frac{a}{b}$，$a:b=c:d$；比较符号＞表示“大于”、＜表示“小于”；几何学中表示两个图形相似的符号～、表示两个图形全等的符号≅；概念相加符号⊕、相并符号∪、相交符号∩；等等。

卡约里（F. Cajori，1859—1930）在他所著的《数学符号史》中，专辟一章论述莱布尼兹的数学符号及其数学符号思想。由于莱布尼兹在数学符号方面作出了众多卓越贡献，他在数学符号发展史上占有重要地位。

数学史家伊夫斯（H. Eves，1911—2004）称莱布尼兹为17世纪一位伟大的全才。①

数学史家贝尔（E. T. Bell，1883—1960）在其著作《数学精英》（又译为《数学大师》）中指出，“通才”一词毫不夸张地适用于莱布尼兹。在把数学推理应用到物质世界的各种现象时，牛顿认为在数学上只有一个东西是绝对重要的，就是微积分学；而莱布尼兹则认为有两个，第一个是微积分学，第二个是组合分析。微积分学是连续的自然语言，组合分析之于离散就像微积分之于连续。

---

① 伊夫斯. 数学史概论：修订本[M]. 欧阳绛，译. 太原：山西经济出版社，1986：300.

贝尔进而认为莱布尼兹集数学思想的两个宽广的、对立的领域（分析和组合，或连续和离散）中的最高能力于一身。他是数学史上唯一一个在思维的这两个方面都具有最高能力的人。

二、杰出的逻辑学家

莱布尼兹从小就喜欢钻研逻辑学，他一生都很注重逻辑学的研究，有很多开创性的贡献，被认为是继亚里士多德之后最杰出的逻辑学家。

文艺复兴时期，亚里士多德逻辑学一度处于挨批判、受责难的处境，但是莱布尼兹却依然对亚里士多德十分推崇，以致当时逻辑学家们提起莱布尼兹的名字就如同谈到“日出”一样，因为他使亚里士多德的逻辑学获得了“新生”。当然，莱布尼兹在亚里士多德的基础上走得更远。亚里士多德奉献给人类的是形式逻辑学，而莱布尼兹奉献给人类的则是数理逻辑思想。

莱布尼兹重视逻辑，但更推崇数学。大约在1686年，他在《论哲学和神学中的正确方法》一文的开头写道：

“在我把求知的热忱从对《圣经》和对神和人的法律的研究转向数学之后，不久我就因后者那些十分明白的指导而感到高兴，我仿佛为峭壁上海妖的诱人余音所吸引。尽管展现在我面前的一些惊人的原理曾受到别人反对，我却从其中找到通向更多更大的成果的途径，并从我的心灵中，悄悄地涌现出一个接一个构思。”①

他认为数学方法之所以十分有效，并能得到迅速的发展，就是因为数学使用了特制的符号语言。他看到了数学证明和逻辑推理的一致性，而且认为数学符号能给表达思想和进行推理提供优良的条件。所以他的一个重要构思，就是希望建立一种更加普遍的符号语言，并且能通过这种符号语言使逻辑数学化或符号化。莱布尼兹的数理逻辑思想正是来源

① 莱布尼茨．莱布尼茨自然哲学著作选[M]．祖庆年，译．北京：中国社会科学出版社，1985：31.

于他对一种普遍符号语言的追求。

在历史上，莱布尼兹第一次提出了这样两个重要思想：建立一种表意的符号语言；用这种符号语言进行思维的演算。这两点正是现代数理逻辑的基本特征。

在数理逻辑方面，莱布尼兹虽然没有写出和发表系统的著作，只留下了关于怎样使逻辑数学化的一大批研究手稿，其中许多还是断简残篇，[①] 但是，逻辑学界公认他是数理逻辑的先驱，他留下的手稿至今还是数理逻辑的珍贵文献。著名德国数学家希尔伯特（D. Hilbert，1862—1943）在《数理逻辑基础》一书中说："数理逻辑这个思想首先是由莱布尼兹明确说出的。"意大利数学家佩亚诺（G. Peano，1858—1932）在1901年指出，莱布尼兹是数理逻辑的真正奠基人。[②] 20世纪的数理逻辑泰斗罗素（B. Russell，1872—1970）称赞莱布尼兹的逻辑技能高强无比，称他是数理逻辑的一个先驱，在谁也没有认识到数理逻辑重要性的时候，他看到了它的重要；他还认为，如果莱布尼兹对数理逻辑的研究成果当初发表了，他就会成为数理逻辑的始祖，而这门科学也就比实际上提早一个半世纪问世。

英国哲学史家、英国莱布尼兹学会负责人罗斯（G. Mac Donald Ross）在《莱布尼茨》一书中表达了这样的看法："在同时代人中，莱布尼茨因坚信逻辑学的重要性而与众不同，这无疑是现代对莱布尼茨哲学重新感兴趣的一个主要原因。现在，逻辑学在哲学舞台上又重新回到中心位置上，这是继经院哲学全盛时期以来的第一次。"[③]

实际上，现代数理逻辑的发展，电子计算机以及人工智能的发展，正是沿着莱布尼兹的思路前进的。当然，如今仍未实现他的宏伟方案，或者只是初步实现了他的方案。

---

① 例如，约1679年写的《逻辑演算诸法则》就是其中的一个残篇，见《莱布尼茨自然哲学著作选》的第48—49页。

② 王宪钧. 数理逻辑引论[M]. 2版. 北京：北京大学出版社，1998：284.

③ 罗斯. 莱布尼茨[M]. 张传友，译. 北京：中国社会科学出版社，1987：69.

三、近代欧洲的哲学泰斗

莱布尼兹曾说："尽管我是一个在数学上下过不少工夫的人，但从青年时代起，就始终没有中止过在哲学上进行思考，因为在我看来，总似乎有一种可能性，即通过清楚的论证，在哲学上建立一些可靠的东西。"①

在数学以及其他方面的科学研究对莱布尼兹哲学思想的形成有着深刻的影响，而他善于哲学思维的习惯和他的哲学观点也使他的各种科学研究工作都染上哲学的色彩，并且使他开创出数理逻辑这样的交叉领域。

莱布尼兹上承希腊古典哲学，下启德国近代哲学。正如我国哲学家洪谦教授所说的，莱布尼兹是可以与亚里士多德、康德（I. Kant，1724—1804）并列的三大哲学泰斗之一。

（一）"单子论"与"前定和谐系统"

莱布尼兹生前发表的唯一的一部篇幅较大的哲学著作是《神正论》，出版于 1710 年。他在序言中说："我们的理性常常陷入两个著名的迷宫：一个是关于自由和必然的大问题，特别是关于恶的产生和起源的问题；另一个问题在于有关连续性和看来是它的要素的不可分的点的争论，而这问题牵涉到对于无限性的考虑。前一个问题烦扰着几乎整个人类，而后一个问题则只是得到哲学家们的注意。"② 莱布尼兹在《神正论》中主要讨论了前一个问题，而他提出的单子论则是试图解决哲学家所关心的后一个问题的。

莱布尼兹认为，当时持原子论观点的哲学家和科学家，肯定万物由不可再分的原子构成，就是肯定万物都是一些"不可分的点"的堆集，而否定了真正的"连续性"。相反，笛卡儿派的哲学家和科学家，则只

---

① 莱布尼茨. 莱布尼茨自然哲学著作选[M]. 祖庆年，译. 北京：中国社会科学出版社，1985：65-66.

② 莱布尼茨. 人类理智新论：上册[M]. 陈修斋，译. 北京：商务印书馆，1982：xix-xx.

是肯定“连续性”，把广延看作物质的唯一本质属性，否定“虚空”，从而也否定了被“虚空”所隔开的原子，即“不可分的点”。可是，在莱布尼兹看来，“连续性”是宇宙间的一条基本规律，是不能否定的。同时，万物既然是复合的，就必须由一些真正的“单元”构成，因而作为这种“单元”的“不可分的点”也是不能否定的，必须把两者结合起来。

莱布尼兹阅读了牛顿于1713年出版的《自然哲学之数学原理》以后，他在给牛顿派（在微积分优先权之争中支持牛顿）的克拉克（S. Clarke，1675—1729）的论战性书信中，明确说明他不赞同牛顿的绝对空间等观念。莱布尼兹指出，牛顿的哲学承认物质以外的空的空间（empty space），物质只占据空间的很小一部分。而他主张根本就没有真空(no vacuum)。他曾这样反驳托里拆利（E. Torricelli，1608—1647）和盖-吕萨克（Gay-Lussac，1778—1850）证明“真空”存在的实验：托里拆利的实验是利用水银把一根玻璃管内的空气排空，但是在这管子里根本没有虚空，因为玻璃有许多细孔，光线、磁线和其他很细的物质都可以穿过这些细孔进去。所以托里拆利的水银柱实验和盖-吕萨克的唧筒（手抽筒）实验都只是排除了粗大的物质，某些精细的物质是可以透进去的。

莱布尼兹建立了“单子”（monad）概念。这个术语是他在1695年给数学家洛必达（A. L'Hospital，1661—1704）的一封信中开始使用的。单子不等于“数学的点”，因为数学的点虽然是真正不可分的，但只是抽象思维的产物而不是实际存在的东西。单子也不同于“物理学的点”，因为物质的原子作为物理的点虽是实在的，却不是真正不可分的。单子是实际存在的，又是真正不可分的，是一种“形而上学的点”，莱布尼兹曾称之为“实体的形式”。

罗素把单子论的内容概括为两类空间：一类是各个单子的知觉中的主观空间，另一类是由种种单子的立足点集合而成的客观空间。他认为这是单子论中最精彩之处，认为这对于确定知觉和物理学的关系是有用的。

莱布尼兹断言“自然从来不飞跃”，他是坚持连续性原则的。他把全部单子设想为一个序列，单子因其知觉的清晰程度的不同而有高低等级之分。每两个等级的单子之间又可以插进无数等级的单子，相邻的两个单子之间的差别则是无限小的。这样，从最高的单子到最低的原始单子就构成一个无限的连续的序列。莱布尼兹试图用单子的这样一个无限序列来解决连续性与不可分的点之间的矛盾。

至于全部单子的变化则是“前定和谐”的，他把整个宇宙比作一个无比庞大的交响乐队，乐队的每个演奏者都按照上帝事先谱就的乐曲演奏出各自的旋律。而整个乐队所奏出的是一首自然的完整和谐的交响曲。莱布尼兹把自己的这一套哲学称为“前定和谐系统”，该系统在哲学史上被认为是一种客观唯心主义的哲学体系，是用单子概念综合当时的科学知识勾画出来的一幅自然图景。

在莱布尼兹的哲学大厦中，“前定和谐”或“普遍和谐”是其重要支柱，而“个体性原则”则是另一重要支柱。他强调个体是由普遍和谐分化出来的产物，是普遍和谐的一个部分，个人属于个体的范畴，理所当然地富有个体的特性。普遍和谐是整体，个人是部分。部分从属于整体的秩序和规律，连上帝也要接受普遍和谐的指引，按照一定的秩序和规律行事。

人们把莱布尼兹称为“前定和谐系统的提出者”，他本人也乐意这样自称。他在《论事物的最后根源》一文中说：“我们发现世界上所有事物都遵照规律而发生，这些规律不仅是几何学的，也是形而上学的，它们是永恒真理的规律。”①

莱布尼兹提出过一个著名的命题：我们的世界是最好的可能的世界。他是这样论证的：如果我们的世界不是最好的，那么，这就意味着或者上帝不知道所有可能的世界中什么是最好的，这与上帝的全知相矛盾；或者上帝不要求有一个最好的世界，这与上帝的全善或至善相矛盾；或者上帝不能创造出一个最好的世界，而这与上帝的全能相矛盾。

---

① 莱布尼茨. 莱布尼茨自然哲学著作选[M]. 祖庆年，译. 北京：中国社会科学出版社，1985：120.

所以这个命题是成立的。[①]

莱布尼兹承认世界上有恶的存在，并把恶分为三类：形而上学的、物理的和道德的。他告诉人们：形而上学的恶在于单纯的不完满性，物理的恶在于受苦，道德的恶在于罪恶。这样，尽管物理的和道德的恶不是必然的，但借助于永恒真理，它们就足以成为可能的。而且既然真理的这种无边领域包含着所有的可能性，那就必定存在着无数个可能世界，它们中的一些必然包含有恶，甚至它们中最好的也包含有恶，这就决定了上帝允许恶的存在。[②]

法国著名科学史家柯瓦雷（A. Koyré，1892—1964）在《从封闭世界到无限宇宙》[③]中指出："牛顿科学的每一个新进展都为莱布尼兹的论点带来了新的证据：宇宙的动力，或者说它的动量，并不会减少；世界之钟既不需要重新发动，也不需要修理。……甚至无须保养它，因为这个世界越来越不需要这种服务了。"原先那位威力无比的上帝，已变为一位"无所事事的上帝"。

牛顿之后一百年，拉普拉斯（P. Laplace，1749—1827）的《宇宙体系》把牛顿力学发展成更加完美的形式。当拿破仑问拉普拉斯，上帝在他的《宇宙体系》中的作用时，他回答道："陛下，我不需要这种假设。"也就是说，此书所描述的世界已不再需要上帝这个假设了。

（二）温和理性主义的认识论

在17世纪的欧洲哲学界，在认识论方面出现了经验主义与理性主义之争。培根、休谟（D. Hume，1711—1776）、洛克（J. Locke，1632—1704）是经验主义的代表人物，笛卡儿、霍布斯（T. Hobbes，1588—1679）、斯宾诺莎、莱布尼兹是理性主义的代表人物。但人们认为莱布尼兹不是极端的理性主义，而是比较温和的理性主义，他注意吸

① 肖隆. 哲学传奇[M]. 武斌，黄国忠，高立胜，译. 陶银骠，校. 沈阳：辽宁大学出版社，1986：109.

② 罗素. 对莱布尼茨哲学的批评性解释[M]. 段德智，张传有，陈家琪，译. 北京：商务印书馆，2000：238.

③ 柯瓦雷. 从封闭世界到无限宇宙[M]. 邬波涛，张华，译. 北京：北京大学出版社，2003：226.

纳经验主义的合理内容，使之融入自己的认识论中。

《人类理智新论》是莱布尼兹的重要哲学著作，虽然书中主要是阐述认识论的观点，但也是体现莱布尼兹哲学的一部百科全书。莱布尼兹在该书序言中称英国哲学家洛克的《人类理智论》是“当代最美好，最受人推崇的作品之一”，他决定以“新论”的形式对它进行评论并发表自己的见解，因为他很久以来对同一主题以及这部书所涉及的大部分问题有过充分的思考。《人类理智新论》这本书是以两人对话的形式，基本上按照洛克原书的顺序逐节展开的。莱布尼兹写完“新论”时，洛克的死讯传来，他不愿在这时发表批评洛克的著作，因为对方已无法进行答辩。于是，这部重要手稿就长期搁置下来，直到1765年才由后人整理出版。

莱布尼兹与洛克在认识论上的分歧，在哲学史上被看作是理性主义与经验主义的分歧。首先，莱布尼兹不同意洛克把人的心灵比作一块“白板”，而宁愿比作“一块有纹路的大理石”，也就是说人的心灵具有“潜在”的天赋观念。这一点后来为康德所继承和发挥。其次，在知识的来源问题上，洛克明确肯定：“我们的全部知识是建立在经验上面的；知识归根到底都是导源于经验的。”莱布尼兹提出问题：“究竟是一切真理都依赖经验，也就是依赖归纳与例证，还是有些真理还有别的基础？”他说：“感觉对于我们的一切现实认识虽然是必要的，但是不足以向我们提供全部认识，因为感觉永远只能给我们提供一些例子，也就是特殊的或个别的真理。然而印证一个一般真理的全部例子，不管数目怎样多，也不足以建立这个真理的普遍必然性。”

莱布尼兹进而把真理分为两类：推理的真理和事实的真理。数学、逻辑学的定理属于前一类，而凭借实验的物理学定律等属于后一类。他说：“推理的真理是必然的，它们的反面是不可能的；事实的真理是偶然的，它们的反面是可能的。”他认为，在数学中见到的那些必然的真理，是不依靠实例来证明的，因此是不依靠感觉经验的。

莱布尼兹重视实践，在他的哲学中，活动是个性的基础。各种存在物只不过是活动的不同形态，思维是其中的最高形态，因此，思维是生活的目的，我们被创造出来是为了进行思维，思维是艺术的目的，是艺术的艺术。莱布尼兹十分重视思维的作用，他批评洛克时也联系到了培根："培根在一切研究上，都予实验以高价，但关于实验之意义，似非深知；他把实验看作一种机械，认为一经推动，即会行其所当行。不知在自然科学上，一切研究都是演绎的，先验的；实验只是思想过程的辅助手段，实验如有何种意义，必在实验之前须有思想。"

莱布尼兹从理性主义的立场确实揭露了经验主义的弱点，然而他实际上也吸收了经验主义的合理思想。他的许多见解体现出他对思维和推理的重视，是有启发性的。他依据自己的科学研究经验提出的问题至今仍是现代科学家、哲学家正在继续探讨的问题。

莱布尼兹的哲学在德国的积极影响是巨大的，德国著名诗人海涅（H. Heine，1797—1856）曾经说过："自从莱布尼兹以来，在德国人中间掀起了一个巨大的研究哲学的热潮。他唤起了人们的精神，并且把它引向新的道路。"[①]一般认为，康德是德国古典哲学的奠基人，而康德正是继承和发展了莱布尼兹的哲学思想，因此，莱布尼兹实际上是为德国古典哲学开辟道路的先驱者。

莱布尼兹的哲学在欧洲乃至世界的影响也是十分巨大的，诚如德国哲学家费尔巴哈（L. Feuerbach，1804—1872）所说："近代哲学领域内继笛卡儿和斯宾诺莎之后，内容最为丰富的哲学家乃是莱布尼兹。"的确，其丰富的哲学思想，不但体现在他已出版的著述中，而且还蕴藏在他遗留下来的大量手稿中，这些手稿至今还是各国哲学家的研究对象。

四、百科全书式的伟大学者

费尔巴哈说："莱布尼兹之所以博得不朽的荣誉，主要是由于他在哲学和数学方面做出卓越的成绩；可是，这两门科学并不是在他青

① 海涅．论德国宗教和哲学的历史[M]．海安，译．北京：商务印书馆，1972：60.

年时期以及后期吸引着他去研究的唯一对象。他具有极其广泛的兴趣，对各门科学都很爱好。”“在他整个一生中，他始终怀着强烈的求知欲，孜孜不倦地从事于这种多方面的或者毋宁说全面的研究；因此，他的学识极其渊博，令人赞叹，而他之所以令人赞叹，与其说是由于他的知识面极其广泛，不如说是由于这种渊博知识的质量，因为它不是一种僵死地铭记在脑海里的知识堆积，而是一种天才的、创造性的博学多识。”

在数学和哲学以外，在自然科学方面，他涉猎了物理学、化学、生物学、地质学、气象学以及工程等诸多学科，并且都有所发现，有所贡献；在人文社会科学方面，他对法学、政治学、历史学、心理学、图书馆学、情报文献学以及宗教学、神学等各种学科都有所研究，有所建树。

(一) 发起关于“运动的量度”的争论

17 世纪末，人们对于机械运动以外的其他运动形式，还没有多少规律性的知识。而自伽利略以后，力学得到大踏步发展，这期间牛顿的三大运动定律和万有引力定律已经总结出来了。因此，“运动”在人们的心目中，只是理解为机械运动，即物体的空间位置随时间而变化的运动。

那么，什么是运动的量度呢？也就是应该用一个什么样的量来表征物体的“运动量”呢？这个问题在科学界受到了广泛重视。人们希望找到一个唯一恰当的运动量度。笛卡儿以碰撞的研究为根据，主张用质量和速度的乘积 mv 作为运动的量度。而后，莱布尼兹从落体运动的研究中发现了质量和速度平方的乘积 mv^2，认为 mv^2 才是真正的运动的量度。于是这场关于“运动的量度”的争论，就在笛卡儿派和莱布尼兹派之间展开，双方各执己见，相持达半个多世纪。

牛顿在自然哲学的许多方面，持有与笛卡儿不同的观点，然而在以 mv 作为运动的量度这一点上，则与笛卡儿没有分歧。他也认为，运动量是运动的量度，可由速度和物质的量（也就是我们现在所说的质量）共同求出。整体的运动是所有部分运动的总和。

1686年，莱布尼兹在一篇论文中，以落体运动为例，指出笛卡儿的运动量度与伽利略的落体定律之间存在着矛盾，于是他提出了以 mv^2 作为运动量度的主张。这一新见解在科学界引起了震动。

莱布尼兹不否认笛卡儿的运动量 mv 在许多场合是有效的。例如，在杠杆、滑轮、轮轴等简单机械装置的场合下，为了考虑装置的平衡，计算 mv 的数值是有意义的。但是他把这些场合称为“死力”的场合，“死力”是静止物体的压力或拉力，是外在的力。而“活力”（vis viva）则是内在于物体的力，是物体的真运动。在1695年发表的文章《动力学实例》中，莱布尼兹更加明确地把 mv^2 称为“活力”，阐明对于真正的运动，只有“活力”才能作为运动的量度。于是 mv^2 作为动能的前期概念被引进物理学中。

莱布尼兹还把“活力”的守恒性与制造永动机的不可能性联系起来。他认为，笛卡儿的运动量度 mv 与运动不灭性原理是矛盾的。他说，如果像笛卡儿那样只承认 mv 守恒而不承认“活力” mv^2 守恒，就意味着自然界的“活力”可以自行增加或减少，那么人们就可以设法制造一种使“活力”不断增加的机器，而制造这样一种“结果大于原因”的永动机，不论从力学上看，还是从哲学上看，都是不可能的和荒谬的，是违背运动不灭性原理的。

笛卡儿派和莱布尼兹派的争论，使欧洲的数学家和物理学家分成了两大阵营。麦克劳林（C. Maclaurin，1698—1746）、克拉克等人属笛卡儿派，而约翰·伯努利（Johann Bernoulli，1667—1748）等人则支持莱布尼兹的观点。究竟应该以 mv，还是以 mv^2 作为运动的量度呢？两派各持自己的事实依据和推理方法，长期相持不下。直到1743年，达朗贝尔（J. d'Alembert，1717—1783）作出了总结性的“判决”，肯定这两种量度都是有效的、重要的，才使这场争论得以平息。争论的结果有助于人们理解动量和动能这两个概念的含义和区别，进而有益于人们认识能量守恒定律的意义。从这样的意义上说，莱布尼兹向笛卡儿派发起这场关于“运动的量度”的争论，是有其历史功劳的。

（二）撰写《磷发现史》

在化学史上第一个发现磷元素的人，是17世纪德国汉堡的一位医生布兰德（H. Brand，1630—1692）。他在1669年的一次实验中，意外发现了一种很奇异、很美丽的物质，该物质色白质软，能在黑暗中闪烁发光。这种东西就是后来知道的磷。这一发现，霎时传遍了德国。同时，在汉堡的化学家孔克尔（J. Kunckel，1630—1703）和在德雷斯顿的克拉夫特（J. D. Kraft），都从布兰德那里得知，这种发光的元素是从尿里提取出来的，随后他们也分别在实验室里发现了磷。

布兰德是莱布尼兹的朋友，两人常有书信来往。1677年春，克拉夫特携带两小瓶“冷火”（磷）到汉诺威宫廷展示。当莱布尼兹知道这种“冷火”首先由布兰德制出的时候，他就于1678年7月奉公爵之命邀请布兰德到汉诺威。布兰德在汉诺威居住了约五个星期，在城外制取磷，并不断改进制取方法。当时，莱布尼兹也运用布兰德的方法制出了磷，他还将一部分制品寄给了正在巴黎从事光学研究的惠更斯。因此，莱布尼兹被认为是在历史上制取到磷的第四人。后来，英国化学家波义耳（R. Boyle，1627—1691）也独立地制取到磷，并且方法更为精细。莱布尼兹根据布兰德向他亲自介绍的磷的制取方法的来龙去脉，加上他自己的实践、观察和研究，写成了《磷发现史》，并于1784年发表。

莱布尼兹所写的《磷发现史》，以及保存在汉诺威图书馆中的莱布尼兹与布兰德、克拉夫特等人的许多关于提取磷的信件，始终是研究化学史的重要文献。

（三）在其他科学技术领域的贡献

在**光学方面**，他利用微积分中求极值的方法，推导出了光的折射定律：$\frac{\sin\alpha}{\sin\beta}=\frac{r}{n}$。

在**材料力学方面**，莱布尼兹支持马略特（E. Mariotte，1620—1684）关于梁的受力思想，并于1684年写出《固体受力的新分析证明》

一文。他指出，纤维是可以延伸的，它们的拉力与伸长量成正比。因此，他提出将胡克定律 $F=-kx$ 应用于单根纤维，这一假说后来在材料力学中被称为马略特-莱布尼兹理论。

在**生物学方面**，他从哲学角度提出了“有机论”的许多观点。他认为存在介乎动物与植物之间的生物，后来水螅的发现证明了他的观点。[①]

在**气象学方面**，他曾组织人力进行过大气压和天气状况的科学观察，并且提出过一些颇有见地的观点。

在**工程技术方面**，他曾于 1691 年提出了关于蒸汽机的基本思路。1700 年，他最早提出了无液气压机原理。

在**心理学方面**，他曾提出身心平行论（parallelism），强调统觉（apperception）的作用，这一理论与笛卡儿的交互作用论、斯宾诺莎的一元论，并列为当时心理学的三大理论。他还提出了关于“下意识”的初步理论和思想。

……

数学史家贝尔把莱布尼兹称为“样样皆通的大师”。他说:“‘样样皆通，样样稀松。’这句谚语就像其他的民俗谚语一样，也有它惊人的例外。莱布尼兹就是一个例外。”

费尔巴哈说：“莱布尼兹集各种各样的天才于一身：他既具有抽象的数学家的特性，又具有实践的数学家的特性；既具有诗人的特质，又具有哲学家的特质；既具有思辨的哲学家的特质，又具有经验的哲学家的特质；既具有史学家的才能，又具有发明家的才能；他具有很好的记忆力，从而不必耗费精力去重读他过去记下的东西；他既具有植物学家和解剖学家的显微镜似的眼睛，也具有进行概括工作的分类学家的高瞻远瞩的目力；他既具有学者的忍耐心和敏锐感，也具有依靠自学的、独立思考的、寻根问底的研究者的坚韧力和勇气。”这段话很生动也很完整地描绘出了莱布尼兹的特点和形象，他之所以能成为一位百科全书式的伟大学者，与他所具有的这些特征是分不开的。

1700 年 3 月，莱布尼兹在关于成立科学院的呈文中，表达了他的

① 现代生物分类学将水螅归入动物界，有些水螅会和藻类共生，从而获得光合作用的能力。

一个重要信条：科学为生活而存在。他写道：

“不应研究仅仅是稀奇古怪的东西或满足单纯的求知欲望，不应进行无益的实验，或者满足于仅仅发明有价值的东西却不管应用或开发……，而应从一开始就使工作和科学面向利用。这就是说，其目的是理论与实践的统一，和不仅要改善艺术和科学，而且要改善国家和民众、农田作业、手工制造和商业，即总而言之要改善食品。”[①]

莱布尼兹强调实验室、仪器和观测台对于科学工作的必要性，并指出了设立图书馆和档案馆对搜集资料的重要性。他认为科学院除了发展科学本身以外，还要从事“公益性的应用工作”。

莱布尼兹和牛顿谁先创建了微积分?

微积分是近代数学发展最重要、最基本的内容之一，它已成为自然科学和工程技术的一种基本的数学工具。微积分的产生在数学史上具有重大意义。

一、微积分产生的历史必然性

经历了文艺复兴运动的欧洲，社会生产力得到空前的发展。生产和技术中的大量问题推动着力学、天文学的应用和发展进程。例如，航海事业需要确定船只在大海中的位置，这就要求精确地测定地球的经纬度和制造准确的时钟，于是推动了对天体运行的深入研究；船舶的改进，促使人们探讨流体以及物体在流体中运动的规律；在战争中，要求炮弹打得准确，导致对弹道学或抛物体运动的研究。人们从大量这类课题的研究中，总结出了力学的一些基本概念和规律，诸如：开普勒关于行星运动的三大定律，伽利略提出的落体定律和惯性定律，等等。伽利略还

---

① 哈特科普夫. 莱布尼茨和柏林科学院的创立[J]. 周志家，摘译. 江城子，校. 科学学译丛，1990，(5)：23-27.

率先把实验方法和数学分析结合起来，成功地运用数学公式定量地描述物理学的定律。

在以落体和行星为典型的力学运动的研究中，研究者提出来许多问题，而其中最基本的问题有两个：一是已知路程求速度；二是已知速度求路程。在等速运动的情况下，只用初等数学就可以解决这两个问题：速度＝路程÷时间；路程＝速度×时间。但是，在变速运动，也就是在速度随时间变化的情况下，只用初等数学的方法就无法解决了。因为速度成为变量，初等的常量数学无法描述变速运动中时间、位置和速度之间的复杂关系。这一矛盾要求数学突破只研究常量的传统范围，寻求能够用以描述和研究变速运动的新工具——变量数学。微积分就是变量数学中最为基础的内容。

微分和积分是微积分的两个基本概念，表示两种基本的极限过程，也是两种基本的数学运算。早在古代数学中，就产生了这两个概念的思想萌芽，后来二者分别结合着一些特殊的数学问题被人们加以研究和发展。

积分思想出现在求面积、体积等问题中，中国、古希腊、古巴比伦、古埃及早期的数学文献都有涉及解决这类问题的思想和方法。早在公元前，古希腊以阿基米德（Archimedes，前 287—前 212）为代表的数学家就用边数越来越多的正多边形的面积去逼近圆的面积，曾称之为“穷竭法”。中国魏晋时期的数学家刘徽在其《九章算术注》(263 年）中，对于计算面积提出了著名的“割圆术”。他解释说：“割之弥细，所失弥少。割之又割，以至于不可割，则与圆周合体，而无所失矣。”这些都是原始的积分思想。

16 世纪以后，欧洲数学家们虽然仍沿用阿基米德的方法求面积、体积等问题，但对其方法加以不断改进，甚至进行了重大改造。天文学家兼数学家开普勒的工作是这方面的典型代表。一天，开普勒注意到，酒商用来计算酒桶体积的方法很不精确，与实际数值相差甚远，于是，他决心自己来探求计算体积的正确方法。他写成《测量酒桶体积的新科学》一书，他的方法的精华就是用无穷多小元素之和来计算曲边形的面积或体积。他的方法又为卡瓦列里（B. Cavalieri，1598—1647）所发展，卡瓦列里把曲线下的面积看成曲线下的纵坐标线之和。法国数学家帕斯卡（B. Pascal，1623—1662）进一步把“纵坐标线之和”发展为“无穷多个矩形之和”，这就更加接近现代积分学的方法了。英国数学家沃利斯（J. Wallis，1616—1703）等人陆续得出了一些求面积的公式，这些公式实际上就是一些特殊的积分公式。

微分思想也在古代就略见端倪，它是和求曲线的切线问题相联系的，这是数学家们历来所关注的另一类问题。光学的研究在17世纪受到许多学者的重视，透镜的设计需要运用折射定律、反射定律，这就涉及切线、法线问题。这方面的研究吸引了笛卡儿、惠更斯、牛顿、费马（P. Fermat，1601—1665）等人。而在运动学研究中，要确定运动物体在其轨迹上任一点的运动方向，也就是曲线上某一点的切线方向，就需要求作切线。笛卡儿和费马都把切线看作割线的特殊情况，即当两交点重合时的情况。笛卡儿在其《几何学》以及有关的书信中讨论过怎样运用代数方法求曲线的切线问题。费马则在其《求最大值和最小值的方法》一书中叙述了求切线的方法。这些都是微分计算的雏形。

特别要提出的是，笛卡儿和费马关于坐标几何，亦即解析几何的工作，作为从常量数学到变量数学的转折点，为微积分的产生提供了重要的数学前提。他们开始有了变量概念，并把描述运动的函数关系和几何中曲线问题的研究统一起来了。从此，力学中关于求速度和求路程的两个基本问题，就可以分别转化为求切线和求面积的问题。这样就可以充分运用数学上长期积累的关于求切线和求面积的研究成果，这为微积分的产生提供了便利条件。

二、莱布尼兹的创造性工作

与莱布尼兹交往的许多著名学者，还帮助他寻找、搜集各种科学文献资料，这使莱布尼兹很快熟悉当时处于科学前沿领域的研究课题。这些对于莱布尼兹进行科学创造，特别是创建微积分起了重要的促进作用。

莱布尼兹结识了佩尔（J. Pell，1611—1685），佩尔在英国是威望仅次于沃利斯的著名数学家，在代数方面尤其有独特贡献。在与佩尔的接触中，莱布尼兹丰富了自己的数学知识，大大提高了数学研究的水平。佩尔推荐给他的著作大都是与微积分的前期工作有关的最新著述。其中有墨卡托（N. Mercator，1620—1687）在1668年出版的《对数技术》，该书在当时是一部受到人们重视的数学著作，书中给出了求双曲线面积的方法，这是引导牛顿发明微积分的重要线索之一。无疑，这部书对于莱布尼兹思考微积分方面的问题也起了先导作用。还有巴罗（I. Barrow，1630—1677）的著作：1669年的《光学讲义》和1670年的《几何讲义》。巴罗的《几何讲义》记述了他对促进微积分诞生所做出的巨大贡献。例如，他已提出了“微分三角形”的方法和思想；他已把求曲线的切线和求曲线下面积这两类问题联系起来，看到了两者之间的互逆关系，但只局限在几何学中，而未抓住这一关系进一步探讨其中所包含的普遍性的联系。牛顿和莱布尼兹都从巴罗的书中汲取过营养，得以形成自己的微积分思想的重要方面。还有布里格斯（H. Briggs，1561—1630）的《对数算术》、门戈利（P. Mengoli，1626—1686）的《算术求面积新法》等。

惠更斯对于与微积分有关的一些问题，如与运动学、光学有关的切线、法线等也有一定的研究。他曾与莱布尼兹认真地讨论过他们共同有兴趣的微积分问题，还建议莱布尼兹进一步详细阅读笛卡儿、卡瓦列里、詹姆斯·格雷戈里（James Gregory，1638—1675）、圣文森特的格雷戈里等人的有关著作。

通过深入钻研，莱布尼兹开始了在微积分方面卓有成效的创造性工作。1673年，他首先在有关求面积的问题中取得突破，得到了求平面曲线所围面积的一般公式。

莱布尼兹的研究目标是试图寻找出一种求面积的通用方法，并且谋求具有普遍性的数学表达式。他的研究路径是从具体问题着手的，实际上，他是从“求单位圆的四分之一面积”这样的具体问题开始的，在充分利用前人成果的基础上，他把原先“一把钥匙开一把锁”的个别方法、个别面积公式加以普遍化，得到了函数的积分概念。

在研究过程中，莱布尼兹发现在处理函数或超越数时，运用其无穷级数展开式的方法很有成效，这使得他在研究微积分问题的同时，也陆续获得了一些重要函数的无穷级数展开式。就在求单位圆的四分之一面积时，他还得到了一个关于 π 的十分漂亮的表达式：

$$\pi = 1 - \frac{1}{3} + \frac{1}{5} - \frac{1}{7} + \frac{1}{9} - \cdots$$

后来人们把它称为莱布尼兹级数。

1673 年，在研读帕斯卡的有关求面积的论文时，莱布尼兹发现很早以前这位先辈数学家就用到了类似巴罗的“特征三角形”。他想到把帕斯卡、巴罗的方法加以推广，对于所有的曲线都设立这种由任意函数的 dx，dy 和弦 PQ 组成的三角形，PQ 是 P 和 Q 之间的曲线，而且是 T 点处的切线的一部分。他还说：“我将其称之为特征三角形，三角形的每一条边都是不可分的微分量（精确地说是无穷小），因此我毫不费力地确立了无数的定理，其中有一些我在詹姆斯·格雷戈里和巴罗的著作中看到过。”

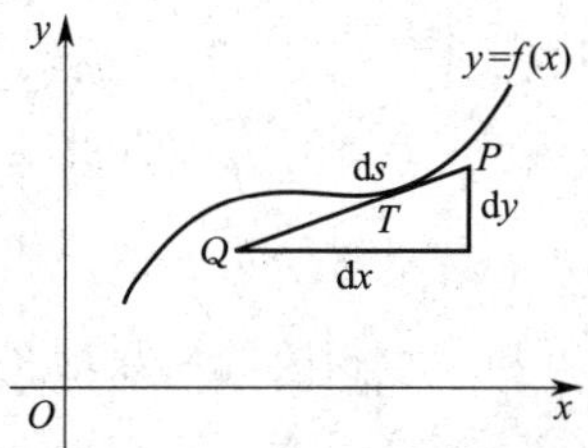

后来，他又将特征三角形的斜边 PQ 用 ds 表示，这样的特征三角形又可称为微分三角形（见图）。正是利用微分三角形，莱布尼兹得以统一处理求面积、求体积的问题。他得到了平面曲线的面积公式，其直观的几何意义就是通过这个公式可求出任一平面曲线所围的面积。这一在几何基础上发展而来的方法，使他能够统一以前推导出来的所有关于平面图形面积的定理。

接着，他又得出了求曲线长度的公式、求一条曲线 $y=f(x)$ 绕 x 轴旋转一周所形成的旋转体的表面积的公式等一系列重要的研究成果。

1673 年 5 月左右，莱布尼兹已经充分了解了求曲线切线的重要意义，并且领悟到求曲线切线的逆问题等价于通过求和来求面积。

1666 年在《论组合术》一文中，他讨论了自然数序列

$$0, 1, 2, 3, 4, 5, 6, 7, \cdots$$

其第一阶差是

$$1, 1, 1, 1, 1, 1, 1, \cdots$$

而对于平方数序列

$$0, 1, 4, 9, 16, 25, 36, \cdots$$

其第一阶差是

$$1, 3, 5, 7, 9, 11, \cdots$$

其第二阶差是

$$2, 2, 2, 2, 2, \cdots$$

他注意到自然数序列的第二阶差为 0，而平方数序列的第三阶差为 0。对于这两个序列，都有这样的规律：序列的前 n 项的第一阶差的和就是序列的第 n 项的数值。

当他 1673 年考虑切线、面积问题时，他仍然从这一工作开始，并且从离散序列的差值与求和逐步过渡到任意函数的差值与求和。他用 x 表示序列中项的次序，用 y 表示这一项的值。当他看到巴罗求曲线的切线用 a 表示变量增量，用 e 表示相应的函数增量，a 与 e 之比就是切线的斜率，大受启发。于是，他用 x 表示序列中相邻项的序数之差，用 y 表示相邻项值之差。对自然序列 $\mathrm{d}x=1$，为了突破只在序列中考虑的限制，莱布尼兹创造性地在上述序列中分别插入若干个乃至无穷多个 $\mathrm{d}x$，$\mathrm{d}y$，于是由此过渡到任意函数的 $\mathrm{d}x$，$\mathrm{d}y$。

在 1675 年 11 月 11 日的一份手稿中，莱布尼兹明确写道："$\mathrm{d}x$…表示两个相邻的 x 间的差"，给出了 $\mathrm{d}x$ 这个沿用至今的微分符号。

通过钻研帕斯卡、巴罗、沃利斯等人的著作，尤其是成功引入了微分三角形，莱布尼兹越来越明确地意识到，微分（求导数，主要是求切线）与积分（求和，主要是求面积）这两种运算过程应该是互逆的。

在莱布尼兹 1675 年 12 月 29 日的手稿中有这样一段记述："从现在

起用 $\int y\mathrm{d}y$ 来代替卡瓦列里的求和，即所有纵坐标 y 的和。这是一种适用于加法和乘法的新计算法。当 $\int y\mathrm{d}y=\frac{y^2}{2}$ 时，立即可有第二种解法，即从 $\mathrm{d}(\frac{y^2}{2})$ 中又得出 y 值来。……符号 $\int$ 表示一个总和，d 表示一个差额。”

莱布尼兹进一步给出了微分和积分的相互关系的公式：

$$\int_a^b \frac{\mathrm{d}f}{\mathrm{d}x}\cdot \mathrm{d}x=f(b)-f(a),\int f\mathrm{d}x=A$$

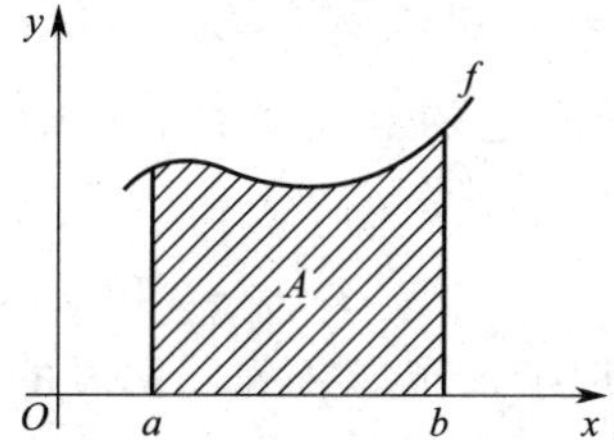

（A 为曲线 f 在［a，b］区间所围图形的面积）

后来，这一基本关系被称为微积分基本定理，或牛顿—莱布尼兹公式。

莱布尼兹第一次在数学中表述出了微分和积分之间的互逆关系，这是数学史上继加减法的互逆关系、乘除法的互逆关系之后，发现的第三种互逆关系。微分和积分的互逆关系，对于近现代数学的重要作用，不亚于前两种互逆关系对于数学发展的重要作用。正是这一关系的发现，才导致了微积分一整套运算方法的建立，或者说，这一互逆关系的发现正是创建微积分的关键所在。

三、微积分优先权之争

莱布尼兹在巴黎期间对于创建微积分作了大量工作，但他的研究成果都散记在一些手稿之中。回到汉诺威以后，莱布尼兹一方面继续深入研究，一方面则把他自 1673 年以来的许多研究成果进行整理和总结，写成文章，公之于众。

1684 年，莱布尼兹在《教师学报》（*Acta Eruditorum*）上发表了他用拉丁文所写的第一篇微分学论文《一种求极大与极小值和求切线的新方法》，简称为《新方法》，这是数学史上第一篇正式发表的微积分文献。[①] 在这篇论文中，莱布尼兹定义了微分，采用了微分符号 dx，dy；给出了函数的和、差、积、商、乘幂与方根的微分公式以及复合函数的链式微分法则（后来被称为“莱布尼兹法则”）。此外，该论文还包含了微分法在求切线、求极大值、求极小值以及在光学等领域的广泛应用。

1686 年，莱布尼兹发表了他的第一篇积分学论文《深奥的几何与不可分量及无限的分析》[②]。在这篇论文中，他讨论了微分与积分，或者说是切线问题与求积问题的互逆关系，并且正式地使用了积分符号$\int$。

欧洲大陆的学者阅读了莱布尼兹公开发表的微分学和积分学论文，并发现利用他的方法和符号，演算起来得心应手，能够轻而易举地解决许多以前人们束手无策的难题。人们都对莱布尼兹刮目相看，将他视为微积分的理所当然的发明人。

当英国的学者们以及牛顿本人得知这一情况以后，坐不住了，他们决心捍卫牛顿的微积分优先发明权，以夺回英国学者的荣誉。于是，一场在科学史上著名的旷日持久的优先权之争由此拉开。

1699 年，瑞士学者丢勒（N. F. Duillier，1664—1753）宣称：牛顿是微积分的“第一发明人”，莱布尼兹是“第二发明人”，牛顿比莱布尼兹早很多年发明了微积分，而莱布尼兹从牛顿那里有所借鉴，甚至可能剽窃。后来欧洲大陆的数学家约翰·伯努利等人则对牛顿和英国数学家们群起而攻之。争论日趋激烈，渐渐越出学术争论的范围，成为更加带有民族主义色彩的派别之争。不但两大对立阵营相互指责，争执不已，

① 这篇文章的主要部分（中译文）见李文林主编的《数学珍宝》，于 1998 年在科学出版社出版。

② 文章的部分摘录（中译文）见李文林主编的《数学珍宝》，于 1998 年在科学出版社出版。

牛顿和莱布尼兹也都深陷其中。

1712 年，英国皇家学会成立了一个调查牛顿—莱布尼兹微积分优先权的专门委员会。当时牛顿身为英国皇家学会主席（1703 年上任直到 1727 年逝世），委员会实际上处于牛顿的操纵之下。1713 年初，委员会发布公告：确认牛顿是微积分的第一发明人。莱布尼兹非常气愤，他向英国皇家学会提出申诉，并自己起草和印发了一份《快报》，指责委员会的严重不公。1714 年，莱布尼兹在身体状况恶化、处境十分艰难的情况下撰写了《微积分的历史和起源》（*Historia et Origo Calculi Differentialis*），叙述了他研究微积分的详细经过，分析了他与英国学者们的通信情况。虽然为了替自己辩护，文中难免会有失实之处，但经研究，数学史家们认为这是一份可信度很高的历史文献，并将其于 19 世纪公开发表。

1716 年莱布尼兹逝世以后，以及 1727 年牛顿逝世以后，微积分优先权之争虽然仍在双方的后继者和崇拜者中间延续着，但总的趋势是逐渐走向缓和了。经过长时间的历史调查，特别是对莱布尼兹的手稿的分析，终于根据事实平息了这场时间长度跨了两个多世纪的争论，并且得到了公正的结论：牛顿和莱布尼兹相互独立地创建了微积分。进入 20 世纪，人们普遍地毫无疑问地接受和认同了这一看法。

从研究微积分的时间看，牛顿比莱布尼兹早约 9 年。据牛顿自述，他研究微积分始于 1664 年，在 1665 年 11 月发明流数术，即微分学，在 1666 年 5 月建立反流数术，即积分学。莱布尼兹则在 1673 年开始研究微积分，于 1675—1676 年间先后建立微分学和积分学，他当时称之为切线问题和逆切线问题。

从微积分著作发表的时间看，莱布尼兹比牛顿早 3 年。如前所述，莱布尼兹于 1684 年和 1686 年分别发表了微分学和积分学的论文，并且阐述了微分和积分的互逆关系。而牛顿关于微积分的第一次公开表述，是出现在 1687 年出版的巨著《自然哲学之数学原理》中，其《曲线求积术》出版于 1704 年。

牛顿和莱布尼兹曾经有过学术上的通信来往，牛顿曾确信莱布尼兹也发现了与他相同的微积分方法。正像他在《自然哲学之数学原理》第一版的一段叙述中所说：

“在十年前我与最杰出的几何学家 G. W. 莱布尼兹间的往来信件中，当我要告诉他我已掌握了一种求极大值和极小值，以及作切线等等的方法时，我将这句话的字母顺序作了调整以保密（Data aequatione quotcunque；fluentes quantitates involvente，fluxiones invenire，et vice versa；即，只要给定的方程不涉及如此之多的流动量，求流数，以及其反运算），这位最不同寻常的人竟回信说他也发明了一种同样的方法，并陈述了他的方法，它与我的几乎没有什么区别，只是用词和符号不同而已。”[①]

然而在《自然哲学之数学原理》第三版（1726 年）中，这段话被删去了。

我们从这段话可以看到牛顿对莱布尼兹是尊重的，对他的评价是很高的。而即使在优先权的论战之中，莱布尼兹对牛顿的才能和成就也赞誉有加。1701 年，在柏林王宫的一次宴会上，普鲁士王问到对牛顿的评价时，莱布尼兹回答道：“综观有史以来的全部数学，牛顿做了一多半的工作。”[②]

受英国皇家学会所发布的不公正的调查结论的影响，莱布尼兹在他生前甚至他去世以后许多年都受到了不应有的冷遇。一个鲜明的对照是：牛顿被视为英国的国宝，逝世后礼遇隆重，英国国王亲临牛顿葬礼，并以国葬方式将牛顿安葬在英国王室的威斯敏斯特教堂，那里是所有讲英语民族都尊敬的圣地；而莱布尼兹被葬在汉诺威宫廷的诺伊斯塔特教堂，没有人前来参加葬礼。当然，这一强烈对比，也深刻而又生动地反映出英国和德国对待科学、文化的不同态度。那时的英国正得助于科学技术的发达而成为强盛的“日不落帝国”，而在德国，科学、文化远没有受到重视，莱布尼兹虽奔走于各宫廷之间，然而王公大臣、达官小姐们只欣赏他在外交、编史方面的才能，却不能理解、更不可能重视

① 牛顿. 自然哲学之数学原理·宇宙体系[M]. 王克迪，译. 袁江洋，校. 武汉：武汉出版社，1992：664.

② 李文林. 数学史教程[M]. 北京：高等教育出版社；海德堡：施普林格出版社，2000：175.

他的科学研究工作，更谈不上维护他的科学声望和名誉。

受微积分优先权之争的影响，牛顿的后继者们抱有狭隘的民族主义情绪，对牛顿盲目崇拜和迷信，这使他们长期只固守于牛顿的流数术，甚至爱屋及乌，只袭用牛顿的流数术符号，不屑采用莱布尼兹的明显优越的微分符号。他们固步自封，自以为英国的数学永远是最先进的，只有别人向自己学习，完全无视欧洲大陆突飞猛进的数学成就，以致英国的数学脱离了数学发展的时代潮流，渐渐落后于欧洲大陆国家。

在微积分优先权的争斗中，欧洲大陆的数学家们虽然未能及时地为莱布尼兹讨回公道，但是他们却接受和继承了莱布尼兹所开创的微积分的思想、方法及优越的符号。伯努利家族（Bernoullis，三代中八个数学家）、欧拉（L. Euler，1707—1783）、达朗贝尔、拉格朗日（J. Lagrange，1736—1813）、拉普拉斯、勒让德（A. Legendre，1752—1833）等著名数学家在此基础上进一步研究，不断获得新的成果，开辟出许多新的数学分支。而在英国，在牛顿之后，除了泰勒（B. Taylor，1685—1731）、麦克劳林有较突出成就外，一百多年间，几乎没有出现非常卓越的数学家和卓越的数学成就。事实上，最富有创造性成就的数学“福地”法国和后来居上的德国，相继取代了英国的数学领先地位，成为欧洲数学发展的中心。

直到19世纪初，英国的数学教程内容也没有超出牛顿时代的数学。在微积分方面，英国人仍然沿用牛顿那种笨拙的符号，而对莱布尼兹所创造又由法国数学家们改进了的符号法则弃置不顾。当时在英国能够读懂拉普拉斯的名著《天体力学》的人还不到一打，原因就是人们的数学水平太低。

面对这种落后的局面，英国剑桥大学以巴贝奇（C. Babbage，1791—1871）为首的一群年轻的大学生们，为把欧洲大陆的先进数学介绍到英国而成立了一个“数学分析学会”。他们率先站出来，呼吁英国人结束“点时代”（dot-age），接受“d 主义”（d-ism）！这里“点时代”（点是牛顿的符号）意即牛顿的流数术，“d 主义”（d 是莱布尼兹的符号）意指莱布尼兹以及欧洲大陆的先进数学。1816 年，他们翻译了法国数学家拉克鲁瓦（S. Lacroix，1765—1843）所写的一本数学教科书《微积分》，该书的出版使英国学者大开眼界，并促使他们逐步采用莱布尼兹的符号体系，这时已是莱布尼兹逝世一百年之后了。人们曾把巴贝奇建立的“数学分析学会”戏称为“为反对‘点主义’、拥护‘d主义’而奋斗的学会”。可见，在英国摆脱传统的束缚，使用先进的数学符号乃是一场奋斗的结果。经过了这一段曲折痛苦的经历，英国的学者们终于能够心平气和地审视和接受莱布尼兹在微积分方面的工作了。后来，每一个英国人都无一例外地承认，莱布尼兹与牛顿都是微积分的创建人。

巴贝奇的重大历史功绩，是使英国人接受了莱布尼兹的微积分体系，使英国的数学回到了欧洲数学的主流。另外，他本人在数学方面也卓有成就，后来担任了牛顿曾经就任过的卢卡斯教授席位。特别值得指出的是，巴贝奇还继承了莱布尼兹研究计算器技术和理论的事业，成为莱布尼兹之后对计算机发展做出重要贡献的学者之一。

四、莱布尼兹和牛顿的微积分有什么不一样？

在数学史上，牛顿和莱布尼兹都是在学习和总结前辈数学家们大量研究成果的基础上创建微积分的，而且都从巴罗的著作中获得了重要启示，他们都发现了微分和积分是互逆运算（只有找到了这一关键性关系才算比他们的前辈们高出一筹），从而建立起了微积分学。后来，这一关系被称为“牛顿—莱布尼兹公式”，或称为“微积分基本定理”。

牛顿和莱布尼兹的微积分研究工作又是有所区别、各有特色的，人们公认他们的研究在以下三个方面各有不同的倾向和特点。

首先，牛顿对微积分的研究是从力学或运动学的角度，从速度概念开始的，他考虑了速度的变化问题。牛顿把自己的发现称为“流数术”（或译为“流数法”）[①]，他把连续变化的量称为流动量或流量（fluent），用英文字母表中的最后几个字母v,x,y,z等来表示；把无限小的时间间隔叫作瞬（moment），用小写字母o表示；把流量的速度，也就是流量在无限小时间内的变化率，称为流动率或流数（fluxion），用上

① 牛顿微积分原著的部分摘录（中译文）见李文林主编的《数学珍宝》，于1998年在科学出版社出版。

面带点的字母 $\dot{v},\dot{x},\dot{y},\dot{z}$ 表示。因此牛顿的“流数法”，就是以“流量”“流数”和“瞬”为基本概念的微积分学，它解决这样两类问题：(1) 按照给定的流量之间的关系来求它们的流数之间的关系；(2) 按照包含有流数在内的方程来求它们的流量之间的关系。这两类问题是互逆的：(1) 是求函数的微分，而流数之比即微商（导数）；(2) 是求函数的积分，即原函数，或者说是微分方程的求解问题。

莱布尼兹则更多地从几何学的角度，从求切线问题开始，突出了切线概念。他研究了求曲线的切线问题和求曲线下的面积问题的相互联系，明确指出了微分和积分是互逆的两个运算过程。当时他已用 d（difference 的第一个字母）表示一个差额，而用 $\int$（sum 的第一个字母的拉长）表示一个总和。在 1684 年发表的微分学文章中，他还对 n 阶微分运用了 d^n 等符号。

其次，牛顿作为物理学家和力学家，他的工作方式是经验的、具体的和谨慎的，他将微积分成功地应用到许多具体问题以推广他的研究成果，并从实际应用中证明微积分方法的价值。莱布尼兹作为哲学家，他的研究工作带有明显的哲学倾向，他的思想表现得富于想象和大胆。虽然他也注重实际应用，但他更着重于把微分学和积分学从各种特殊问题中概括和提炼出来，将其加以推广和一般化，寻求普遍化和系统化的运算方法。

最后，牛顿在使用符号方面不甚用心，而莱布尼兹则花费心思选取最好的符号。注重符号的选择和改善，是莱布尼兹研究工作的一大特色。在微积分方法的表述形式上，人们公认，莱布尼兹的符号确实优于牛顿的符号。历史不负其苦心，由于莱布尼兹的微分符号和积分符号简明易懂，方便好用，所以一直被沿用至今。

莱布尼兹有许多方面的思想是超越时代的，像磁石一样吸引着世界各国的学者们，许多学者正在他遗留下来的百科全书式宝库中孜孜不倦地探寻着，不断地挖掘出对今人仍有启迪作用的宝贵思想。

莱布尼兹给后人留下的论著有三类：一是已出版的著作；二是未完成的研究手稿；三是信件。他留下的信件有一万五千多封，与他通信来往的人有一千多人，远至东方的锡兰（今斯里兰卡）和中国。这些信件记载着莱布尼兹在不同时期、不同领域的思想、见解和研究成果，其中有的信就是一篇学术论文，有的长信甚至堪称一部未发表的著作。

马克思（K. Marx，1818—1883）和恩格斯（F. Engels，1820—1895）把莱布尼兹看作17世纪与笛卡儿具有同等地位的重要思想家，早在1844—1846年间，在他们第一部合著《神圣家族》一书中就说道："17世纪的形而上学（想想笛卡儿、莱布尼兹等人）还是有积极的、世俗的内容的。它在数学、物理学以及与它有密切联系的其他精密科学方面都有所发现。"

马克思和恩格斯十分重视微积分的创建，对其给予了极高的评价。恩格斯为微积分写过这样一段高得不能再高的赞誉："在一切理论成就中，未必再有什么像17世纪下半叶微积分的发明那样被看作人类精神的最高胜利了。如果在某个地方我们看到人类精神的纯粹的和唯一的功绩，那就正是在这里。"

英译者序

• The English Translator's Preface •

我认为[微积分]给出的定义比现代数学从它开初算起的任何定义都更加明确，而数学分析的整个体系是它的逻辑演化，至今依然不失为精确推理中最重大的技术进展。

——冯·诺伊曼

Die Entdeckung

der

Differentialrechnung

durch

Leibniz

mit Benutzung der Leibnizischen Manuscripte auf der Königlichen Bibliothek zu Hannover

dargestellt von

Dr. C. J. Gerhardt.

Halle,

H. W. Schmidt.

1848.

莱布尼兹的手稿和书信，不仅有助于历史学者研究他作为微积分学科启蒙者和推动者的早期工作，还具有特别的研究意义——它们对于研究莱布尼兹在微积分的发明和发展中所起的作用是非常宝贵的。

本文所依据的内容是由格哈特(C. Gerhardt，1816—1899) 博士从一大堆属于莱布尼兹的文稿中发掘和整理出来的，这些文稿保存在汉诺威的皇家图书馆里，里面包含有莱布尼兹以前从未发表过的手稿。

这些手稿中最重要的部分，也是本文主要的内容，已被格哈特博士编辑整理为三本书，并对书中一些内容附了详细的注释和注解，这三本书的书名分别为①：

1. *Historia et Origo Calculi Differentialis*. Hannover，1846.
《微积分的历史和起源》，汉诺威，1846.

2. *Die Entdeckung der Differentialrechnung durch Leibniz*. Halle，1848.
《莱布尼兹发现微积分》，哈雷，1848.

3. *Die Geschichte der höheren Analysis*；*erste Abtheilung*，*Die Entdeckung der höheren Analysis*. Halle，1855.
《高等分析的历史：第一部分，高等分析的发现》，哈雷，1855.

本文完成之时，正值莱布尼兹逝世 200 周年之际，这也恰是出版这些手稿英译版本的最佳时机。②

就本文的写作目的而言，将手稿分为两部分比较合适，其中第一部分主要内容为莱布尼兹对自己研究工作的描述。第一章的内容是对莱布尼兹写给雅各布·伯努利［Jacob Bernoulli，1654—1705，亦称詹姆斯·伯努利（James Bernoulli)，后均采用“詹姆斯·伯努利”］的信的附言的逐字翻译，“这些内容是 1703 年 4 月在柏林完成的，后被删

---

① 本文中所涉出版物的缩写可参见书末的“英译本参考文献”，具体参见 *The Monist*，1916，Vol. 26，No. 4，pp. 483—485。另外，英译者蔡尔德（J. M. Child，1871—1960）考虑到许多注释内容的长度和数学符号的原因，把相应的内容放到正文之后；中译者考虑到读者阅读的便利性，把原文注释内容调整到脚注部分。另外，本书的页脚注释，如无特别说明，均为英译者所注。而且关于正文部分，为便于读者区分，特将英译者所写的说明性文字用仿宋字体呈现。——中译者注

② 英译版于 1916 年出版，恰逢莱布尼兹逝世 200 周年。

◀ 1848 年版的《莱布尼兹发现微积分》。

掉，并被一个完全不同主题的附言替换。”[①] 这些内容在某种程度上可以看作是亲密朋友之间的交流。因此，它自然不像莱布尼兹在《微积分的历史和起源》[②] 里对他的工作所作的第二次叙述那样，是一篇经过深思熟虑的文章，第二次叙述的完整译文在第一部分的第二章给出。

在比较这两部分内容时，我们需要特别注意，任何可看到的细微差异，都是由莱布尼兹当时所处的不同写作情形造成的。《微积分的历史和起源》里面的叙述给人的印象是，这些内容经过了相当全面的修订并准备出版，且相关事实也被整理成一个令人印象深刻的，或者像有些人所说的那样，可信的整体，这些内容很可能是莱布尼兹在去世之前完成的，代表了他对《来往信札》(*Commercium Epistolicum*)[③] 那段令他厌恶记忆的回应。

1716 年 11 月莱布尼兹的去世可能是这些内容未能出版的原因，或者至少是主要原因。

鉴于当今数学史学家所掌握的真实资料，我[④]觉得没有必要对《来往信札》中相关内容再进行讨论和探讨。此外，如果微积分的发现确实不能完全独立地归功于莱布尼兹，那么我对他灵感的来源持有与其他人完全不同的看法。因此，除了支持莱布尼兹所提出的对完全不公平的耻辱的辩解外，我将尽量避免提及《来往信札》。[⑤] 而且，我在上面已经说过，莱布尼兹打算用《微积分的历史和起源》来陈述和表明他对这件事的看法，并回应对他的攻击。这篇关于他研究工作的记述，虽然作者是用第三人称撰写的，并自称是“一位对这件事了如指掌的朋友”[⑥]，

---

① G. 1848，p. 29；也可参见 G. *math*.，Ⅲ，pp. 71，72 和 Cantor，Ⅲ，p. 40.

② 在导读的“微积分优先权之争”一节中有该文写作背景的相关介绍。——中译者注

③ 指英国皇家学会所成立调查委员会于 1712 年出具的调查报告，调查结论为：牛顿是微积分的第一发明人。该报告的全名为《学者柯林斯与他人有关分析学进展的来往信札》。——中译者注

④ “我”指英译者 J. M. Child。——中译者注

⑤ 德·摩根(De Morgan，1806—1871) 在最近出版的 *Essays on the life and work of Newton* 一文中对这个问题进行了公正的讨论和论证。就像德·摩根笔下的一切东西一样，相关内容的叙述具有他特有的魅力，另外由于编辑茹尔丹 (P. E. B. Jourdain，1879—1919)(Open Court Publishing Co.) 对相关内容增加了注释、评论和大量的参考资料，这个版本变得非常有价值。请特别注意德·摩根在第 27—28 页脚注 3 中对该事件的不公平性的总结。

⑥ 参见本节第 7 页的注释③，也可参见 G. 1846 第 4 页中给出的拉丁语原文 per amicum conscium。

但是，根据格哈特博士的权威论证，这位“朋友”无疑是莱布尼兹本人。我丝毫不怀疑这个结论的权威性，但又不禁想到，如果我能在这里附上这份手稿的部分照片，那整个内容就会更有说服力了，但这个想法在撰写本文时是无法完成的。

《微积分的历史和起源》编写延迟的原因已在其文中说明，后面我还将有机会讨论这些问题。为了使大家能完全理解本文中所出现的评论，有必要对1712年《来往信札》出版之前的争论历史做一个非常简短的描述。[①]

这件事最早是在1699年由瑞士数学家丢勒发起的，他从1691年起就住在伦敦，并与惠更斯有通信往来，从丢勒寄给惠更斯的一些信[②]中可以看出，这次发明权争论已经悄悄准备了一段时间。丢勒是否得到了牛顿的许可和授权还不能确定，但从信件中似乎可以肯定的是，牛顿给了丢勒关于其著作的一些内容。依据这些内容，丢勒宣称：牛顿首先发明了微积分，而莱布尼兹借鉴了牛顿的理论，是第二个发明人。

这些指控对莱布尼兹的伤害很大，因为他曾将他与牛顿的书信副本存放在沃利斯那边准备出版。由于丢勒是英国皇家学会的成员，莱布尼兹理所当然地认为，丢勒的指控是经过英国皇家学会同意的。因此，他

---

① 这里所给出的描述基本上是格哈特博士在格鲁纳特(J. Grunert，1797—1872) 的《数学与物理学档案》(*Archiv der Mathematik und Physik*，1856年，pp. 125—132) 的一篇文章中所给出的。

这篇文章与魏森博恩（H. Weissenborn，1830—1896）在其《高等分析原理》(*Principien der höheren Analysis*，Halle，1856) 中所持的观点是矛盾的。值得一提的是，格哈特的党派偏见使他在这篇文章中完全没有提到莱布尼兹为《教师学报》撰写的对牛顿著作《曲线求积术》的评论，正是这篇评论使他再次受到凯尔（J. Keill，1671—1721）的攻击。格哈特在《微积分的历史和起源》(G. 1846，p. vii) 的序言中给出了一段让英国数学家们都反对的话，这段话的翻译如下：

“牛顿没有采用莱布尼兹的微分概念和符号，而是一直使用流数近似地表达变量的增加——他在《自然哲学之数学原理》以及后来出版的其他作品中都优雅地使用了流数的概念，就像法布里（H. Fabri，1608—1688）在他的《几何概要》(*Synopsis Geometrica*) 中用运动的增加代替卡瓦列里的方法一样。”

英国数学家们认为这段话等同于对抄袭的指控，此外，按照他们的想法，把牛顿作为与卡瓦列里、法布里和莱布尼兹对等的第四人，也是一种侮辱。

② 丢勒与惠更斯的书信可参见 *Ch. Hugenii aliorumque seculi* XVII *virorum celebrium exercitationes mathematicae et philosophicae*，ed. Uylenbroeck，1833.

要求将沃利斯手中的信件内容公布出来，为自己讨回公道。随后，莱布尼兹收到英国皇家学会一位秘书斯隆（Sloane）的答复。斯隆告知他，他关于学会参与攻击他的任何假设都是没有根据的。由此，他没有再关注此事，整件事情也就这样被遗忘了。

1708年，凯尔再次对莱布尼兹进行了攻击，并直接指控莱布尼兹抄袭牛顿。由于沃利斯于1703逝世，在英国，没有人能证实莱布尼兹的说法，所以他直接向英国皇家学会求助。该学会随后任命了一个由皇家学会成员组成的委员会来审议与此事有关的文章。他们的报告发表于1712年，题目是《学者柯林斯与他人有关分析学进展的来往信札》(*Commercium Epistolicum D. Johannis Collins et Aliorum de Analysi promota*)[①]。

直到两年后，莱布尼兹才从进行家谱研究工作的意大利城镇返回汉诺威。所以，《微积分的历史和起源》肯定是莱布尼兹在1714年到他的逝世日期1716年之间撰写的。这些日期使我们能够解释他在附言和《微积分的历史和起源》中关于其研究工作的两份报告之间的相似性，以及它们之间的所有细微差异。

不过，我们首先要试着找一找莱布尼兹写这篇信后附言，以及写后又将其删掉的原因。1691年1月，在莱比锡的《教师学报》中，詹姆斯·伯努利说莱布尼兹的基本思想来源于巴罗的研究工作，[②] 但在随后的1691年6月，他承认：尽管莱布尼兹和巴罗的研究在某些方面有相似之处，但是莱布尼兹的研究要远远领先于巴罗的研究成果。[③] 人们不禁要问，詹姆斯·伯努利的这种承认是由莱布尼兹享有盛名的人格魅力所造成的吗？但是，那个时候，莱布尼兹似乎生活在沃尔芬比特尔，而詹姆斯·伯努利则住在巴塞尔，显然，这么远的距离，两人之间进行面谈是不可能的，更合理的解释是莱布尼兹通过信件提出了自己有理有据的反驳意见。需要注意的是，詹姆斯·伯努利并没有完全收回他关于莱布尼兹的基本思想来源于巴罗的说法，他只是说，尽管有相似之处，但

---

① 即前文提到的*Commercium Epistolicum*，此处为报告题目全称。——中译者注

② Bernoulli (Jacob), *Opera*, Vol. I, p. 431.

③ Ibid., p. 453.

也有不同之处，这些不同之处是可以体现出莱布尼兹的研究工作远远领先于巴罗的相关研究的。[①] 而我个人倾向于认为詹姆斯·伯努利只是把莱布尼兹的方法和巴罗的微分三角形方法进行比较，他并没有注意到巴罗有一些命题是关于因变量的积、商和幂的微分的几何等价量的。

由于格哈特没有发现莱布尼兹在1703年之前的其他信件或手稿里提及此事，所以在我看来，当时的莱布尼兹，虽然没有忘记自己遭受的含沙射影，却又不得不放下所有与之抗衡的念头。然而，从信中附言的第一段来看，在某个时间之后，他似乎又提起了这件事情，并要求伯努利家族对《教师学报》中的陈述给一个合理的理由或解释，同时表达了他对伯努利家族发表这些言辞的失望之情。原因可能是莱布尼兹已经获悉，持有这种观点的并不局限于詹姆斯·伯努利本人，因为莱布尼兹说："……你，你的兄弟们，或者其他任何人。"[②]

至此，我们可以猜测出促使莱布尼兹写这篇信中附言的时机和背景了。现在，让我们试着寻找莱布尼兹删除附言的原因。莱布尼兹曾将丢勒排除在能够解决约翰·伯努利的最速降线问题的数学家名单之外，这令丢勒很愤怒，而丢勒对莱布尼兹的攻击似乎就是由此引发的。[③] "他出版了一本关于这个问题的回忆录，并宣称，根据不可否认的事实，他必须承认牛顿不仅是微积分的第一发明人，而且多年来一直都是。不管

---

① Cantor，Ⅲ，p. 221.

② 这些文字出现在莱布尼兹写给詹姆斯·伯努利信中附言开头一段，英文原稿中见第583页的内容。

③ 下面的叙述取自威廉姆森(Williamson)在《大英百科全书》(*Encyc. Brit.*，Times edition)上的文章《无穷小微积分》(*Infinitesimal Calculus*)。这篇文章里有一段话，以下是其翻译(G.，1846，p. v)："也许著名的莱布尼兹会想知道我是如何熟悉我所使用的微积分的。我自己在1687年的4月份左右及随后几个月中，发现了它的一般原理和大多数规则，此后又在其他年份里继续研究。当时，我认为除了我自己，没有人使用这种微积分。即使莱布尼兹没有出生，我也不会对它了解得更少。所以让其他的追随者赞扬他吧，我肯定做不到。如果我与著名的惠更斯之间的信件有朝一日被公开，这一点将更加明显。然而，受事实证据的驱使，我不得不承认，牛顿是第一个，而且是领先了许多年的第一个发明微积分的人；至于莱布尼兹这位第二位发明者是否借用了他的任何东西，我更愿意将决定权交给那些已经看过牛顿的论文和这份手稿的补充内容的人，而不是我自己。无论是牛顿的沉默寡言，还是莱布尼兹的直言不讳……"

考虑到其他声称拥有这一方法的人，比如斯吕塞(R. Slusius，1622—1685)等人(对于二元隐函数微分的内容)，无穷小微积分的研究似乎自发地发展起来了。

第二发明人莱布尼兹是否在牛顿那里借鉴了什么内容或者想法，他宁愿让那些看过牛顿的信件和其他手稿的人来评判，而不是他自己。”丢勒的这种只是含沙射影而不敢直接断言的做法体现出了他的攻击的胆怯，但这种含沙射影可能更有杀伤力，它暗示：那些看过牛顿论文的人不可能对上面的观点有丝毫的怀疑。

1700 年 5 月，莱布尼兹在《教师学报》中发表了一篇文章予以回应，在文中他引用了牛顿的信件，也引用了牛顿在《自然哲学之数学原理》中向他提供的证言，[①] 并将它们作为他声称自己拥有该方法的独立作者身份的证据。丢勒给出了对这篇文章的答复：《教师学报》的编辑拒绝发表该文章。这可能是在 1701 年发生的事情，我认为莱布尼兹那时大概已经得出结论：暂且放下巴罗的事，优先处理与牛顿相关的事情，会更明智一些。但他不明智地再次从关于牛顿的《曲线求积术》的一篇评论（包含了暗讽牛顿的一些内容）开始争辩。牛顿的这篇文章是在 1708 年和他的《光学》（*Opticks*）一起发表的。[②] 这招来了凯尔对他的攻击。虽然这些攻击言论让有关巴罗的事情逐渐淡出人们的视线，并被更多人遗忘，但我认为对莱布尼兹抄袭牛顿的指控缺乏真实性。

莱布尼兹也明白，如果要做一个回应的话，就必须准备一个周密的答复，再三考虑之后，他觉得在公开回复之前，最好把附言中的内容也写出来，以便作进一步的考虑，必要时加以修订和扩充。需要指出的是，虽然上述评论是以第三人称匿名写成的，但已经确定其作者就是莱布尼兹本人。[③]

一般性评论不再赘述，具体的评论意见将在下面的翻译中提及。

蔡尔德（J. M. Child，1871—1960）

---

① 见德·摩根的 *Newton*，第 26 页和第 148、149 页，这里翻译了对应的旁注和注释。《自然哲学之数学原理》第二卷引理Ⅱ的旁注，以及在第二和第三版中出现的修改过的旁注和对修改的注释，可以在牛顿的 Jesuits Edition（耶稣会士版）第二册第 48、49 页中找到（1822 年由赖特（J. M. F. Wright）编辑的新版；Le Soeur 和 Jacquier 编辑完成了第三版，也是最好的版本）。

② *Phil. Trans.*，1708；也可参见 Cantor，Ⅲ，p. 299.

这句话中的 1708 年实应为 1704 年。——译者注

③ 相关讨论可参见 Rosenburger，*Isaac Newton und Seine physikalischen Principien*，Leipsic，1895.

第一部分

• *Part* Ⅰ •

当一个人考虑到自己的才能并把自己的才能和莱布尼兹的才能来作比较时，就会恨不能把书都抛弃，去找个世界上最偏僻的角落躲藏起来，以便安静地死去。……就哲学家和数学家这两个词所能具有的最充分的意义来讲，他是一位哲学家和数学家。

——狄德罗（法国思想家，启蒙运动领袖之一）

GODEFROI GUILLAUME
LEIBNITZ,
Né le 3 Juillet 1646 mort le 14 Novembre 1716.

莱布尼兹雕刻像

第一章

致詹姆斯·伯努利信的附言

(1703年4月，柏林)

• *Chapter* I *The Intended Postscript to the Letter to James Bernoulli* •

莱布尼兹是一个不知疲倦的工作者，一个到处写信的人，一个爱国者和世界主义者，一个伟大的科学家，和西方文明中最强大的灵魂之一。

——引自 MacTutor 数学史档案馆

JAC. BERNOULLI, MATH

也许[①]你会认为我心胸狭隘，但我真的对你、你的兄弟们或任何其他人的说法感到恼怒，也许你们认为这是感激巴罗研究工作的机会，但作为巴罗同时代的人[②]，我没有必要从他那里得到这种机会。

当我在1672年到达巴黎时，我自学了几何学[③]，实际上我对这门学科知之甚少，也因为缺乏相关的知识，我没有耐心去研读完几何学中一长串的证明。年轻时，我曾阅读过某位兰齐乌斯（Lanzius）的初级代数[④]，之后也查阅过克拉维乌斯（C. Clavius，1538—1612）在代数方面的相关书籍[⑤]，但笛卡儿的代数理论似乎更复杂一些[⑥]。不过，在我看来，如果我愿意，我是有可能会成为和他们一样的人的，尽管我自己也不知道凭什么可以轻率地相信自己的能力。我还大胆地翻阅了一些更深奥的著作，如卡瓦列里的几何学[⑦]，我在纽伦堡碰巧发现的莱奥托

① 这篇附言的开头方式似乎表明，在信的正文中提到了一些令莱布尼兹恼怒的事情：就是詹姆斯·伯努利指出他的工作起源于巴罗的思想。这一点无法确定，因为格哈特没有引用这封信的相关内容。

② 莱布尼兹称巴罗为他的同时代人，不免有失公正，巴罗至少比他早出生六年。因为巴罗在1670年出版了他的《几何讲义》（*Lectiones Geometricae*），而莱布尼兹最早看到巴罗研究成果的日期是1672年底。而且有理由相信，正如我在我的《讲义》版本中所指出的那样，巴罗在《几何讲义》出版前很多年就已经掌握了相关的研究方法，而且很可能在1664年将这些内容告诉了牛顿。

③ 需要注意的是，这篇附言的唯一主题是几何学，莱布尼兹也坦率地说，自己在1672年时对几何学几乎一无所知。

④ 这里谈到的代数书最有可能是兰茨（J. Lantz，1564—1638）1616年在慕尼黑出版的*Institutiones arithmeticae*；Cantor，Ⅲ，p. 40.

⑤ 这里的书籍可能是克拉维乌斯编著的*Geometria practica*。克拉维乌斯因是欧几里得《几何原本》的编辑而家喻户晓，他还是罗马学院的教授，曾指导过圣文森特的格雷戈里。

值得注意的是，兰齐乌斯和克拉维乌斯都没有在《微积分的历史和起源》的内容中被提及。

⑥ 据说，根据笛卡儿自己的说法，他是故意把《几何学》弄得错综复杂的。这无疑是对他同时代人的一种挑战。没有任何准备，比如现在的一本关于坐标几何的书，笛卡儿就直接开始解决一个被古人视为无法解决的问题。也难怪年轻的莱布尼兹在第一次尝试阅读笛卡儿的这本书时遇到了一些困难。

⑦ 1635年，卡瓦列里发表了*Geometria indivisibilibus*，为积分学奠定了基础。罗伯瓦尔（G. Roberval，1602—1675）似乎应该是该方法的第一个发明者，或者至少是这个方法的独立发明者，但他选择把这个方法留给自己使用而没有发表，因此，他也失去了发明者的荣誉。这种处理新方法的习惯在当时的数学家中很常见。

◀ 詹姆斯·伯努利（又名雅各布·伯努利），与其兄弟约翰·伯努利均为莱布尼兹微积分的早期支持者。

(V. Léotaud，1595—1672）的那些吸引人的曲线元素[①]，以及其他类似的内容。由此可以清楚地看出，我已经做好了不需要帮助的准备[②]，毕竟现在我读这些书就像读浪漫故事一样容易了。

与此同时，我也正在尝试找到一种几何计算方法，通过小正方形和立方体表示一些不确定的数字，但我没有意识到笛卡儿和韦达(F. Viète，1540—1603）已经用一种高级的方法解决了整个问题[③]。在这一点上，我几乎可以称自己是对数学超级无知的，毕竟我当时正在学习历史和法律，而且已经决定把自己献身于这一领域。在数学中，我比较喜欢那些令人愉悦的东西，尤其喜欢研究和发明机器，我的算术机器[④]就是在这个时候设计出来的。也是在这个时候，惠更斯非常礼貌地给我带来了一本他最近出版的关于摆钟的书[⑤]，我完全相信惠更斯看到了我身

---

① 所提到的作品出版于1654年。这里提到的内容出现在作品的第二卷，第一卷是对圣文森特的格雷戈里发表的求圆面积的批判和驳斥；第二卷不是莱奥托的作品，正如标题的第二部分所显示的 necnon CURVILINEORUM CONTEMPLATIO，olim inita ab ARTUSIO DE LIONNE，Vapincensi Epise。因此，它似乎是 Gap（古称 Vapincum）主教莱昂内（De Lionne)的作品的编辑重印版。由于这篇论文的部分内容专门讨论了“希波克拉底的新月形（lunules of Hippocrates）”（见 Cantor，I，pp. 192—194），所以它可能对莱布尼兹产生了一些影响，使他对圆周率的计算有了初步的想法。

② 字面上直接翻译为“我准备不再依靠软木浮子游泳”。

③ 莱布尼兹在这里似乎表明，他曾考虑过某种形式的直角坐标几何，与笛卡儿的名字联系在一起使这件事是相当确定的。韦达在《分析引论》（*In Artem Analyticem Isagoge*）中解释了如何应用代数解决几何问题；进一步的信息参见 Cantor。

④ 这个机器是对帕斯卡的加法机器的改进，适用于乘法、除法和求根。帕斯卡的机器是1642年生产的，莱布尼兹发明的机器是1674年生产的。

⑤ 惠更斯的《摆钟论》（*Horologium Oscillatorium*）出版于1673年，由此，我们可以得到莱布尼兹与惠更斯谈话的确切年份，也正是这次对话促使莱布尼兹开始阅读帕斯卡和圣文森特的格雷戈里几何方面的相关作品。这发生在他第一次访问伦敦之后，他是3月份从伦敦回来的，“利用在伦敦的时间购买了一本巴罗的《几何讲义》，这也是奥尔登堡提请他注意的”（Zeuthen，*Geschichte der Mathematik im* XVI. *und* XVII. *Jahrhundert*，German edition by Mayer，p. 66）。莱布尼兹本人在1673年4月写给奥尔登堡的一封信中提到，他已经买了这本书。格哈特（G. 1855，p. 48）说他在汉诺威皇家图书馆看到了巴罗的《几何讲义》，所以莱布尼兹购买的一定是1670年出版的《光学与几何学》（*Optics and Geometry*）的合订本。

由此可见，在惠更斯建议莱布尼兹学习帕斯卡的研究工作之前，他已经拥有一本巴罗的书了。如果有人认为莱布尼兹买这本书是出于朋友的推荐，仅仅是为了拥有它，那是完全错误的；莱布尼兹购买或借书的唯一目的就是为了学习。除非我们把他对阅读的这一描述看作是三十年来缺乏记忆的结果，否则只能得出一个结论，当然莱布尼兹撒谎的那个明显（转下页）

上潜在的更多的可能性。和惠更斯的这次谈话，是我更认真研究的开始和契机。当我们交谈的时候，惠更斯就察觉到我对重心没有一个正确的概念，于是他简单地给我介绍和描述了重心的相关内容。同时他还补充说，德顿维尔(Dettonville，即帕斯卡）已经在这方面做了非常好的研究工作[①]。同时，作为一个容易接受别人建议的人，我时常会抛弃那些不成熟的想法，尤其是当这些想法淹没在某位伟人的几句话的光芒之下时，于是我立即听取了惠更斯，这位最顶尖数学家的教诲，因为很快我就会知道惠更斯到底有多伟大。此外，对这些相关内容的一无所知让我有一种耻辱感。于是，我从博伊提乌斯(Buotius)那里找来了一本帕斯卡的书，从皇家图书馆找了一本圣文森特的格雷戈里的书[②]，开始认真地学习几何学的内容。我没有任何犹豫和迟

(接上页) 糟糕的结论除外。这个结论是，在第一次阅读巴罗的书时，莱布尼兹唯一能跟上巴罗的内容是他标记为 Novi dudum（“以前知道这个”）的部分，而这正是涉及惠更斯 *Cyclometria* 的 Lecture Ⅺ的附录的那部分，恰如巴罗这本书的书名 *De Circuli Magnitudine Inventa*。没有更多这样的评论几乎可以证明：莱布尼兹以前对巴罗书中的其余内容一无所知。因此，他一定是在读过巴罗的书籍之后，才把他后来所说的“几百张纸”填满，并写上他所发现的几何定理的。因为在我们关注的附言末尾，他说“在巴罗的书中，我找到了我的定理中的大部分预期结果。”这里面有很大的问题，因为这似乎是说莱布尼兹买的是出版于 1674 年的巴罗书籍的第二版；按照莱布尼兹的说法，它不可能指的是 1670 年的版本，因为那是在莱布尼兹到达巴黎之前出版的。但从莱布尼兹给奥尔登堡的信中可以确定，它不可能是 1674 年的版本，因为信的日期是 1673 年。

在这封信中，莱布尼兹只对光学部分做了评论；但这不可能是 1669 年出版的《光学》的单独版本，因为格哈特说他所看到的副本包含几何学，并在空白处有注释。

对于那些曾经费力地读过巴罗的《光学与几何学》合订本的人来说，可能都会有相似的感受。莱布尼兹在研究了《光学》之后（也许是在从伦敦回来的路上，因为我们知道这是他的一个习惯），对初步几何学的五次讲座的枯燥内容感到厌倦，在回到家后，他略过了真正重要的章节，错过了所有的要点，只有惠更斯的名字吸引了他的注意。我也意识到，这也是一个新的提示，我们需要在两件事之间做出选择：要么莱布尼兹在他自己给出的日期 1675 年之前从未读过这本书，要么他故意撒谎。我稍后将回到这一点。与此同时，请看 Cantor，Ⅲ，pp. 161—163，并查阅这几页在脚注中给出的参考资料，那里总结了可能性和莱布尼兹的话之间的冲突利弊。

① 帕斯卡在重心方面的主要工作与摆线和由摆线形成的旋转体有关。他的方法是建立在卡瓦列里的不可分割方法之上的。在惠更斯、沃利斯、雷恩(C. Wren，1632—1723)等人提出了解决方案之后，帕斯卡以 Amos Dettonville 的假名发表了他自己的解决方案，作为对同时代人的挑战。

为便于阅读，我们统一使用“帕斯卡”这一名字。——中译者注

② 圣文森特的格雷戈里在他的 *Opus Geometricum*（1649）的第七册中采用的平面乘以平面的方法实际上与现在通过积分求立体体积方法的基本原理相同。这可以通过四分之一圆锥的图形给出简单的解释。如图 A，设 *AOBC* 为一个圆锥的四分之一，其中 *OA* 为轴，平面 *ABC* 为底，(转下页)

疑地研究了圣文森特的格雷戈里的 ductus，由圣文森特的格雷戈里首先研究，后由帕斯卡发展起来的 ungulae①，以及那些以各种方式形成和分解的和与和的和以及立体图。研究这些内容给我带来的更多的是快乐，而不是烦恼。

我正在研究这些的时候，碰巧看到了帕斯卡的一个极其简单的证明，他借此证明了阿基米德给出的球体的测量②，并表明从三角形 *EDC*

(接上页) 这样，所有的截面，如平面 *abc*，都平行于平面 *ABC*，且垂直于平面 *AOC*。设 *ad* 是一矩形的高，该矩形的面积与四分之一圆 *abc* 的面积相等，因此 *ad* 是可变平面 *abc* 的平均高度。然后，当可变平面从 *O* 移动到位置 *ABC* 时，将可变平面的高度乘以相应的平面 *OAC* 的宽度，即乘以 *bc*，然后将结果相加，就可得到图形的体积。

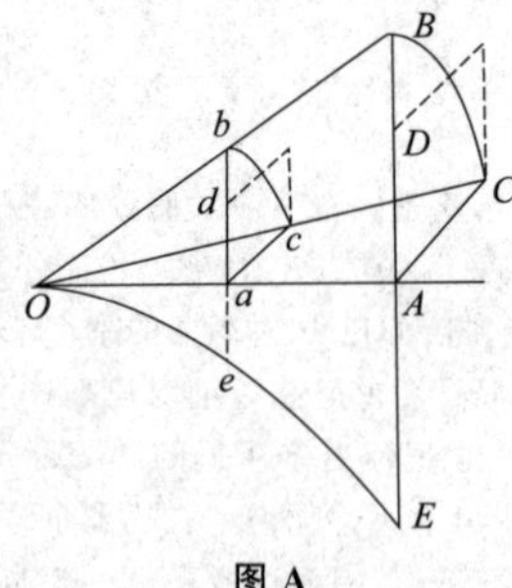

图 A

稍后我们将看到，莱布尼兹并没有完全理解这种方法的真正含义；另一方面，沃利斯在他的 *Arithmetica Infinitorum* 中使用了这种方法，效果很好，并声称他是独立得出这一结论的。在上面的例子中，他说在每种情况下，乘积都与 *ac* 的平方成正比，画一个与 *Oa* 成直角的纵坐标轴 *ae*，这样 *ae* 代表乘积，从而形成抛物线 *OeEAaO*，其面积是他已知的。这个面积与锥体的体积成正比。

① ungulae 指的是蹄形的几何体，例如被互相不平行的平面截断的圆柱体或圆锥体的截头锥体。

② 这里给出的图像是非常有趣的。首先，它不是巴罗的“微分三角形”（见下面的图 B）；当然，这也仅是那些相信莱布尼兹说他没有得到巴罗帮助的人所期望的结果。顺便说一下，康托（G. Cantor，1845—1918）给出的巴罗的图也不十分准确。（参见 Cantor，Ⅲ，p. 135.）

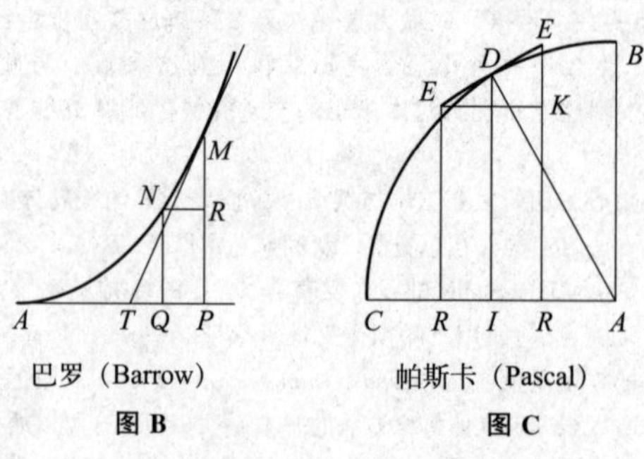

巴罗（Barrow）　　帕斯卡（Pascal）

图 B　　**图 C**

（转下页）

和三角形 CBK 的相似性中看出 CK 乘以 DE 等于 BC 乘以 EC，因此，

（接上页）但这也不是帕斯卡的图（见图 C）。当然，我假定格哈特已经给出了在莱布尼兹手稿中出现的图形的正确版本。尽管我呈现在这里的是格哈特的比较可信的副本，但这个图也表明他绘制的曲线不是圆。我也认为康托从帕斯卡那里得到的图形是正确的，尽管康托说这个图形出现在一个关于象限正弦的小册子里，而不是像莱布尼兹所说的那样，出现在一个关于球体测量的问题里。事实上，在我看来，这个图形更可能与球体区域的面积有关，并且可以证明它等于外接圆柱上相应的侧面带状区域，而不是其他任何东西。我必须认定这些事情是对的，毕竟我没有机会亲眼看到原作中的图。奇怪的是，格哈特在一个地方（G. 1884，p. 5）将 1674 年定为巴罗书籍的出版日期，而在另一个地方（G. 1855，p. 45），也就是在 7 年后，他把出版日期写成 1672 年，但这两个日期都不是莱布尼兹可能购买巴罗书籍的日期，即 1670 年。对于一个必须建立论据的日期来说，这是应受谴责的疏忽，因为人们几乎不会怀疑这是格哈特故意混淆的。尽管如此，如果我能像德·摩根一样给出巴罗的书和莱布尼兹的手稿中图的复印本，我会感到更高兴。

最后，巴罗的书里有包含莱布尼兹的"特征三角形"的章节和语句（可能除了魏森博恩之外，格哈特、康托等人似乎都没有注意到）。图 D 是巴罗为说明 Lecture Ⅺ的第一定理而给出的示意图。当然，和巴罗的一贯作风一样，这是一张复杂的图，是为一整套相关的定理而画的。

在这些定理的第一个证明中，出现了这样的话："那么三角形 HLG 与三角形 PDH 相似（因为，考虑到无限的截面，小的弧线 HG 可以被视为一条直线）。从而，$HL : LG = PD : DH$，或 $HL \cdot DH = LG \cdot PD$，即 $HL \cdot HO = DC \cdot D\psi$。同理可以证明，由于三角形 GMF 与三角形 PCG 相似，……"

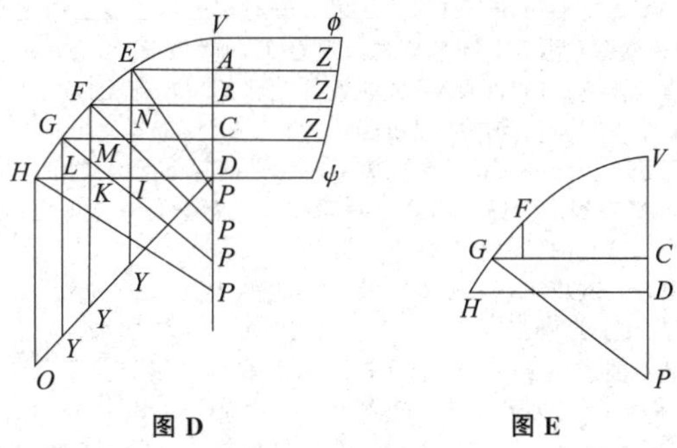

图 D　　　　图 E

如果现在把斜线条和图 E 中抽象出来的那部分线条进行比较，就会发现：如果莱布尼兹有机会看到这幅图，那么这与莱布尼兹的图的相似性就需要一些解释了。这样的证据即使是在英国刑事法庭上，也足以绞死一个人。（进一步见第 18 页的注释③）

总而言之，我相信莱布尼兹既参考了巴罗的图，也参考了帕斯卡的图（提请大家注意，莱布尼兹确实使用了上面的这 3 个图），而且我认为，时隔 30 年后，他自己也无法分辨图的来源。在这种情况下，当他被指控抄袭了其中一个人的内容的时候，莱布尼兹会很自然地声称它来自另外一个。再通过不断地重复强化，他自己也会相信这是事实。但这不能解释他写给洛必达（G. L'Hospital，1661—1704）的信中内容，他在信中说他没有从他的方法中获得任何帮助，除非我们再次记住这封信的日期是 1694 年，也就是事件发生的 20 年后。

通过取 $BF=CK$，矩形 AF 等于曲线 AEC 关于轴 AB 的矩[①]。(图 1)

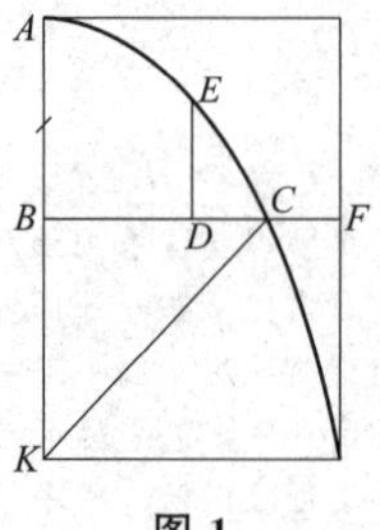

图 1

这种新颖的推理使我特别震惊，因为我也从来没有在卡瓦列里的书中见到过类似的结果[②]。但我更震惊的是，帕斯卡似乎被某种邪恶的命

① 莱布尼兹在这里以及在他 1675 年 10 月以 *Analysis Tetragonistica ex Centrobarycis* 为标题的手稿中都表明使用 momento ex axe 这一短语是非常重要的，但在我看来这样做几乎有点得不偿失。

拉丁语 momentum 是 movimentum 的缩写，主要意思是运动或改变，第二层的意思是产生这种运动的原因。目前用这个词来表示力产生旋转的趋势，就是用这个词来表示效果的一个例子；对于第二层意思，我们首先将其解释为恰好足以引起平衡改变的东西（此时主要含义仍成立），因此是非常小的东西，特别是非常小的时间元素。

因此，我们看到莱布尼兹在其主要意思上使用了这个术语，因为他将它与 ex Centrobarycis 方法结合使用，并在其机械意义上使用了这个术语，因此有理由认为他是从惠更斯那里得到这个术语的。在这个意义上，它就是我们现在所说的转动惯量或惯性矩。

牛顿对这一术语的使用在《自然哲学之数学原理》第二卷的引理Ⅱ中给出，其方式如下。“在这里，我将把这些量看作是不确定的或可变的，就像通过持续的运动或流动（fluxus）来增加或减少一样。而它们的瞬时增量或减量，我将用 moments 这个名称来表示。因此，增量代表增加或正的矩，减量代表减少或负的矩。”

这与莱布尼兹所说的 moment 毫无关系，而且把这个词的使用作为证据来表明莱布尼兹在 1675 年之前就已经看到了牛顿的作品，甚至通过奇恩豪斯（E. Tschirnhaus，1651—1708）听说过牛顿的工作，这真的是很荒谬的。

在另一个地方，我将再次提到它，他在那里使用了 instantaneous increment（瞬时增量）这个短语，这完全是另一回事。

在机械意义上使用 moment 这个词在这里是非常自然的。参见 Cantor，Ⅲ，p. 165 或 Cantor，Ⅱ，p. 569，其中的想法至少可以追溯到贝内代蒂（G. Benedetti，1530—1590）；但这一思想在帕普斯（Pappus，290—350）关于一个区域的重心路径与该区域生成的环的表面积和体积之间的联系的定理中是基本的，其证明是由卡瓦列里给出的。然而，moment 这个词是何时、由谁首次在这方面使用的，我一直无法找到丝毫踪迹。

② 考虑到莱布尼兹在去巴黎之前“翻阅了卡瓦列里的相关书籍”的说法，他在卡瓦列里那里根本没有注意到什么，这并不奇怪。卡瓦列里的 *Geometria indivisibilibus* 不是一本仅简单“翻阅”就能理解的书，它是一本需要数周研读的书籍。我不能说莱布尼兹的特征三角形所涉及的思想是否被卡瓦列里如此使用过，但我想象不出来他还有什么别的方法可以证明帕普斯的环面积定理（正如威廉姆森在《大英百科全书》上的文章《无穷小微积分》中所说）；但我认为可以肯定的是，沃利斯修正螺旋弧的思想源自卡瓦列里。我有机会参考了剑桥大学图书馆里的一份副本资料，在我可以支配的短暂时间里看到的内容，让我决定一旦有足够的时间，就把它翻译出来，并附上评注。希望能让读者有像阅读浪漫的故事一样的感受！

运遮蔽了双眼，因为我一眼就看到了该定理对于任何类型的曲线都是通用的。因此，让垂线不相交于一点，但让曲线上的每条垂线都转移到坐标轴的纵坐标的位置，如 PC 或$(P)(C)$转移到 BF 或$(B)(F)$的位置，那么很明显，区域 $FB(B)(F)F$ 将是曲线 $C(C)$绕轴形成的矩[1]。(图 2)

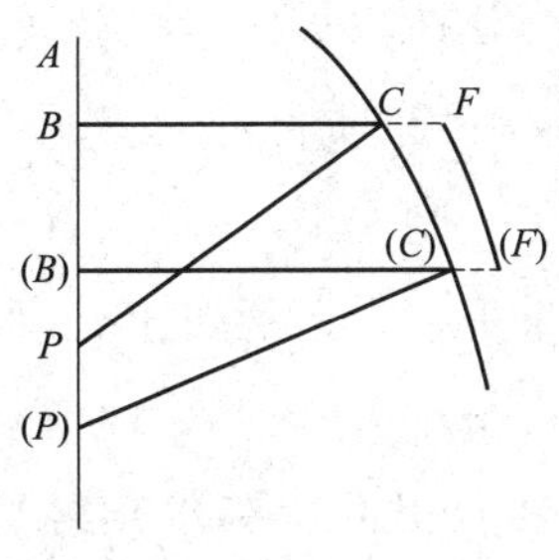

图 2

我径直去找了惠更斯，自上次谈话之后，我们彼此没有再见过，我告诉他，我已经按照他的指导去做了一定的研究，并且现在已经做出一些帕斯卡没有做出的研究结果，接着我向他展示了自己得到的曲线相关矩的一般适用定理。看到这些结果，他非常惊讶地说道："这正是我构造用来确定抛物线型、椭圆型和双曲线型锥面的面积[2]的定理，至于这些定理是怎么发现的，罗伯瓦尔和布利亚杜斯（I. Bullialdus，1605—1694）[3] 都弄不明白。"他还称赞了我的进步，并问我现在是否能找到

---

① 请注意，这与曲线 $C(C)$ 绕 AP 轴旋转所形成的曲面面积成正比。巴罗并没有使用该方法来求旋转曲面的面积；他更喜欢把曲线 $C(C)$ 拉直，然后把坐标 BC，$(B)(C)$ 立起来使其垂直于被拉直的曲线；也就是说，他使用的是积 $BC \cdot C(C)$。但是，在给出直圆锥曲面的测定作为该方法的一个例子，并作为反对塔凯（A. Tacquet，1612—1660）对不可分割的方法所持反对意见的一种手段之后，他继续说道："很明显，以同样的方式，我们可以很容易地研究球面和球体部分（或者，只要给定或知道所有必要的东西，以这种方式产生的任何其他曲面）。但我建议在很大程度上保留更通用的方法"（Lecture Ⅱ结尾）。因此，我们发现巴罗直到在 Lecture Ⅻ中才给出关于确定旋转曲面面积的进一步例子。这是为什么呢？原因就是他写的不是关于测量的著作，而是关于微积分的。然而，对不可分割的方法的提及表明，在巴罗看来，如果卡瓦列里没有使用他的方法来确定球体表面积，那么他应该这样做。

② 除非惠更斯使用莱布尼兹声称已经发现的方法，否则也很难看出惠更斯是如何完成他的构造的。

③ 奇怪的是，作为不可分方法的独立发现者，罗伯瓦尔也没弄清楚惠更斯的构造方法。除了作为一组导航表的作者之外，我找不到关于布利亚杜斯的相关介绍。据我所知，康托甚至没有提到他。

像$F(F)$这样的曲线的性质。当我告诉他我还没有在这方面做过研究时，他建议我去了解一下笛卡儿和斯吕塞的著作和研究工作[①]，称这两位著名研究者会教我如何建立轨迹方程，研究轨迹方程会是一个非常有用的方法。于是，我研究了笛卡儿的《几何学》，并对斯吕塞的相关结果进行了仔细的研究，从而如走捷径一样快速地进入了真正的几何学的殿堂。在我取得的成功和获得的大量成果的激励下，在那一年里，我用几百张纸记录了这些成果，并把它们分为有继承的和没有继承的两类。有继承的结果中包含了通过卡瓦列里、古尔迪努斯（Guldinus）、托里拆利（E. Torricelli，1608—1647）、圣文森特的格雷戈里和帕斯卡先前使用的方法获得的所有研究结果，例如求和、和的和、移项、ductus、被平面截断的圆柱体以及重心法；在没有继承结果的类中，我把通过我当时称为“特征三角形”以及其他属于同一类的研究所获得的所有结果都放了进去[②]。在我看来，惠更斯和沃利斯可能是这类内容的创始人。

---

① 这次谈话可能发生在1673年末；请参阅关于1673年11月11日手稿日期更改的说明，其中的1673原为1675（见下面的章节内容）。

斯吕塞(de Sluze，或者Sluse)的方法如下：

假设给定曲线的方程为

$$x^3-2x^2y+bx^2-b^2x+by^2-y^3=0。$$

斯吕塞取所有包含y的项，每一项都乘以y的相应指数；然后类似地取所有包含x的项，每一项乘以x的相应指数，并将结果的每一项除以x；前者与最后一个表达式的商给出了次切线的值。这实际上是牛顿的*Analysis per aequationes*的方法的内容，斯吕塞于1673年1月向英国皇家学会提交了一份关于这些内容的报告。它被刊登在*Phil. Trans.*的第90期上，格哈特（G. 1848，p. 15）将此作为斯吕塞方法的一个例子。比较奇怪的是，格哈特没有提到这是牛顿在他经常被引用的1672年12月10日的信中给出的例子，并描述牛顿“猜测的方法”是什么。在文献G. 1848中，这似乎是对斯吕塞本人作品的引用。有证据表明，莱布尼兹已经看到了*Phil. Trans.*中给出的解释，或与斯吕塞交流过；这将在后面提到，但在此可以说，这一事实在某种程度上能说明，莱布尼兹不需要一定看过牛顿的信中的内容。

② 有人指出，如果莱布尼兹看到了巴罗的“微分三角形”，他为什么要用不同的名字来称呼它？这么做唯一可能的用处就是说明巴罗的微积分是作为微分学发表的。但这没有意义，因为巴罗从未使用过这个词！它是后来发展的产物，我不知道最初是谁用的。莱布尼兹因此可以自由地按照他的逻辑计划命名每一项的名称，他借用了一个他的其他作品中的术语。他这样定义了一个特征或特性。“特征是某些东西，通过它们可以表达其他事物的相互关系，后者比前者更容易使用。”参见Cantor，Ⅲ，p. 33f。

不久之后，我得到了詹姆斯·格雷戈里的 *Universal Geometry*[①]，并在该书里看到了和我的想法类似的内容(尽管证明是使用古代人表达方式给出的，深奥难懂)。就像在巴罗出版的《几何讲义》里，我发现了我的定理的大部分预期结果[②]一样。

然而，我并不十分介意，因为我发现，这些东西对于那些受过训练的真正的初学者来说非常容易[③]，同时，我也意识到，还有一些更深层次的问题亟待解决，但它们需要一种新的计算方法。因此，虽然我的算术求积方法受到法国人和英国人的高度赞扬，但我并不认为它值得发表，因为我想去研究更多重要的问题，不愿意浪费时间在这些琐事上。后面发生的事情你们也都知道了，由英国人发表的我的信件也能证明这一点[④]。

---

① 指詹姆斯·格雷戈里于1668年在帕多瓦出版的 *Geometriae Pars Universalis*。在工作中，莱布尼兹手边要么有这本书，要么有其中引用了詹姆斯·格雷戈里的定理的巴罗的书。这么说的原因是他参考了一个没有画出的图，把这个定理作为他的微积分应用的一个例子。在没有得到格雷戈里作品的副本的情况下，我无法从莱布尼兹对它的简略描述中画出这个图，直到我看到巴罗的图。

② 这里确实必须承认，莱布尼兹确实是失忆了。如前所述，巴罗的讲座出现于1670年，这意味着：在莱布尼兹想到他的定理之前，他就已经拥有了这些讲座内容了。但是，当人们承认这一记述(《微积分的历史和起源》很可能就是根据这一记述写成的）纯粹是在他所保留的少数手稿的帮助下，根据记忆写成的时，我们还能指望什么呢？格哈特没有说他找到了，也没有公布，任何可能给出莱布尼兹所购教科书阅读顺序的手稿。我们中的哪一个，在57岁的时候，能说出我们在27岁时阅读书籍的顺序？或者说，如果到那时我们已经得出了一种理论，能否准确地描述我们开展研究的步骤，或者能否从一大堆混乱和不准确的东西中明确，那些我们已经改进到面目全非的最初思想的来源是谁？在这种情况下，我都怀疑我们中是否有人会分辨出自己的工作。

③ “这些东西对于受过训练的真正的初学者来说非常容易”这句话让我们相信莱布尼兹又犯了一个严重的错误——假装蔑视他竞争对手的工作。这也是一种不好的品位，因为除了巴罗，惠更斯直到死都忠于几何学的方法。紧接的这句话在我看来是纯属炫耀，事实上，它是留给其他诸如伯努利等人的，以使莱布尼兹的方法得到最好的利用。莱布尼兹的伟大之处在于发明了符号表示；而把这称为无穷小微积分符号的发明是一个错误。我们将看到，莱布尼兹发明了微积分的表示法，而且只适用于无限小的差分。巴罗的 a 和 e 方法在 h 和 k 的伪装下也沿用至今，微积分元素十有八九也是通过这种方法来教授的。对于更高的微分系数，最好使用后缀表示法，而后来的运算符D是最出色的方法。

④ 在这里，莱布尼兹似乎忍不住重提丢勒的指控，并表明：沃利斯发表的相关信件可以证明这种指控是毫无根据的。

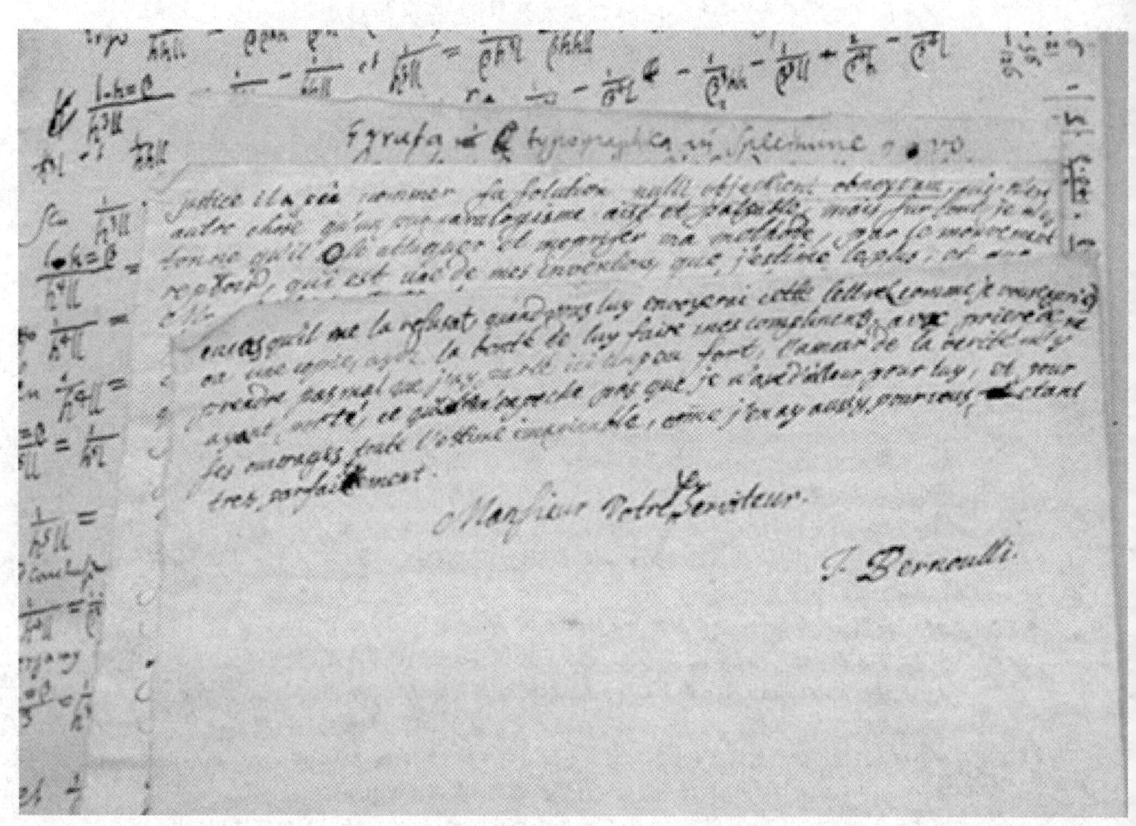

Monsieur Votre Serviteur.

J. Bernoulli.

詹姆斯·伯努利等人寄给莱布尼兹的信件。

第二章

微积分的历史和起源

• *Chapter Ⅱ History and Origin of the Differential Calculus* •

微积分是现代数学取得的最高成就，对它的重要性怎样估计也是不会过分的。

——冯·诺伊曼（美国数学家，计算机学家）

Historia et Origo
CALCULI DIFFERENTIALIS

a

G. G. LEIBNITIO

conscripta.

Zur zweiten Säcularfeier des Leibnizischen Geburtstages

aus den

Handschriften der Königlichen Bibliothek

zu Hannover

herausgegeben von

Dr. C. I. GERHARDT.

HANNOVER.

Im Verlage der Hahn'schen Hofbuchhandlung.

1846.

弄清楚那些值得纪念的发现的真正起源是一件非常有用的事情，特别是那些并非偶然，而是通过深思找到的发现。这并不是为了让历史可以将发现的成果归功于对应的人，并鼓励和激励其他人努力获得类似的赞誉，而是为了通过考虑值得注意的例子来推广发现的方法。

微积分——一种新的数学分析，作为这个时代数学分析领域最著名的发现之一，尽管目前其本质要点已经阐述清楚，但这一发现的起源和方法还不为世人所知。其作者在大约四十年前发明了它，九年后（大约三十年前）又以简明扼要的形式出版了相关内容；从那时起，它不仅因经常受到高度赞扬而被人们所了解[①]，而且也成为一种普遍使用的方法；并且，许多辉煌的发现都得益于它的帮助，例如已经被收录在由莱比锡出版的《教师学报》中的成果，以及发表在皇家科学院的论文中的成果；因此，可以说，微积分的发现已经给数学带来了一个新的面貌。

真正的发明家的名字从未存在任何不确定性，直到最近，在1712年，某些新人，或者是对过去时代文献一无所知，或者是出于嫉妒，或者是略微希望通过争论获得名声，又或者是出于谄媚的奉承，给他（莱布尼兹）树立了一个竞争对手；并且由于他们对这个对手的赞美，该作者在这个问题上受到了不小的贬低，因为人们认为前者所知道的东西远多于能在正讨论主题中发现的东西。此外，在这一点上，他们的行动相当精明，因为他们把争论推迟到那些了解情况的人，如惠更斯、沃利斯、奇恩豪斯等去世后才开始，而这些人本来是可以反驳他们的说辞的[②]。

---

① 这可能是指“受到高度赞扬”；因为elogiis可能相当于赞词，在这种情况下，celebratus est必须被翻译成“已经享有盛名”。

② 这是不真实的。如前所述，对莱布尼兹的攻击是在1699年首次公开提出的；在这个时候，虽然惠更斯确实已经死了四年，但奇恩豪斯仍然活着，而且对这次攻击，莱布尼兹也求助了沃利斯。奇怪的是，莱布尼兹并没有向奇恩豪斯求助。魏森博恩认为莱布尼兹可能通过奇恩豪斯获得了牛顿发现微积分的信息。也许这就是他没有这么做的原因，因为奇恩豪斯可能并不是一个适合的辩方证人。这里，莱布尼兹认为的攻击者一定是丢勒，毕竟他不可能说凯尔是一个“新人”，而我们知（转下页）

◀ 1846年拉丁文版的《微积分的历史和起源》。

事实上，这也是为什么要把同时代的规定作为法律问题引入的一个很好的理由；因为在责任方没有任何过错或欺骗的情况下，抨击就可以推迟到他可以用来保护自己免受对手伤害的证据不复存在的时候。此外，他们还改变了整个问题的要点，因为他们在《来往信札》中提出了自己的观点，以表示对莱布尼兹的怀疑，他们对微积分只字不提；取而代之的是，其他所有页面都是由他们所谓的无穷级数组成的。此类东西最初是由墨卡托①通过除法得到的，牛顿则通过求根法获得了更一般的形式②。这当然是一个有用的发现，因为通过它，算术逼近被简化为了分析计算；但它与微分计算完全没有关系。此外，即使在这一点上，他们也利用了错误的推理；因为每当这个对手通过把一个图形逐渐增加的各部分相加求出面积③时，他们立即称赞这是微积分的使用（例如在《来往信札》的第 15 页）。按照这样的说法，开普勒(在他的 *Stereometria Doliorum* 中)④、卡瓦列里、费马、惠更

（接上页）道，他都不认为丢勒是一个数学家。因此，要说在 1712 年之前，对于真正的发明者的名字从未存在过任何不确定因素，这完全是一派胡言；因为如果他的意思是蔑视丢勒的攻击，他用“新人”这个词是指谁？对“希望通过讨论获得名声”的冷嘲热讽，除了丢勒之外，几乎不能暗指任何人。最后，如果丢勒不是莱布尼兹所指的“新人”，那么凯尔发起的第二次攻击是在 1708 年。如果是在年初，尽管沃利斯已经死了，但奇恩豪斯还活着。

① 格哈特在一个注释(G. 1846，p. 22)中说，他的真名可能是 Kramer；什么原因我不清楚。康托明确表示，他的名字叫考夫曼（Kauffmann），这是被普遍接受的名字，他是英国皇家学会最早的成员之一，并为该学会的 *Transactions* 做出了贡献。在我看来，格哈特是在猜测。德语单词 Kramer 的意思是小店主，而 Kauffmann 的意思是商人。墨卡托是通过将单位除以$(1+x)$，然后对得到的所有级数项逐项积分而得到对数级数的；与$(1+x)$的对数的关系是通过直角双曲线 $y(1+x)=0$ 的面积建立的。参见 Reiff，*Geschichte der unendlichen Reihen*。

② 牛顿采用沃利斯的插值方法，得到了二项展开式的一般形式。参见 Reiff。

③ 现在我们知道莱布尼兹的观点了。微积分不是利用无穷小和这些量的总和，而是利用差为无穷小的思想，利用了他自己发明的符号、符号的规则以及微分是总和的逆的事实；也许最重要的一点是，这项工作不需要参照图表。这比单纯微分一个代数表达式要高深得多，代数表达式的项仅是自变量的简单幂和根。

④ 为什么这个名单上没有巴罗呢？正如我在巴罗遗漏提及费马的情况中所说的那样，莱布尼兹是否害怕重新唤起有关他受巴罗影响的这一潜在暗示呢？我曾指出莱布尼兹在从伦敦回来的路上阅读过巴罗的书，也许他在先读了《光学》然后又读了初步几何学的五次讲座后感到疲倦，只是扫了一眼其余的部分，从而错过了巴罗书中的重要定理。还有另外一种猜测，即，也许或者可能，由于他当时对几何学的无知，他没有理解巴罗书中的定理。如（转下页）

斯和沃利斯也都使用了微积分；事实上，在那些研究“不可分割”或“无限小”的人当中，谁没有使用过它呢？但事实上，就人们所知道和使用

(接上页）果真是这样的话，莱布尼兹绝不会乐意承认这种事。那么，让我们假设，在1674年，他带着对高等几何学的相当熟练的知识，跳过了有良好印象的《光学》，以及已经看得够多到令人厌烦的初步讲座的内容，再次阅读巴罗的书。他把这些定理当作他自己已经得到的结果，而那些少数对他来说陌生的定理，他用自己的符号体系重新写了出来。我认为这是一个可行的假设，这可以解释格哈特所说的在空白处做的标记。这就解释了第一章末尾出现的“我发现了我的定理的大部分预期结果”这句话（这个时候在未来的时间里被列为他第一次真正读到巴罗的书的时间，三十年后的记忆缺失使他忘了购买日期，可能混淆了他两次去伦敦的旅程）；这将解释他为什么使用巴罗的微分三角形而不是自己的“特征三角形”。正如巴罗在他的序言中告诉他的读者“这些讲座所带来的东西，或者它们可能带来的东西，你可以很容易地从每个讲座的开头了解到”，就让我们假设莱布尼兹接受了他的建议，那我们会发现什么呢？Lecture Ⅷ的前四个定理给出了自变量的幂的微分的几何等价物；Lecture Ⅸ的前五个定理导致了一个证明，即用微分符号表示的

$$\left(\frac{ds}{dx}\right)^2=1+\left(\frac{dy}{dx}\right)^2;$$

这个讲座的附录中包含的微分三角形，以及关于 a 和 e 方法的五个例子，都得到完全解决；Lecture Ⅺ中的第一个定理有一个图，当它的那一部分被剖析出来时（巴罗的图在大多数情况下是这样的），该部分适用于该定理证明中的一个特定段落，这部分图是莱布尼兹在描述特征三角形时画的图的镜像（见第一章第8页的注释②）。我将有机会再次提到这个图。本讲座的附录一开始就提到了惠更斯的工作；而Lecture Ⅻ的第二个定理是所有巧合中最奇怪的巧合。巴罗是这样描述这个定理的：

“如果曲线 AMB 绕轴 AD 旋转，则产生的曲面与空间 $ADLK$ 的比值是圆的周长与其直径的比值；因此，如果空间 $ADLK$ 已知，则该曲面是已知的。”

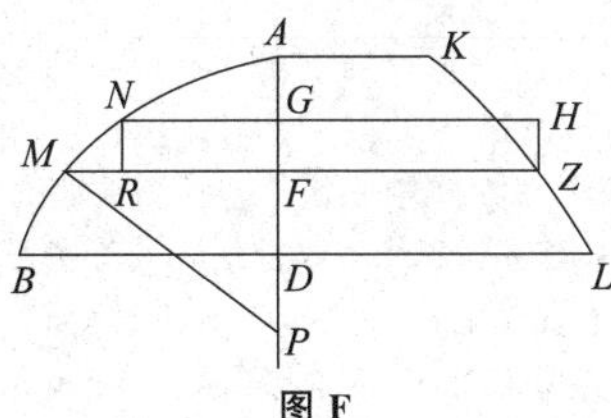

图 F

巴罗给出的图照例是非常复杂的，为一组九个命题服务。图F是从巴罗的图中分离出来的与上述定理有关的部分。现在请记住，莱布尼兹总是尽可能地把坐标轴放在图的左边，而巴罗则把他的基准图形放在坐标轴的左边，把他构造的图形放在右边；然后你就得到了莱布尼兹的图，证明是通过三角形 MNR 和 PMF 的相似性得到的，其中 $FZ=PM$；而这个定理本身只是莱布尼兹从帕斯卡的特例中推广出来的定理的另一种表述方式！最后，下一个定理的开头是：“因此，球面，无论是椭球面还是圆锥曲面都可以测量了。”这是多么的巧合啊！

由于这个注释比较长，在本章末尾，我将以附录的形式给出巴罗 Lecture Ⅻ的前两个命题的完整证明。

本讲座的第六个定理是莱布尼兹后来也曾给出的格雷戈里（Gregory）的定理；我将在谈到这个定理时讲到它。另外，当我们讨论莱布尼兹对乘积的规则等的证明时，我将指出这些规则在巴罗的书中出现的位置。

然而，即使这一切都是真的，他仍然可以非常真实地说，在发明微积分学的问题上（因为他认为这是由微分、积分符号和分析方法组成的），他没有得到巴罗的帮助。事实上，一旦他建立了自己的基本思想，巴罗的研究工作就不再是一种帮助而是一种阻碍了。

的流数法而言，作为对它有一些了解的惠更斯公平地承认，这种计算给几何学带来了新的曙光，并且科学领域之外的认知也会因其使用而取得惊人的进步。

在莱布尼兹之前，没有任何人想到要建立新计算所特有的符号，以使人的想象和创造能力摆脱对图表的长久依赖，就像韦达和笛卡儿在普通几何学或阿波罗尼奥斯几何学中所做的那样；此外，与阿基米德几何学以及被笛卡儿称为“机械”① 的线条有关的更高级的部分，被后者排除在他的计算之外。但现在，借助莱布尼兹的微积分，整个几何学都可以进行解析计算，那些被笛卡儿称为机械的超越线也可以通过将差分 $\mathrm{d}x$，$\mathrm{dd}x$ 等以及这些差分的倒数的和视为 x 的函数，而简化为适用的方程式；这一点，仅仅是引入微积分就可实现的，而在此之前，除 x，xx，x^3，$\sqrt{x}$ 等(即幂和根)外，没有其他函数可以实现这样的计算②。因此，很容易看出，那些以 0 表示这些差分的人，例如费马和笛卡儿，甚至是那个竞争对手在一六八几年出版的《自然哲学之数学原理》中③，与微分学相距甚远。因为以这种方式，不可能确定出差分的等级或多个变量的微分函数。

---

① 根据笛卡儿几何学，阿波罗尼奥斯几何学包括圆锥截线或二阶曲线；而更高阶的曲线和具有超越性质的曲线，如阿基米德的螺线，则被纳入“机械”一词之下。

② 笛卡儿的伟大发现并不仅仅是几何学的应用，这在很久以前就已经在简单的情况下完成了。笛卡儿认识到这样一个原则：只要能把曲线方程表达式推导出来，曲线的所有性质都包含在它的方程中了。因此，莱布尼兹最大的成就是认识到微分系数也是横坐标的函数。函数这个词被应用于某些依赖于曲线的直线，如横坐标、纵坐标、弦、切线、垂线等等（Cantor，Ⅲ，preface，p. v）。这个定义来自 1694 年写给惠更斯的一封信。因此，到 1714 年，函数的定义有了重要的扩展，毕竟这里至少强烈暗示了莱布尼兹有了函数的代数思想。

③ 至少就牛顿而言，这是不真实的。如果不直接参考牛顿的原始手稿，就很难说明牛顿到底是写了 0 还是 o；即使如此，也可能难以决定，因为格哈特和魏森博恩对这个问题有争论，而 Reiff 把它印刷成 0。无论如何，毫无疑问，牛顿认为它是一个无限小的时间单位，只是当它作为一个表达式中的一个项的因子出现时，才被写成等于 0，其中也必然存在这种情况，因为牛顿的 $\dot{x}$ 和 $\dot{y}$ 代表的是速度。简而言之，如果用莱布尼兹的符号表示牛顿的符号，我们有

$$\dot{x}o \text{ 或 } \dot{x}0=\left(\frac{\mathrm{d}x}{\mathrm{d}t}\right)\cdot \mathrm{d}t$$

因此，$\dot{x}o$ 是一个无限小数或微分等于莱布尼兹的 $\mathrm{d}x$。

在莱布尼兹之前，没有出处显示过有使用过这些方法的丝毫痕迹[①]。与他的反对者在把这种发现归功于牛顿时所表现出的公正性完全一样，任何人都可以同样地把笛卡儿的几何学归功给阿波罗尼奥斯(Apollonius，公元前262—前190)，他虽然拥有微积分的基本思想，但却不拥有微积分。

也因为这个原因，在微积分辅助下产生的新发现也被牛顿方法的追随者所掩盖，而且在他们学会莱布尼兹的微积分之前，这些发现既无法产生任何实际价值，也无法避免错误，正如由大卫·格雷戈里（David Gregory，1659—1708）所作的关于悬链线的研究发现一样[②]。但是这些有争议的人竟敢滥用英国皇家学会的名称，英国皇家学会则竭尽全力使人们知道，他们并没有做出真正明确的决定；学会没有听取任何一方的意见，以此彰显他们公平公正的名声，事实上我的朋友自己也不知道英国皇家学会对此事进行了调查。不然的话，学会就会把那些委托报告的人的名字告诉他[③]，以便准备提供反驳和证明的相关资料。他的确不是被他们的论点所震惊的，而是被他们对他的善意攻击所充斥的谎言所震惊的，他认为这种事情不值得回答，因为他知道在那些不熟悉这个问题的人(即绝大多数读者)面前辩护是没有用的；他觉得，那些对所讨论的问题很熟悉的人将很容易地察觉到指控的不公正性[④]。除此之外，还有一个原因，那就是当这些报告被他的对手传阅时，他不在家，时隔两年后回到家中，又忙于其他事务，这时再去寻找和查阅他以前的信件已

---

① 在严格意义上说，这是正确的。似乎没有人（那些做了一次微分的人）觉得有必要对一个原始函数进行二次微分，然后以与第一次相同的方式对这样得到的函数进行第二次处理。巴罗确实只考虑了连续曲率的曲线和这些曲线的切线；但牛顿有 $\ddot{x}$ 等符号。但这个想法已经被斯吕塞在其作品 *Mesolabum*(1659)中使用，在那里，确定拐点的一般方法依赖于寻找次切线的最大值和最小值。最后，我们很难说莱布尼兹对 $\iint$ 的解释达到了他所指的重积分的地位。

② 大卫·格雷戈里不是唯一的有错者！莱布尼兹利用微积分，在讨论中犯了一个错误，他不愿意别人告诉他；他只是重复回答他是正确的［鲍尔(R. Ball，1850—1925)的 *Short History*］。

③ 委员会的名字压根没有在他们的报告中公布。事实上，完整的名单直到1852年德·摩根调查此事后才被公之于众！他们的名字见德·摩根的 *Newton* 中第27页的内容。

④ 那么是什么让莱布尼兹改变了想法呢？

经太晚了，这些信件可能会使他想起四十年前那么久以前发生的事情。因为他曾经写过的非常多的信件的抄本并没有保存下来；除了沃利斯在英国找到并经他同意发表在他的著作第三卷中的那些信件外，莱布尼兹自己也没有多少。

然而，他并不缺少朋友来维护他的名誉；事实上，某位数学家，他是我们时代最优秀的人物之一[①]，精通这个研究领域，而且完全不偏不倚，攻击莱布尼兹的一方曾试图获得他的支持，却徒劳无功，这位数学家直接给出了他自己发现的理由，尽管不完全公正，但他认为莱布尼兹的对手不仅没有发明微积分，而且对微积分的理解程度也不高[②]。发明者的另一位朋友[③]也把这些和其他内容写成一本小册子发表了，以便查看他们的基本论点。然而，更重要的是让人们知道发现者得出这种新计算的方式和推理；因为到目前为止，即使是那些想要分享这一发现的人，也确实不知道这一点。事实上，他本人已经决定解释它，通过分析他自己记忆里的内容、现存的著作以及留存的旧手稿，讲述他的研究过程，并以这种方式在一本小书中正式讲述这种高等学问的历史和发现它的方法。但当时由于其他事务的需要，他不可能这样做，所以莱布尼兹允许一位对此事了如指掌的朋友在此期间发表这份简短的声明[④]，以便在某种程度上满足公众的好奇心。

---

① 可以确定的是，这指的就是约翰·伯努利；参见 Cantor，Ⅲ，p. 313f；格哈特参考了博叙（C. Bossut，1730—1814）的 *Geschichte* 中第二部分第 219 页的内容。

② 这似乎是故意错误引用伯努利的信，信中说牛顿不理解更高阶微分的含义。至少康托在小册子中是这么说的。

③ 提到的小册子也是莱布尼兹本人的匿名投稿！人们对这样一个人的看法和评价都很苛刻，这难道不奇怪吗？

④ 这还是莱布尼兹本人！难道他当时根本没有朋友为他说话并敢支持他吗？很不幸，奇恩豪斯在《来往信札》出版时已经去世，作为莱布尼兹在巴黎的同事，他本可以在莱布尼兹在《教师学报》中评论牛顿的《曲线求积术》之日到他 1708 年去世之间的任何时候以绝对的权威说话，即使他在凯尔在 *Phil. Trans.* 上开始攻击之前就已经去世了。奇恩豪斯与莱布尼兹有私交，他的这种沉默难道不更倾向于使莱布尼兹的辩护变得荒谬吗？莱布尼兹的对手很精明地等到奇恩豪斯等人死后才攻击他，而现在他自己也做了同样的事。莱布尼兹一定知道这篇评论在英国引起的反响，而且，惠更斯已经死了，奇恩豪斯是他唯一可靠的证人。当然，我并不是说莱布尼兹的微积分是建立在牛顿的基础上的。我完全相信他们的思想都起源于巴罗 （转下页）

这一新分析方法的作者在青春初绽之时，除了研究历史和法学之外，还进行了一些他天生喜欢的其他更深刻的思考。在思考的内容中，他对数字的性质和组合非常感兴趣；事实上，在 1666 年，他发表了一篇文章《论组合术》，该文在后来未经他的同意就被转载了。另外，当他还是个学生的时候，在研究逻辑学时，他发现依靠推理对真理的最终分析归结为两件事，即定义和永恒真理，而且只有这些基本要素是原始的和无法证明的。当有人反驳说，永恒真理是无用的和无效的时，他给出了相反的说明性证据。其中，他证明了“整体大于部分”这一强大的公理可以通过一个大项是定义、小项是等价关系的三段论来证明①。因为如果两件东西中的一件等于另一件的一部分，那么前者被称为小，后者被称为大，而这应被视为定义。现在，如果在此定义中添加以下永恒且不可证明的公理，即“所有有大小的事物都等于其自身”，即 $A=A$，那么我们就有三段论：

(接上页）的研究工作，牛顿比莱布尼兹更应该感谢巴罗，而他们在解析计算的发展上是完全独立的。牛顿凭借他对几何推理的丰富知识和爱好，加上他与巴罗的个人交往，可以理解巴罗对积、商、幂、根、对数、指数以及三角函数的微分证明的最终结果，而莱布尼兹则不能。但牛顿似乎从未被指控剽窃巴罗的成果；即使他受到了这样的指控，他也很可能已经准备好了回答，说巴罗允许他随意使用从他那里得到的启示。莱布尼兹受到这样的指控时，他回答说，他的最初想法来自帕斯卡的研究成果，我认为这是由于他记忆混乱导致的。每个人都以自己独特的方式培育并获得了胚芽；牛顿只是在他认为自己的主要工作中需要它的时候，使用了一种对他来说最方便的符号，最后他求助于几何学来提供他认为的严格的证明；莱布尼兹在哲学培养和毕生追求符号学方面更加幸运，他已经准备好了一种符号，这种符号在应用于有限的量时几乎得到了发展和完善，他用天才的眼睛看到，这种符号可以用于无穷小。德·摩根公正地评论道，人们不敢指责这两位伟人中任何一位在具体事实方面故意不讲真话；不过，必须承认，不能认为二者是非常坦率的；康托所说的政治上的相似，即对手的话再坏也不为过，似乎也同样适用于当时的数学家和政治家。

① 这一点在这篇文章的初稿中有更详细的说明(G. 1846，p. 26)：因此，当他还是个学生的时候，他就一直试图把逻辑本身简化成和算术一样的确定性状态。他发现，有时从第一个数字可以得出第二个甚至第三个数字，不需要使用转换(在他看来，这些转换本身就需要证明)，而只需要使用矛盾原则。此外，这些转换可以通过第二和第三个数字的帮助，使用恒等定理来证明；现在，既然转换已经被证实了，那它就有可能借此证明第四个数字，因此，这个数字比前面的数字更间接。他非常惊奇永恒真理的力量，因为它们通常被认为是无用的，无价值的。但后来他认为，整个算术和几何学都是由永恒真理产生的，而且一般来说，所有取决于推理的不可证实的真理都是永恒的，这些真理与定义相结合，就会产生永恒真理。他举了一个巧妙的例子来说明这种分析，即“整体大于部分”的定理的证明。

等于另一个事物一部分的任何事物都小于另一个；（根据定义）

但是这一部分等于整体的一部分；（即等于自身，根据永恒公理）

因此，部分小于整体。证明完毕。

他观察到，对此的直接结果是，从恒等式 $A=A$ 或其等价形式 $A-A=0$，可以容易地通过简单的归纳得出以下非常漂亮的差分性质，即：

$$A\quad \underbrace{-A+B}_{+\quad L}\quad \underbrace{-B+C}_{+\quad M}\quad \underbrace{-C+D}_{+\quad N}\quad \underbrace{-D+E}_{+\quad P}\quad -E=0$$

如果现在假设 A，B，C，D，E 是数值不断增加的量，并且连续项之间的差用 L，M，N，P 表示，则可以得出以下结论：

$$A+L+M+N+P-E=0,$$

$$\text{即}\quad L+M+N+P=E-A;$$

也就是说，连续项之间的差之和，无论其数值有多大，都将等于序列开头和结尾处各项之间的差[①]。例如，我们用 0，1，4，9，16，25 这些平方数来代替 A，B，C，D，E，那么奇数 1，3，5，7，9 正好是对应的差；因此

$$\begin{array}{cccccc} 0 & 1 & 4 & 9 & 16 & 25 \\ & 1 & 3 & 5 & 7 & 9 \end{array}$$

从中可以明显看出

$$1+3+5+7+9=25-0=25,$$

$$3+5+7+9=25-1=24;$$

并且无论项数或差是多少，或无论用什么数字作为首尾项，都是一样的。

① 可以相当肯定的是，莱布尼兹当时不可能意识到在这个定理中有积分的萌芽。几何学才是通往高等微积分的途径。一旦莱布尼兹对这一主题有了足够的了解，他就能把固定坐标和可变坐标之间的曲线下的面积看作一类量的集合，而这些坐标本身就是这一集合中量之间的差；他也意识到了，面积达到最终大小的步数是无穷的（无限制）。因此，在这个定理中，他也证明了：作为确定面积的积分是差分的逆。这并不意味着微分的逆，即为速率的确定，或切线的绘制。在我看来，莱布尼兹在这方面远远落后于牛顿，因为牛顿的流数是建立在速率的概念上的。

受到这个简单而优雅的定理的启发，我们的这位年轻朋友考虑了大量的数项级数，并继续讨论了二阶差或差之差[①]，三阶差或差之差之间的差，等等。他还观察到，对于自然数，即从 0 开始按顺序排列的数，二阶差为零，平方数的三阶差为零，立方数的四阶差为零，四次方数的五阶差为零，五次方数的六阶差为零[②]，以此类推；同样，自然数的一阶差是恒定的，等于 1；平方后所得数列的二阶差是 1・2 或 2；立方后所得数列的三阶差恒为 1・2・3 或 6；四次方后所得数列的四阶差恒为 1・2・3・4 或 24；五次方后所得数列的五阶差恒为 1・2・3・4・5 或 120，以此类推。这些东西之前就已经被其他人注意到了，但对他来说是新的，而且它们的简单和优雅本身就是推动他进一步研究它们的原因。特别地，他考虑了他所谓的“组合数字”，如页面空白处所列的表格。在这些数字序列中，无论是水平的还是垂直的，前一个序列始终包含紧随其后的序列的一阶差，此后一个序列的二阶差，第三个序列的三阶差，以此类推。同样，每个序列，无论是水平序列还是垂直序列，都包含前一个序列的和，再前一个序列的和的和或二阶和，再再前一个序列的三阶和，等等。

---

① 遗憾的是，我们根本不知道莱布尼兹阅读沃利斯书籍的日期。更遗憾的是，格哈特也没有在汉诺威图书馆找一本沃利斯的书籍，看上面有没有购买日期(因为我最近看到了那个时候的几本书，几乎每一次我都发现在标题页上有购买者的姓名和购买日期)。我之所以这么说，是因为出现了一个相当有趣的发现。沃利斯在他的 *Arithmetica Infinitorum* 中，将数字 0 作为他所有级数的第一项，并且在一个例子中他提到立方数的差的差是一个算术级数。他还完整地计算出垛积数(或者莱布尼兹称它们为组合数)的总和，他称这些总和的一般公式为它们的特征。他还提到了一个事实，即任何数字都可以通过将它前面的一个和它上面的一个相加来获得(而上面的数字本身就是前一列中所有数字的和，且位于所求数左侧的前一个数上方)。因此，在第四列中 4 是 3（左边）和 1（上面）的和，即第三列中前两个数字的和；10 是 6(左边)和 4(上面，已经证明是第三列的前两个数字之和)的和，因此 10 是第三列前三个数字的和。现在我想说的是，假设莱布尼兹在编写他的 *De Arte* 时没有读过沃利斯的书，那么毫无疑问，我们就得到了同时代一系列独立发现中的一个实例，而独立发现问题似乎一直困扰着莱布尼兹的职业生涯。

② 根据沃利斯的说法，surdesolid 这个名字是由奥特雷德（W. Oughtred，1574—1660）用来表示第五次方的。康托把这个词的发明归功于德夏尔（C. Dechales，1621—1678），他说：“从单位 1 开始的第五个数字被一些人称为平方立方体数(quadrato-cubus)，但这是错误的，因为它既不是一个平方数也不是一个立方数，因此不能被称为立方数的平方或平方数的立方，而应该叫它 supersolidus 或 surde solidus。”（Cantor，Ⅲ，p. 16)

1	1	1	1	1	1
1	2	3	4	5	6
1	3	6	10	15	21
1	4	10	20	35	56
1	5	15	35	70	126
1	6	21	56	126	252
1	7	28	84	210	462

但是，为了给出一些尚未普及的知识，他还提出了一些如下所示关于差与和的一般定理。对于序列 a，b，c，d，e，…，其项连续无限减少，我们有

项	a	b	c	d	e	…
一阶差	f	g	h	i	k	…
二阶差	l	m	n	o	p	…
三阶差	q	r	s	t	u	…
四阶差	β	γ	δ	ε	θ	…
…	λ	μ	ν	ρ	υ	…

假定 a 和 ω 分别为这个序列的第一项和最后一项，他发现

$$a-\omega=1f+1g+1h+1i+1k+\cdots$$

$$a-\omega=1l+2m+3n+4o+5p+\cdots$$

$$a-\omega=1q+3r+6s+10t+15u+\cdots$$

$$a-\omega=1\beta+4\gamma+10\delta+20\varepsilon+35\theta+\cdots$$

…

接着，我们有①

① 该定理是有限差分法的序列求和理论中的一个基本定理，也就是

$$\triangle^m u_n = n_{n+m} - {}_mC_1 \cdot u_{n+m-1} + {}_mC_2 \cdot u_{n+m-2} - \cdots$$

通常被称为直接基本定理；尽管莱布尼兹不可能以这种形式表达他的结果，因为他不知道作为广义公式的垛积数之和(或者如果他没有读过沃利斯的书的话，我认为不是这种情况)，而且显然他的结果只是一个一般情况。然而，必须记住，第一个序列的任意项都可以被选为第一项。值得注意的是，第二个基本定理，即逆基本定理，是牛顿在《自然哲学之数学原理》第三卷引理Ⅴ中作为书中末尾讨论彗星的预备内容给出的。在这里，他把这个结果作为一个插值公式(它经常被称为牛顿插值公式)，没有证明；然而，它可能是一个外推公式，在这种情况下，我们有 (转下页)

$$a-\omega=\begin{cases}+1f\\+1f-1l\\+1f-2l+1q\\+1f-3l+3q-1\beta\\+1f-4l+6q-4\beta+1\lambda\\\cdots\quad\cdots\quad\cdots\end{cases}$$

因此，采用他后来发明的符号，一般用 y 来表示序列中的任何一项（$a=y$ 的情况也算），分别用 $\mathrm{d}y$，$\mathrm{dd}y$，d^3y，d^4y 表示第一、二、三和四阶差；序列的另一个任意项称为 x，我们可以用 $\int x$ 表示所有项的求和，用 $\iint x$ 表示其项和的和或二阶和，用 $\int^3 x$ 表示三阶和，用 $\int^4 x$ 表示四阶和。因此，假设

$$1+1+1+1+1+\cdots=x,$$

或者 x 代表自然数，其中 $\mathrm{d}x=1$，那么

$$1+3+6+10+\cdots=\int x,$$

$$1+4+10+20+\cdots=\iint x,$$

$$1+5+15+35+\cdots=\int^3 x,$$

以此类推。最后，我们可以得到

$$y-\omega=\mathrm{d}y\cdot x-\mathrm{dd}y\cdot\int x+\mathrm{d}^3y\cdot\iint x-\mathrm{d}^4y\cdot\int^3 x+\cdots;$$

并且如果假设这个序列连续到无穷，或者 ω 变成 0，那么这个式子等于 y。因此对于序列的和，我们有

$$\int y=yx-\mathrm{d}y\cdot\int x+\mathrm{dd}y\cdot\iint x-\mathrm{d}^3y\cdot\int^3 x+\cdots$$ ①

（接上页）
$$u_{m+n}=n_m+{}_nC_1\cdot\triangle u_m+{}_nC_2\cdot\triangle^2u_m+\cdots$$

在此处给出的两个公式中，序列为

$$\begin{matrix}u_1 & & u_2 & & u_3 & & u_4 & & u_5 & \cdots\\ & \triangle u_1 & & \triangle u_2 & & \triangle u_3 & & \triangle u_4\cdots & & \\ & & \triangle^2u_1 & & \triangle^2u_2 & & \triangle^2u_3\cdots & & & \end{matrix}$$

① 在这种情形下，我们应该如何理解这个序列呢？莱布尼兹打算声称这是他的结果吗？我一直认为这是由约翰·伯努利提出的，他在1694年的《教师学报》中以略微不同的形式给出了这一结论，并通过直接微分证明了这一结论；而泰勒是将其作为有限差分中的一个一般定理的特殊案例来获得的。如果莱布尼兹打算声称这是他的成果，那么他显然先于泰勒得出了（转下页）

这两个类似的定理具有一个不寻常的特性，即它们在微分学、数值计算或无穷小计算中都同样成立。关于它们之间的区别，我们稍后再讲[①]。

然而，数值真理在几何中的应用，以及对无穷级数的考虑，在当时是完全不为我们这位年轻朋友所知的，他满足于在一系列数字中观察到的这些东西。当时，除了最普通的实用法则之外，他对几何一无所知[②]；他甚至几乎没有认真地思考过欧几里得的几何，因为他把全部精力都放在了其他的研究上。然而，在一次偶然的机会中，他看到了莱奥托关于曲线的令人愉悦的思考，作者在其中解决了新月形的求积和卡瓦列里的不可分割的几何学[③]；他稍微考虑了

（接上页）这个结果。莱布尼兹很可能在他早期研究中就得到过这样的结果；在 1675 年左右，他一建立微分和积分的符号，就很有可能立刻用新的符号来表达了这个结果，因为这个定理从最后给出的 $a-w$ 的表达式中非常自然地得出了。但这几乎是不可能的，因为莱布尼兹几乎肯定会向惠更斯展示并提及它。

另一种可能是，他在这里展示了伯努利级数可以很容易地以更普遍的形式被发现，也就是说，作为一个定理，对于有限差分和无穷小都是正确的（正如他确实指出的那样）；这句话的含意使这一假设很可能是正确的。这就引出了一个相关的，或者说是不恰当的问题。泰勒的 *Methodus Incrementorum* 出版于 1715 年，而《微积分的历史和起源》写于 1714 年和 1716 年之间；格哈特说，这封信有两份草稿，他给出的是其中的第二份草稿。为了公正地对待莱布尼兹，应该对这两份草稿进行重新审查，因为如果这个定理没有在原稿中给出，就会使莱布尼兹被进一步指控为剽窃。我完全相信，该定理也会在第一稿中找到，而且我上面的新观点是正确的。

无论如何，《微积分的历史和起源》里的内容都因插入后面发明的符号体系而混淆（正如莱布尼兹小心翼翼地指出的）。问题是莱布尼兹是不是故意这么做的。考虑到莱布尼兹不给出日期的方式，或当我们比较《教师学报》中他向世人描述他方法的文章时，就能看出这个问题并非是对莱布尼兹无礼的冒犯。正如魏森博恩认为的，“这并不适合去深入了解他的方法，而且看起来莱布尼兹似乎有意阻止这种情况发生。”作为对比，参见牛顿的 *Anagram* 和笛卡儿的几何学。

① 在谈到微积分在几何图解中的应用时，正如我们在后面看到的那样，莱布尼兹说：“但我们这位年轻朋友很快就注意到，微分应用在图形上，甚至可以比应用在数字上还要简单得多，因为图形的差异与不同的事物没有可比性；而且，当它们通过加减法连接在一起时，彼此无法比较，与大的相比，小的就消失了。”

② 这使得前面的内容可以追溯到他遇到卡瓦列里之前的时间。见下面的注释。

③ 这是第一个可以推断出确切日期，或者一个或多或少准确日期的地方。根据莱布尼兹的话，我们可以推断，这是在《物理学新假说》发表之前的大约 12 个月——如果我们允许在放弃几何学与考虑物理和力学原理之间有一段时间间隔，以及一个稍微长一些的时间来收集他的文章的想法和材料——他完成了对莱奥托和卡瓦列里的“略微的思考”。这样算出来日期应该是 1670 年，那时莱布尼兹的年龄是 24 岁。

一下这些问题，非常欣赏这些方法的便利性。然而，当时他还不想深入研究数学的这些更深奥的部分，尽管后来他把注意力放到了物理和实用力学的研究上，这可以从他发表在《物理学新假说》上的那篇文章中了解[①]。

随后，他成为美因茨最尊贵的选帝侯的修订委员会的成员[②]；再后来，在得到这位最仁慈和强大的选帝侯的许可后（因为当我们这位年轻朋友要离开去更远的地方的时候[③]，他已经是选帝侯的专属服务人员了），他继续旅行，并于1672年出发前往巴黎。在那里，他结识了天才惠更斯，他总是宣称，他的高等数学入门要归功于惠更斯的榜样和教导。当时，惠更斯恰好投身于研究摆钟的工作。当惠更斯把他的这项研究的副本当作礼物送给我们这位年轻朋友，并在谈话过程中讨论了我们这位年轻朋友不太了解的重心的性质时，惠更斯简短地向他解释了这是什么样的东西，以及如何研究它[④]。这件事使我们这位年轻朋友从昏睡中苏醒过来，因为他认为自己对这种事情一无所知是一种耻辱[⑤]。

然而，在那个时间段，他不可能有时间进行这种研究；因为几乎就在那一年快要结束的时候，他陪同美因茨的使节越过英吉利海峡来到了英国，并和使节在那里待了几个星期。在当时的英国皇家学会秘

---

① 这篇文章将所有自然现象的解释建立在运动的基础上，而运动反过来又由一个无所不在的以太（ether）来解释；这种以太构成了光。

② 1667年，莱布尼兹将 *Nova methodus* 献给了美因茨（古称 Moguntiacum）选帝侯，这使他被选帝侯任命为助理，参与修订法典，后来他个人参与了维护选帝侯的政策，以捍卫德意志帝国的完整，反对法国、土耳其和俄罗斯的阴谋。

③ 这可能指的是莱布尼兹参与修订法典的工作结束，准备到别处去找工作的时候。

④ 这是值得注意的，因为莱布尼兹曾试图通过他的以太概念来解释《物理学新假说》中的引力。与惠更斯谈话的结果将在稍后的手稿中看到（下文第三章），在那里莱布尼兹获得了求积 ex Centrobarycis。这也可能与莱布尼兹的 moment 概念有很大关系。

⑤ veterno 这个词——我把它翻译成“昏睡”（lethargy），因为它最接近基本含义，即年老时的迟钝——加上他说他没有心思完全进入数学的这些更深奥的部分，使我们了解到他至今没有做几何学的原因。这句话的最后也给出了使他摆脱这种昏睡状态的刺激因素；那就是，他对自己看起来对这个问题一无所知感到羞愧。这似乎是莱布尼兹的一大特点，当我们考虑对他的指控时，这可能是一个重要原因。

书奥尔登堡的介绍下,他被选为该著名机构的成员。然而，当时他并没有和任何人讨论过几何学（事实上，当时他在这个问题上完全和普通人一样）；另一方面，他也没有忽视化学，曾多次向杰出人物波义耳请教。他还偶然遇到了佩尔，并向他描述了自己对数字的某些研究；佩尔告诉他，这些研究已经不是新的结果了，墨卡托已经在其著作 *Hyperbolae Quadratura* 中说明了：如果连续计算，自然数的幂的差最终会变为 0；这使莱布尼兹获悉了墨卡托的研究工作[①]。那时他还不认识柯林斯；而且，尽管他同奥尔登堡讨论过文学、物理学和力学方面的问题，但没有交流过高等几何的任何内容，更不用说牛顿的一系列理论了。事实上，也许除了在数字的性质方面，他对这些问题几乎是陌生的，甚至他对这些内容也不太重视，这一点从他的对手后来所发表的他和奥尔登堡交换的信中就可以看出。同样的事实也会从他们所说的保存在英国的那些文献中清楚地显示出来;但我坚信，他们压制了这些文献[②]，因为从这些文献中可以很清楚地看出，到那时为止，他和奥尔登堡之间在几何问题上没有任何通信联系。然而，他们还是相信(实际上没有丝毫证据支持这一假设)，奥尔登堡将他所知道的由柯林斯、格雷戈里（Gregory）和牛顿得出的某些结果传达给了莱布尼兹。

1673 年，他从英国回到法国[③]，同时圆满地完成了为美因茨最高贵的选帝侯所做的工作，而且他非常乐意继续为美因茨服务；但他有了更多的自由时间，在惠更斯的鼓励下，他开始研究笛卡儿的

---

① 我之前认为莱布尼兹将来自巴罗和帕斯卡的灵感混淆在了一起，这一灵感使他得到了特征三角形。在这里，毫无疑问，又是一种类似的混淆。佩尔告诉他的是，他的关于数的定理出现在穆东（G. Mouton，1618—1694）的一本名为 *De diametris apparentibus Solis et Lunae* 的书中(出版于 1670 年)。莱布尼兹为了免遭抄袭指控为自己辩护，急忙从奥尔登堡那里借了该书，他发现穆东是用另一种方法得出结果的，但他自己的方法更具有一般性，这让他松了一口气。

当然，原文就是这样写的(G. 1848,p. 19)；他也没有对莱布尼兹在这个问题上的记忆缺失作出评论。此外，在与《微积分的历史和起源》(即 G. 1846) 有关的内容中，也没有提到这一点。作为辩护律师的格哈特是不是害怕通过证明他的部分证据不可靠而破坏其证人的可信度？还是直到后来他才意识到错误？参见 Cantor，Ⅲ，p. 76。

② 德·摩根在 *Newton* 的第 85 页提到了一个例子，说明了委员会所做的那些事情。但这并不是给奥尔登堡的信，而是给柯林斯的信。从这可以看出当时的情形。

③ 请注意，没有人提到过莱布尼兹买了一本巴罗的书并把它带回巴黎这件事。

分析方法（以前这超出了他的研究范围）[①]，并且为了深入了解求积法的几何构造，他阅读了法布里的《几何概要》，圣文森特的格雷戈里的书，以及帕斯卡的一本小书[②]。后来，从帕斯卡举的一个例子中，他得到了一个新的结果，说来奇怪，帕斯卡本人并没有察觉到这个结果。当他证明用于测量球体曲面或球体的部分曲面的阿基米德定理时，他使用了一种方法，在这种方法中，绕任何轴旋转所形成的立体图形的整个曲面都可以被简化为一个等效的平面图形。我们这位年轻的朋友由此得出了下面的一般定理[③]。

在曲线和轴之间截一段直线，该直线垂直于曲线，当所截直线按照顺序取并与轴形成直角时，将产生一个与曲线关于轴的矩相等的图形[④]。

当他向惠更斯展示这一点时，惠更斯高度赞扬了他，并向他承认，正是在这个定理的帮助下，他发现了抛物面和其他类似的曲面，这些都是多年前他在研究摆钟时没有证明的。我们这位年轻朋友受此启发，思考了这个观点的丰富性，因为他以前只考虑过无穷小的东西，如卡瓦列里方法中的纵坐标间隔，所以他研究了三角形 $_1YD_2Y$，这样的三角形被莱布尼兹称为特征三角形[⑤]，该三角形的两边 D_1Y，D_2Y 分别等于坐标

---

① 参见莱布尼兹写给伯努利的信的附言。在附言中，莱布尼兹说自己在年轻时候，同时阅读了笛卡儿和克拉维乌斯的书，但笛卡儿书中的内容似乎更复杂。

② 所提到的书似乎是帕斯卡以信的形式写的关于摆线的作品，这封信是他以 Amos Dettonville 的名字写给一个叫 M. de Carcavi 的人的。

③ 这个定理是用不可分方法给出并证明的，如巴罗的《几何讲义》中 Leture Ⅻ 的定理Ⅰ；而定理Ⅱ只是一个推论，该推论指出：“因此，球面，无论是椭球面还是圆锥曲面都可以测量……”。

这两个定理的证明在本节的最后作为补充给出。请参阅第 18 页的注释③，以了解其重要性。

④ 这里的整个上下文提供了暗示性的佐证，以支持第 10 页的注释①关于 moment 一词的使用的评论，尽管与重心的确定的联系在这里被其与弧线绕轴旋转形成的曲面的联系所掩盖。

⑤ 所给的图正是格哈特所给的，但有一个不重要的不同：为了印刷方便，我用 U 代替了格哈特的 θ，用 V 代替了他的ת（希伯来文中的 T），用 Q 代替了他的 Π。当然，我认为格哈特的图是对莱布尼兹的精确复制，并且有趣的是，莱布尼兹似乎在努力用 T 表示切线上的所有点，用 P 表示法线或垂线上的点，就像拉丁文中的表述一样。

这张图应该与九、十年前写的“附言”中的图进行比较。请注意这里给出的复杂的图，以及在第一个图中没有出现的最终作为切线的割线的引入。从下文来看，这样做显然是为了引入对相似三角形的进一步评论。当我们努力确定这几个部分的制作日期时，这就更令人困惑了。例如，关于可以找到的与特征三角形相似的有限三角形的评论，可能大约临近他对纽文泰特(B. Nieuwentijt，1654—1718) 的论断的答复日期，这将在后面提到。

轴 AX，AZ[①] 的一部分 ${}_1X\,{}_2X$，${}_1Z\,{}_2Z$，[②] 它的第三条边 ${}_1Y\,{}_2Y$ 为切线 TV（必要时可画出）的一部分。

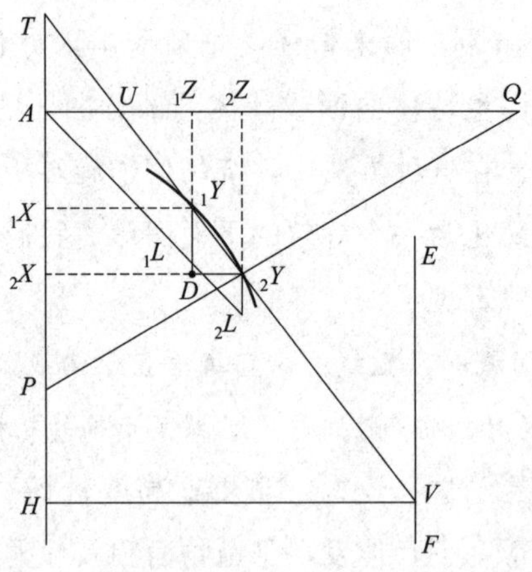

图 3

尽管这个三角形是不确定的（无限小），但他认为始终可以找到与之相似的确定三角形。例如，假设 AXX，AZZ 是两条成直角的直线，AX，AZ 是坐标轴，YX，YZ 是坐标，TUV 是切线，PYQ 是垂线，XT，ZU 是次切线，XP，ZQ 是次法线；最后画 EF 使其平行于 AX 轴；让切线 TY 与 EF 相交于 V，从 V 处画 VH 垂直于坐标轴。那么三角形 ${}_1YD\,{}_2Y$，TXY，YZU，TAU，YXP，QZY，QAP，THV，以及更多你喜欢的，都是相似的。例如，由相似三角形 ${}_1YD\,{}_2Y$，${}_2Y\,{}_2XP$，我们有 $P\,{}_2Y \cdot {}_1YD = {}_2Y\,{}_2X \cdot {}_2Y\,{}_1Y$；也就是说，$P\,{}_2Y$ 和 ${}_1YD$ 所包含的矩形（或坐标轴的元素 ${}_1X\,{}_2X$）等于纵坐标 ${}_2Y\,{}_2X$ 和曲线元素 ${}_1Y\,{}_2Y$ 所包含的矩形，即等于曲线元素关于坐标轴的矩。因此，曲线的整个矩是通过形

① 无下角标时，X 可表示 ${}_1X$ 或 ${}_2X$，Y，Z，L 等类似情况同理。——中译者注

② 注意在字母中使用的标号。他的手稿遵循了当时常用的方法，类似沃利斯和巴罗，用同一个字母来表示可变线的不同位置，不过他在符号的使用上一致性更强。尽管这种方式作为概括定理的一种手段具有某些优势，但莱布尼兹很快意识到这种方法的不便之处。因此，我们找到了曲线上三个连续点的符号 C，(C)，$((C))$，这出现在一份日期为（或应该是）1675 年的手稿中。他在 1703 年仍在使用这个符号，但在 1714 年，他使用了一个下标前缀。这与他通常希望的标准化和简化符号的愿望密不可分。

成这些垂直于轴的垂线的总和而获得的。

同样，对于相似三角形 $_1YD\ _2Y$ 和 THV，我们有 $_1Y\ _2Y : _2YD=TV : VH$ 或者$VH \cdot {}_1Y\ _2Y=TV \cdot {}_2YD$；也就是，由恒定长度 VH 和曲线元素$_1Y\ _2Y$ 所包含的矩形，等于 TV 和 $_2YD$，或横坐标元素$_1Z\ _2Z$ 所包含的矩形。因此，将直线 TV 按顺序垂直于 AZ 所产生的平面图形等于由恒定长度 HV 和经拉直后曲线所包含的矩形。

再次，由相似三角形 $_1YD\ _2Y$，$_2Y\ _2XP$，我们有 $_1YD : D\ _2Y={}_2Y\ _2X : {}_2XP$，因此 $_2XP \cdot {}_1YD={}_2Y\ _2X \cdot D\ _2Y$。但是，这些直线都是从零开始不断增加的，当每条直线都乘以它增加的元素时，就共同形成了一个三角形。然后，让 AZ 总是等于 ZL，我们就能得到直角三角形 AZL，它是 AZ 上正方形的一半；因此，有序地取次法线并使它们垂直于坐标轴得到的图形总是等于坐标轴上正方形的一半。因此，为了找到一个给定图形的面积，需要寻找另一个图形，使其次法线分别等于给定图形的纵坐标，然后这第二个图形就是给定图形的割圆曲线；因此，通过这个极其巧妙的思考，我们得到了将旋转形成的曲面面积问题还原为平面四边形面积问题的方法[①]以及曲线的求长法；同时，我们可以将这些图的求积简化为切线的逆问题。从这些结果中[②]，我们这位年轻朋友写下了两种类型的大量定理（事实上，其中有许多定理不够完善）。因为在其中的一些定理中，不仅按照卡瓦列里、费马、法布里的方式，还按照圣文森特的格雷戈里、古尔迪努斯和帕斯卡的方式，只处理了明确的量；另外一些定理则真正依赖于无穷小量，并推进到更大的范围。但后来，我们这位年轻的朋友就没有费心继续研究这些问题了，因为他注意到，同样的方法已经被惠更斯、沃利斯、范·赫拉特（Van Huraet，1633—约 1660）和尼尔(W. Neile，1637—1670)，以及詹姆斯·格雷戈里和巴罗加以使用

① 这句话有力地证明了莱布尼兹利用矩是为了求旋转曲面的面积。

② “从这些结果中”——我认为他是从巴罗那里得到的——“我们这位年轻朋友写出了一系列定理。”当莱布尼兹说他发现这些定理都是巴罗在“他的《几何讲义》出版时”就已经预料到的时候，他指的可能就是这些定理。我认为这些“结果”是他在第一次阅读巴罗著作时得到的全部内容，而“那些定理”则是在莱布尼兹在他的几何知识发展到能够理解这本书的程度后，再次参阅巴罗著作时发现的。

和进一步完善了。然而，我认为在这个时候解释一下并不是完全无用的，正如我已清楚表述的内容那样[①]，他通过哪些步骤取得伟大成就，以及以什么方式实现那些在深奥几何学领域目前还是初学者[②]希望能够达到的境界。

莱布尼兹于1673年和1674年的一部分时间在巴黎研究了这些问题。但是在1674年(这一点是可以肯定的)，他发现了著名的算术求积法[③]；这里有必要花费一些时间来解释一下这是如何实现的。有一次，他偶然把一个区域分成由若干条相交于一点的直线形成的三角形，他发现可以很容易地从中得到一些新的结果[④]。

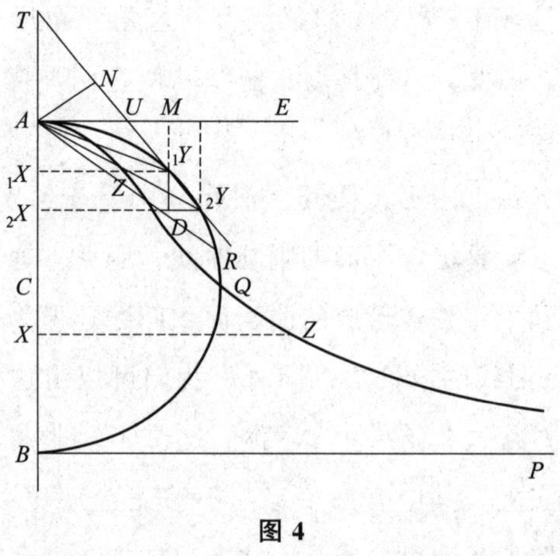

图 4

在图4中，将任意数量的直线 AY 画在曲线 AYR 上，并绘制出任意坐标轴 AC，AE 为其法线或者对应的坐标轴；令 Y 处的切线分别

① 这里是我使用的第一人称。原文是没有人称的，但莱布尼兹显然想把它看作是作者"知道这一切的朋友"的一句话。第一人称代词的使用比其他任何方式都更能体现这种区别。

② 除了莱布尼兹、伯努利家族和另外一两位之外，还有谁?

③ 算术求积法是莱布尼兹把 π 表示为无穷级数的值，即直径为1的圆的面积可以表示为级数：

$$\frac{1}{1}-\frac{1}{3}+\frac{1}{5}-\frac{1}{7}+\frac{1}{9}-\frac{1}{11}+\cdots$$

④ 就莱布尼兹而言，这显然是原创的；但对极坐标图的考虑在巴罗的许多文献中都可以找到。然而，巴罗形成了极坐标微分三角形，就像现在一样，并没有使用带有极坐标图形的直角坐标微分三角形；沃利斯也没有研究过。因此我们看到，莱布尼兹只要遵循他自己最初的研究思路，就会立即获得一些好东西。

与两个坐标轴交于 T 和 U。从 A 画出垂直于该切线的 AN；那么很明显，初等三角形 $A\,{}_1Y\,{}_2Y$ 等于由曲线 ${}_1Y\,{}_2Y$ 的元素和 AN 所组成矩形的一半。现在画出上面提到的特征三角形 ${}_1YD\,{}_2Y$，其中斜边是切线的一部分或弧线的元素，其他两条边平行于两个坐标轴。由相似三角形 ANU，${}_1YD\,{}_2Y$，显然可得 ${}_1Y\,{}_2Y : {}_1YD = AU : AN$，即 $AU \cdot {}_1YD$ 或者 $AU \cdot {}_1X\,{}_2X$ 等于 $AN \cdot {}_1Y\,{}_2Y$，而这个，就像我们已经说过的，等于三角形 $A\,{}_1Y\,{}_2Y$ 的两倍。因此，假设每个 AU 都转移到 XY，并将其取为 AZ，[①] 则这样形成的三线性空间 $AXZA$ 将等于包含在直线 AY 和圆弧 AY 之间的$AY\smile A$ 的两倍[②]。这样便获得了他所谓的分段图或分段比例图。类似的方法也适用于点不在曲线上的情况，通过这种方式，他得到了由交于一点的线所截断的扇形区域的比例三线性图；甚至当直线的两端不在一条直线上而在一条曲线上时(它们一个接一个地接触)，也同样可以得出有用的定理[③]。但现在不是讨论这些问题的合适时机；对于我们的目的来说，考虑分段图就足够了，而且只考虑圆形也足够了。在他的研究情形中，如果点 A 是象限 AYQ 的起点，那么曲线 $AZQZ$ 将在象限的另一端 Q 处切割圆，然后下降渐近于基线 BP(在其另一端 B 处与直径成直角绘制)；虽然延伸到无限远，但整个图形，包括在直径 AB、基线 BP……和与之渐近的曲线 $AZQZ$…之间，将等于以 AB 为直径的圆。

但要说到现在讨论的问题，以半径为单位长度，设 AX 或 UZ 为 x，

① 这显然是印错了，但奇怪的是，它在下一段的第二行中又出现了。因此，这可能是格哈特的误读，他把 AZ 误认为字母 XZ，因为它们理应如此；并且要么没有从图中核实它们，要么没有做任何修改。

② 符号$\smile$在这里表示为“然后沿着弧线到”。

③ 可能是指莱布尼兹在 1686 年、1692 年和 1694 年的《教师学报》中关于曲率、密切圆和渐屈线的工作。需要注意的是，在莱布尼兹和他的追随者那里，渐屈线一词有其现在的含义，并且惠更斯在考虑摆线和摆钟时首先考虑了这一点。在巴罗、沃利斯和格雷戈里(Gregory) 的工作中，它的含义完全不同。在他们那里，如果一条曲线的纵坐标都集中在一个点上，从而成为另一条曲线的半径矢量，而没有破坏曲线，只是改变了它的曲率(面积因此减半)，那么第一条曲线被称为第二条曲线的渐屈线，第二条曲线被称为第一条曲线的渐伸线。见巴罗的《几何讲义》Lecture Ⅻ，App. Ⅲ，Prob. 9，和沃利斯的 *Arithmetica Infinitorum*，其中显示，在这个意义上，抛物线的渐屈线是阿基米德的螺线。

AU 或 AZ 为 z，那么我们有$x=2zz:,1+zz$;[①] 应用于 AU 上的所有的 x 的总和，目前我们称之为$\int x\mathrm{d}z$，是三线性图 $AXZA$ 的补，即三线性图 $AUZA$，这已被证明是圆弓形的两倍。

作者通过变换的方法也得到了同样的结果，并把对这个结果的说明寄到了英国[②]。我们需要求出所有纵坐标$\sqrt{(1-xx)}=y$ 的和；假设 $y=\pm1\mp xz$，由此 $x=2z:,1+zz$，$y=\pm zz\mp1,:,zz+1$，这样，剩下要做的又是有理数的求和。

这对他来说是一种新的、巧妙的方法，对牛顿来说也是如此，但必须承认，它并不普遍适用。此外，很明显，用这种方法可以从正弦和其他同类事物中得到弧，但却是间接地。因此，当他后来听说这些东西是牛顿借助求根法直接推导出来的时候[③]，他就很想了解一下这个问题。

从上面可以明显看出，使用墨卡托通过无穷级数给出的双曲线的算术求积法，圆的算术求积也可以通过除以 $1+zz$ 给出，正如前者除以$1+z$ 一样，尽管不是那么对称。然而，作者很快就发现了一个关于任意中心圆锥曲线面积的一般定理。即由从顶点开始的圆锥曲线的弧和两条端点连接到中心的直线所包含的扇形，等于由半横轴和一条长度为

---

① 这里“:”表示除法，“,”对后面的所有内容都具有括号的意义。奇怪的是，像巴罗一样，莱布尼兹仍然坚持用 xx 表示 x^2，而对所有更高的幂都使用指数符号；此外，括号用于平方根的符号下，也用于线括号下。对于 $x=\dfrac{2z^2}{1+z^2}$的简单几何解释，请参见第 37 页的注释①。

② 参见 Cantor，Ⅲ，pp. 78—81。还要注意的是，为了合理化的目的，在积分中引入了现在的标准替换。

③ 这个术语代表了现在通常称为级数的反演的方法。因此，如果我们有

$$x=y+ay^2+by^3+cy^4+\cdots,$$

这里 x 和 y 都是比较小的数，那么 $y=x$ 为第一次逼近结果；从而，再由 $y=x-ay^2-by^3-cy^4-\cdots$，我们可以得到第二次逼近结果：

$$y=x-ax^2;$$

代入这个结果到包含 y^2 的项，同时对于 y^3 的项，代入第一次逼近结果 $y=x$，可以得到第三次逼近结果：

$$y=x-a(x-ax^2)^2-bx^3=x-ax^2+(2a^2-b)x^3,$$

以此类推，可以得到后面结果。

$$t \pm \frac{1}{3}t^3 + \frac{1}{5}t^5 \pm \frac{1}{7}t^7 + \cdots。$$①

的直线所包含的矩形，其中 t 为顶点处切线的一部分，该部分位于顶点和弧的另一端切线之间，单位长度是半共轭轴上的正方形或由半个通径和横轴所包含的矩形，同时对于双曲线，±号取+，对于圆或椭圆，±取−。因此，如果取直径的平方为一个单位，则圆的面积为

$$\frac{1}{1} - \frac{1}{3} + \frac{1}{5} - \frac{1}{7} + \frac{1}{9} - \frac{1}{11} + \cdots。$$

---

① 对于圆，$x = \frac{2z^2}{1+z^2}$ 的关系很容易从几何上证明；因此利用正交投影定理，可以立即导出莱布尼兹的中心圆锥曲线的结果。因此，假设在下面的图 G 和图 H 中，AC 为单位长度，$AU = z$，$AX = x$。

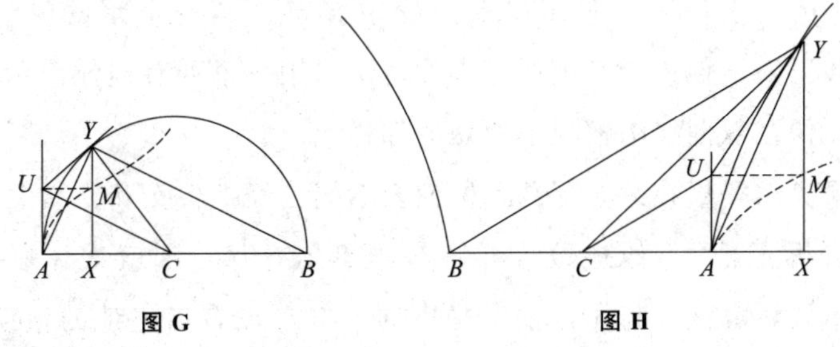

图 G　　　　图 H

那么在任一图中，由于三角形 BYX 和 CUA 是相似的，所以有

$$AX : XB = AX \cdot XB : XB^2 = XY^2 : XB^2 = AU^2 : CA^2;$$

因此，对于圆，我们有

$$AX : AB = AU^2 : AC^2 + AU^2，\text{或 } x = \frac{2z^2}{1+z^2};$$

同样地，对于直角双曲线有

$$AX : AB = AU^2 : AC^2 - AU^2，\text{或 } x = \frac{2z^2}{1-z^2}。$$

把所有的 x 应用到 A 处的切线上，我们得到(像墨卡托一样，通过对右边逐项进行除法和积分)

$$\text{面积 } AUMA = 2\left(\frac{z^3}{3} \mp \frac{z^5}{5} + \frac{z^7}{7} \mp \cdots\right)$$

由于三角形 UAC 和 YXB 是相似的，所以 $UA \cdot XB = AC \cdot XY$；再由莱布尼兹已经证明了的 $AXMA = 2\text{seg.}\,AYA$，因此 $2\triangle AYC = 2UA \cdot AC \mp UA \cdot AX = 2UA \cdot AC \mp AUMA \mp 2\text{seg.}\,AYA$。从而，立即可以得到

$$\text{sector } ACYA = z \mp \frac{z^3}{3} + \frac{z^5}{5} \mp \cdots。$$

现在，如果保持纵轴等于 1，横轴等于 a，则由正交投影关系可立即得出莱布尼兹的一般定理。

请注意，从图解的性质来看，z 是小于 1 的。

当我们这位朋友向惠更斯展示这一结果，以及相对应的证明时，惠更斯高度评价了这个结果，并在归还论文的附信中说，这将是数学家们永远铭记的一项发现，并由此产生启发：在某些时候，有可能通过展示它的真实值或通过证明它不可能用公认的数字①来表示，而获得解的一般形式。毫无疑问，无论是他还是发现者，还是在巴黎的任何其他人，都没有听到任何关于用无限有理数级数表示圆面积的报告[例如，后来人们知道牛顿和格雷戈里(Gregory)已经研究出来了]。惠更斯当然不知道有这样的结果，这从我在此附上的他的简短信件②中可以明显看出。……因此，惠更斯认为，这是第一次证明了圆的面积完全等于一系列有理数的和。莱布尼兹(根据精通此类问题的惠更斯的意见)也认为这是一个新的结果，所以在1674年写了那两封信给奥尔登堡，这两封信已经被他的对手发表，莱布尼兹在信中宣布这是一个新发现③；事实上，他甚至说，他先于其他所有人发现可以用一系列有理数表示的圆的大小，就像在双曲线的情况下所做的那样④。

如果奥尔登堡在莱布尼兹逗留伦敦期间已经把牛顿和格雷戈里的系列作品告诉了他⑤，他还敢这样写信给奥尔登堡，那就太无耻了；可能，奥尔登堡要么是忘了，要么是串通一气，没有指出他的错误表达。这些反对者发表了奥尔登堡的答复，答复中仅仅指出("我不希望你不知道……")格雷戈里和牛顿也注意到了类似的结果；他在次年四月的一封信中(他们发表了)也说了这些事⑥。从中可以看出，那些胆敢声称奥尔

---

① 沃利斯在 *Arithmetica* 中给出的 π 的无穷乘积的表达式[或者布龙克尔(W. Brouncker, 1620—1684) 导出的无穷连分数形式的表达式]，或者沃利斯在他的作品中使用的论证，都不能证明 π 不能用公认的数字表示。

② 如果《微积分的历史和起源》出版的话，那封丢失的信无疑会被找到。根据格哈特的说法，它可以在1674年11月7日的 *Hugeni…exercitationes*, ed. Uylenbroeck, Vol. I, p. 6 中找到。

③ 柯林斯于1670年12月写信给格雷戈里(Gregory)，告知了牛顿用级数表示正弦值等内容；格雷戈里在1671年2月回复柯林斯，给了他三个关于反正切、正切和正割的级数；这可能是他对 *Vera Circuli*(1667)的研究结果。

④ 这个结果是墨卡托的研究结果；有疑问：也可能暗指布龙克尔于1668年在 *Phil. Trans*. 上发表的文章。

⑤ 相当有说服力，似乎不需要其他论据。

⑥ 1675年4月12日这个日子很重要；这标志着莱布尼兹第一次在与奥尔登堡的通信中谈论几何学，如下所述。

登堡在前一年就已经把这些事情告诉过他的人，要么是被嫉妒之心蒙蔽了，要么是厚颜无耻，心怀恶意。然而，他们的恶意中可能有一些盲目性，因为他们没有看到他们所发表的东西反驳了他们的谎言，也没有看到如果把他和奥尔登堡之间的这些信件完全或部分地压制下来会好得多，就像他们在其他事件中所做的那样。

此外，从这个时候起，他开始与奥尔登堡就几何学进行通信交流；也就是说，从他还只是几何学领域一个新手的时候起，他就首先发现了一些他认为值得交流的东西；他们说他们手头有 1673 年 3 月 30 日、4 月 26 日、5 月 24 日和 6 月 8 日从巴黎写的前几封信，以及奥尔登堡的答复，但被压下了，这些信无疑都是关于其他问题的内容，其中没有任何内容可以使奥尔登堡的那些虚构的通信更值得相信。

当我们这位年轻朋友听说牛顿和格雷戈里通过求根法发现了他们的级数时①，他承认这些内容对他来说都很新奇，而且起初也不是很了解；他非常坦率地承认了这一点，并询问了某些方面的信息，特别是在求倒数级数的情形下，通过这种方式，借助另一无穷级数，可以从一个无穷级数中求出根来。而且从这一点也很明显地可以说明，他的反对者断言奥尔登堡将牛顿的著作传达给他的说法是错误的。因为如果那是事实，就没有必要再询问更多的信息了。另一方面，当他开始发展微分学时，他确信新方法在无须求根的情况下找无穷级数更加通用，并且如果假设所需的级数是给定的，那么该方法不仅适用于普通量，而且适用于超越量；而且他用这种方法完成了一篇关于算术求积的短文；在这篇文章中，他还给出了他所发现的其他级数，例如用正弦或正弦的补来表示弧线，反过来，他也展示了在弧线给定的情况下，如何用这种方法找到正弦或余弦②。这也是后来他除了自己的方

---

① 牛顿从 $\dot{a} : \dot{x} = 1 : \sqrt{1-x^2}$ 的关系式中，通过展开和整合得到了关于 x 的反正切级数，然后通过“求根”得到了正弦函数的级数。见第 36 页的注释③，以及关于牛顿自己的修改，Cantor，Ⅲ，p. 73。

② 由此看来，莱布尼兹可以对三角函数求导。根据康托的权威说法，勒夫(A. Love，1863—1940)教授将这结果归于科茨(R. Cotes，1682—1716)；但 1916 年 4 月，我在 *The Monist* 的一篇文章中指出，巴罗清楚地对正切函数进行了求导计算，并且他的计算方法也可以用于其他比值。

法之外不需要其他方法的原因；最后，他在《教师学报》中发表了自己获得级数的新方法。而且，就在这个时候，也就是他在巴黎发表了那篇关于算术求积的文章之后，他被召回德国，因为他已经完善了新的微积分技术，也就对以前的微积分方法不太注意了。

现在我们来看看，我们这位朋友是如何一点一点地得到一种他称之为微分学的新符号的。1672 年，惠更斯同他讨论数的性质时，提出了这样一个问题[①]：求分子均为 1，分母为三角数的递减分数级数的和。

他说他已经在胡德关于概率估计的研究中找到了这个总和。莱布尼兹发现总和为 2，这与惠更斯给出的结果一致。正如他的对手所说，在此过程中，他还发现了一些同类型的算术级数的总和，其中的数字是任意组合的数字，并在 1673 年 2 月将结果传达给了奥尔登堡。后来，当他看到帕斯卡的算术三角形时，他以同样的形式给出了自己的调和三角形。

算术三角形

其中基本级数是算术级数：1，2，3，4，5，6，7，…

1
1 1
1 2 1
1 3 3 1
1 4 6 4 1
1 5 10 10 5 1
1 6 15 20 15 6 1
1 7 21 35 35 21 7 1

① 可能只是为了测试莱布尼兹的知识。

调和三角形[①]

其中基本级数是调和级数

$$
\begin{array}{ccccccccccccc}
 & & & & & & \frac{1}{1} & & & & & & \\
 & & & & & \frac{1}{2} & & \frac{1}{2} & & & & & \\
 & & & & \frac{1}{3} & & \frac{1}{6} & & \frac{1}{3} & & & & \\
 & & & \frac{1}{4} & & \frac{1}{12} & & \frac{1}{12} & & \frac{1}{4} & & & \\
 & & \frac{1}{5} & & \frac{1}{20} & & \frac{1}{30} & & \frac{1}{20} & & \frac{1}{5} & & \\
 & \frac{1}{6} & & \frac{1}{30} & & \frac{1}{60} & & \frac{1}{60} & & \frac{1}{30} & & \frac{1}{6} & \\
\frac{1}{7} & & \frac{1}{42} & & \frac{1}{105} & & \frac{1}{140} & & \frac{1}{105} & & \frac{1}{42} & & \frac{1}{7}
\end{array}
$$

如果斜降至无穷的任何级数的分母或任何平行有限级数的分母分别除以第一个级数中的对应项，那么就会产生包含在算术三角形中的那些组合数。此外，这个性质对于任何一个三角形数都是成立的，即斜级数(oblique series)是彼此的和级数与差级数。在算术三角形中，任何给定的级数都是其前面级数的和级数，以及后面级数的差级数；另一方面，在调和三角形中，每个级数都是它后面级数的和级数，以及它前面级数的差级数。由此得出

$$\frac{1}{1}+\frac{1}{2}+\frac{1}{3}+\frac{1}{4}+\frac{1}{5}+\frac{1}{6}+\frac{1}{7}+\cdots=\frac{1}{0}$$[②]

$$\frac{1}{1}+\frac{1}{3}+\frac{1}{6}+\frac{1}{10}+\frac{1}{15}+\frac{1}{21}+\frac{1}{28}+\cdots=\frac{2}{1}$$

$$\frac{1}{1}+\frac{1}{4}+\frac{1}{10}+\frac{1}{20}+\frac{1}{35}+\frac{1}{56}+\frac{1}{84}+\cdots=\frac{3}{2}$$

---

① 格哈特指出，在《微积分的历史和起源》的初稿中，莱布尼兹用一组分数(每组分数的和都等于$\frac{1}{1}$)来定义调和三角形，以便与帕斯卡三角形准确对应。

② 注意：一般情况下0是不能作为分母的。——中译者注

$$\frac{1}{1}+\frac{1}{5}+\frac{1}{15}+\frac{1}{35}+\frac{1}{70}+\frac{1}{126}+\frac{1}{210}+\cdots=\frac{4}{3}$$

等等。

在他采用笛卡儿的分析方法之前，他已经发现了这些东西；但是，当他想到这个问题时，他认为，在大多数情况下，一个级数的任意项都可以用某种一般的符号来表示，这样可能会涉及一些简单级数。例如，如果自然数级数的通项用 x 表示，那么平方数级数的通项是 x^2，立方数级数的通项是 x^3，以此类推。任何三角数，如 0，1，3，6，10，都是

$$\frac{x\cdot \overline{x+1}}{1\cdot 2}\text{或者}\frac{xx+x}{2},$$

任何棱锥数，例如 0，1，4，10，20，…都将是

$$\frac{x\cdot \overline{x+1}\cdot \overline{x+2}}{1\cdot 2\cdot 3}\text{或者}\frac{x^3+3xx+2x}{6},$$

等等。

由此可以得到一个给定级数的差级数，在某些情况下，当它用数值表示时，也可以得到它的和级数。例如，平方数是 xx，下一个更大的平方数是 $xx+2x+1$，它们的差是 $2x+1$；也就是说，由奇数组成的级数是平方数级数的差级数。如果 x 是 0，1，2，3，4，…，那么 $2x+1$ 是 1，3，5，7，9，…。同样，x^3 与 $x^3+3xx+3x+1$ 之间的差值是 $3xx+3x+1$，因此后者是立方数级数的差级数的通项。此外，如果通项的值可以用变量 x 表示，这样变量就不会出现在分母或指数中，他意识到他总是可以找到给定级数的和级数。例如，为了求平方和，因为很明显，变量不能提高到比立方更高的阶数，他假定它的通项 z 是

$$z=lx^3+mxx+nx\text{，其中 }\mathrm{d}z\text{ 一定是 }xx\text{；}$$

可以得到 $\mathrm{d}z=l\mathrm{d}(x^3)+m\mathrm{d}(xx)+n$，其中 $\mathrm{d}x$ 取为 1；从而有 $\mathrm{d}(x^3)=3xx+3x+1$，$\mathrm{d}(xx)=2x+1$；因此

$$\mathrm{d}z=3lxx+3lx+l+2mx+m+n\simeq xx\text{；}$$ ①

所以 $l=\frac{1}{3}$，$m=-\frac{1}{2}$，$\frac{1}{3}-\frac{1}{2}+n=0$，或者 $n=\frac{1}{6}$；并且平方数级数

① 这里使用的符号似乎是莱布尼兹发明的，用来表示恒等，就像现在═表示的那样。

的和级数的一般项是

$$\frac{1}{3}x^3-\frac{1}{2}xx+\frac{1}{6}x \text{ 或 } 2x^3-3xx+x, : 6。$$[①]

举个例子，如果要求前9个数或10个数的平方和，也就是从1到81或从1到100，就把x的值取为10或11，即大于最后一个平方根的下一个数，并且$2x^3-3xx+x, : 6$将是$2000-300+10, :6=285$，或者$2\cdot1331-3\cdot121+11, : 6=385$。用这个公式计算前100个或1000个平方的总和也不难。同样的方法适用于自然数的任何次幂或由这种次幂组成的表达式，因此，我们总是可以用一个公式对这种级数求和，只要我们愿意，多少项都可以。但是我们这位朋友发现，当分母包含有变量时，用同样的方法进行计算并不总是容易的，尽管总是可以找到一个数字级数的和；然而，在遵循相同的分析方法之后，他找到并在《教师学报》上发表了这个一般性的结果，即总能找到一个和级数，或将问题简化为找到一些分数项的总和，如$\frac{1}{x}$，$\frac{1}{xx}$，$\frac{1}{x^3}$，…，无论如何，如果所取的项数是有限的，就可以进行求和，尽管很难以简短的方式(如通过一个公式)求和。但如果这是一个有无穷项的问题，那么像$\frac{1}{x}$这样的项根本不能求和，因为这样一个级数的无穷项的总和是一个无穷量，而像$\frac{1}{xx}$，$\frac{1}{x^3}$，…这样的无穷项的总和是一个有穷量，但到目前为止，这个有穷量只能通过求积来求和。所以，在1682年的2月，他在《教师学报》上指出，如果取数字$1\cdot3$，$3\cdot5$，$5\cdot7$，$7\cdot9$，$9\cdot11$，…，或者3，15，35，63，99，…，由它们构成分数级数

$$\frac{1}{3}+\frac{1}{15}+\frac{1}{35}+\frac{1}{63}+\frac{1}{99}+\cdots,$$

那么这个级数一直到无穷的和就是$\frac{1}{2}$；然而，如果间隔地取分数，则

---

① 这个公式和其他同类公式，是由沃利斯在计算垛积数总和的公式时给出的。沃利斯将后者的总和称为该级数的“特征”。

$\frac{1}{3}+\frac{1}{35}+\frac{1}{99}+\cdots$表示半圆的大小，其中直径的平方是1[①]。

因此，假设$x=1$，2，3…[②]，那么

$$\frac{1}{3}+\frac{1}{15}+\frac{1}{35}+\frac{1}{63}+\cdots$$

的通项为$\frac{1}{4xx+8x+3}$；我们需要找到和级数的一般项。

让我们尝试一下它是否可以有$\frac{e}{bx+c}$的形式，理由是非常简单的；然后我们将有

$$\frac{e}{bx+c}-\frac{e}{bx+b+c}=\frac{eb}{bbxx+bbx+bc+2bcx+cc}\simeq\frac{1}{4xx+8x+3};$$

因此，由两边系数对应相等，我们有

$$b=2，eb=1，或\ e=\frac{1}{2}$$

$$bb+2bc=8，或\ 4+4c=8，或\ c=1;$$

最后我们还应该有$bc+cc=3$。因此和级数的通项是$\frac{1:2}{2x+1}$或$\frac{1}{4x+2}$，这些形式为$4x+2$的数字是奇数的两倍。最后，当指数为变量时，他给出了一种将微分学应用于数值级数的方法，就像在几何级数中一样，取任意基数b，项为b^x，其中x表示自然数。微分级数的项是$b^{x+1}-b^x$或$b^x(b-1)$；由此很明显，给定几何级数的微分级数也是与给定级数成比例的几何级数。这样就可以得到几何级数的和。

但是，我们这位年轻朋友很快就发现，微积分能以比数字更奇妙的简单方式适用于图，因为图之间的差异无法与事物的不同相提并论；每当它们通过加法或减法连接在一起时，相互之间无法比较，与较大的相比，较小就消失了。因此，无理数和有理数求微分的难度是一样的。同样地，借助对数，指数也可以求微分。此外，他还注意到，图中出现的无限小的线只不过是变化线的瞬时差。此外，正如迄

① 这句话打破了前后语义关联，所以它似乎是一个插入的注释。

② 这里有一个不重要的错误。x的第一个值显然应该是0而不是1。

今为止分析数学家所考虑的量具有其幂函数和根函数一样，变化的量也对应新的函数，即差分。而且，目前为止我们有 x，xx，$x^3\cdots$，y，yy，y^3，…，所以相对应地可能有 $\mathrm{d}x$，$\mathrm{dd}x$，d^3x，…，$\mathrm{d}y$，$\mathrm{dd}y$，d^3y，…同样，也可以用位置方程来表示曲线，而笛卡儿曾把曲线排除在“力学”之外，并将微积分应用于它们，从而把思维从图的永恒参照中解放出来。在微分学在几何中的应用中，一阶微分相当于求切线，二阶微分等价于求密切圆(我们这位朋友介绍了这种方法的用法)，而且还可能以相同的方式继续下去；这些东西也不仅仅适用于切线和求积，还适用于各种问题和定理，在这些问题和定理中，差分与积分项(正如那位杰出的数学家伯努利所称的那样）混合在一起，例如用于物理机械问题中的那些。

因此，一般来说，如果任何级数或图形的线条具有依赖于两个、三个或更多连续项的性质，那么它可以用一个涉及一阶、二阶、三阶或更高阶的差分方程来表示。此外，他发现了任意阶差分的一般定理，就像我们现在已经有的通用定理一样，他还在 *Miscellania Berolinensia* 中发表了一篇关于幂和差分的显著类比文章。

如果他的对手知道这些事情，他就不会用点来表示微分的阶数[①]，因为这对表示微分的一般阶数是没有用的，而会用我们这位朋友给出的符号 d 或类似的东西来表示，因为 d^e 可以表示微分的一般阶数。此外，曾经参考图形的一切东西，现在都可以用微积分来表示了。

由于$\sqrt{\mathrm{d}x\mathrm{d}x+\mathrm{d}y\mathrm{d}y}$是曲线的弧线的元素[②]，$y\mathrm{d}x$ 为其面积元素；从中可以立即看出 $\int y\mathrm{d}x$ 和$\int x\mathrm{d}y$ 是互补的，因为$\mathrm{d}(xy)=x\mathrm{d}y+y\mathrm{d}x$，或者反过来 $xy=\int x\mathrm{d}y+\int y\mathrm{d}x$ ，然而这些图形是不断变化的；由此，

---

① 为什么不呢？牛顿的带点字母仍然是某类涉及运动方程的问题的最佳符号，其中自变量是时间，例如中心轨道。也许莱布尼兹会把后缀符号归为他自己的一个变体，但 D 运算符使它们都黯然失色。对于初学者来说，无论是学术上的还是历史上的(就像巴罗、莱布尼兹和牛顿努力教授的数学家一样)，单独的字母符号最值得推荐，因为它易于理解；我们甚至发现它现在被用于偏微分方程。

② 莱布尼兹没有给我们机会看到他是如何写出 $\mathrm{d}x\mathrm{d}x\mathrm{d}x$ 的等价形式的，无论是 $\mathrm{d}x^3$，还是$\overline{\mathrm{d}x^3}$，还是$(\mathrm{d}x)^3$。

又因为 $xyz=\int xy\,\mathrm{d}z+\int xz\,\mathrm{d}y+\int yz\,\mathrm{d}x$ ，所以这三个立体图形之间也是互补的：任意两个与第三个互补。他没有必要知道我们上面从特征三角形推导出来的那些定理，例如，曲线绕轴形成的矩可完全表示为 $\int x\sqrt{\mathrm{d}x\,\mathrm{d}x+\mathrm{d}y\,\mathrm{d}y}$ 。还有圣文森特的格雷戈里关于 ductus 的定理，他或帕斯卡关于 ungulae 和 cunei 的定理①，这些都可以从这样的微积分中推导出来。就这样，莱布尼兹高兴地看到他曾称赞过别人的那些发现都可以由他自己的方法获得，于是他就不再仔细研究这些发现了，因为所有这些发现都包含在他的这种微积分里。

例如，图形 $AXYA$（图 5）关于轴的矩是 $\frac{1}{2}\int yy\,\mathrm{d}x$ ，图形关于顶点处切线的矩是 $\int xy\,\mathrm{d}x$ ，互补的三线性图 $AZYA$ 关于顶点处切线的矩是 $\frac{1}{2}\int xx\,\mathrm{d}y$ 。现在，这最后两个矩加在一起就得到了外接矩形 $AXYZ$ 关于顶点处切线的矩，它们彼此是互补的。

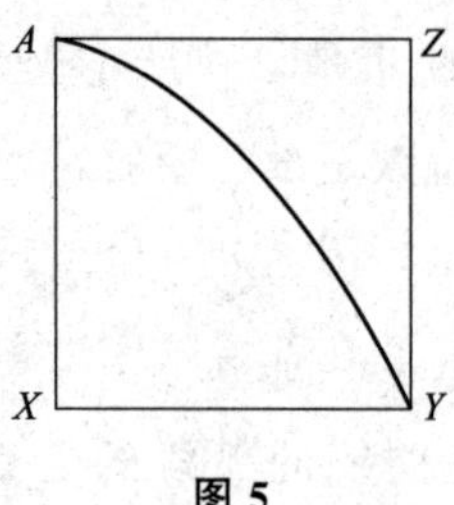

图 5

然而，对于$\frac{1}{2}\mathrm{d}(xxy)=xy\,\mathrm{d}x+\frac{1}{2}xx\,\mathrm{d}y$，微积分也表明了这可以不参考任何图形。因此，现在对于阿基米德几何学来说，不需要更多的精美定理，最多就是欧几里得在他的第二册书或其他地方为普通几何学给出的定理。

① ductus 和 ungulae 已经在第一章第 7 页的注释②和第 8 页的注释①中解释过；cuneus 表示楔形立体，参见 cuneiform。

后来发现超越量的微积分可以简化为普通量，惠更斯对此特别高兴①。所以，如果发现

$$2\int\frac{\mathrm{d}y}{y}=3\int\frac{\mathrm{d}x}{x},$$

那么，我们可以得到 $yy=x^3$，而这也源于对数与微分相结合，前者也是由相同的微积分推导出来的。如果令 $x^m=y$，那么 $mx^{m-1}\mathrm{d}x=\mathrm{d}y$。两边再除以相等的量，我们就得到了

$$m\frac{\mathrm{d}x}{x}=\frac{\mathrm{d}y}{y}。$$

再由方程 $m\log x=\log y$，我们有

$$\log x:\log y=\int\frac{\mathrm{d}x}{x}:\int\frac{\mathrm{d}y}{y}。 ②$$

这样一来，指数计算也就变得切实可行了。这是因为，如果令 $y^x=z$，那么 $x\log y=\log z$，$\mathrm{d}x\log y+x\mathrm{d}y:y=\mathrm{d}z:z$。

通过这种方式，我们可以将指数从变量中释放出来，或者在其他时候，我们可以根据情况对变量指数的位置进行有利调换。最后，那些曾经备受推崇的东西现在也只不过是小孩子的游戏而已。

在我们这位朋友发表微积分原理之前，所有这些微积分的内容在他对手的所有著作中都没有丝毫痕迹。③ 事实上，在惠更斯或巴罗处理相同问题的情况下，他们没有以同样的方式完成任何事情。

---

① 这是很特别的。在 1676 年 6 月，接下来的说明超出了莱布尼兹的能力，可能直到 1676 年 11 月他在荷兰时都是如此，可能更晚。因此，这个结果应该是通过信件传达给惠更斯的，而惠更斯也会有一个答复。到目前为止，我还没有找到这样一封信。

② 这只是证明了比例性，它使莱布尼兹能够将方程 $2\int\frac{\mathrm{d}y}{y}=3\int\frac{\mathrm{d}x}{x}$ 转化为 $2\log y=3\log x$。这几乎不足以让他处理 $2\int\frac{\mathrm{d}y}{y}=3\int\frac{\mathrm{d}x}{x}$ 这样的方程；而且需要注意的是，莱布尼兹根本没有注意到积分常数。尽管巴罗在 Lecture Ⅻ，App. Ⅲ，Prob. 3,4 中微分了对数和指数（因此也有相应的逆积分定理），但这些问题的形式非常模糊，以至于人们怀疑巴罗本人是否对他所得到的东西非常清楚。因此，莱布尼兹的这一明确陈述必须被认为是对巴罗研究的一大进步。

③ 几乎可以理解为对牛顿窃取莱布尼兹微积分的反指控。请注意，巴罗以前对牛顿所给予的一切都迟迟不承认。

但惠更斯坦率地承认，使用这种微积分所提供的帮助有多大；而他的反对者则尽可能地压制这一点，并直接继续讨论其他问题，在他们的整个报告中没有提到真正的微分演算。相反，他们在很大程度上坚持无穷级数，对于这种方法，没有人否认他的对手比其他所有人都更早地提出了。因为他在很久以后神秘地说过并解释过的那些东西，就是他们所说的流数和流量，也就是有限的量和它们的无穷小量；但是对于如何从一个衍生出另一个，他们没有提供任何提示。此外，虽然他考虑了瞬时比率，直接从微积分引向了与它大不相同的穷举方法(尽管它当然也有自己的用途)，但不是通过无穷小的方法而是根据普通量进行的，尽管这些后者最终确实变成了前者。

因此，他的反对者既没有从他们发表的《来往信札》中，也没有从任何其他来源中，提出丝毫的证据，来证明他的对手在我们这位朋友发表微分学之前就已经使用了；因此，这些人对他提出的所有反对他的指控，都可以作为问题之外的东西而对之不屑一顾。他们利用辩护人的托词[①]，把法官们的注意力从审判问题转移到其他事情，也就是无穷级数上。但即使在这些方面，他们也不能提出任何信息来质疑我们这位朋友的诚实，因为他们也明确承认了他在这些方面取得的进展；而且事实上，在这些方面，莱布尼兹最终也取得了更好和更普遍的结果。

① 《微积分的历史和起源》在我心中产生的整体效果是，整部作品是为了达到与《来往信札》相同的目的。遗憾的是，如果事件是按照严格的时间顺序进行的，莱布尼兹本来可以讲述这样一个直白的故事，而没有任何关于后来得出的结果或后来完善的符号的插入。一个这样的故事会一劳永逸地证明《来往信札》的指控是多么毫无根据，并在很大程度上解释他否认对巴罗有任何义务的原因。

补充

巴罗，《几何讲义》，Lecture Ⅻ，命题 1，2，3

[第 105 页，第一版本，1670 年]

一般前言　现在我们将继续手头的事情。为了节省时间和文字，请大家按照文字描述仔细观察对应的图形。如图所示，AB 是一段曲线，就像我们将要画的，其轴为 AD，且直线 BD，CA，MF，NG 都垂直于该轴；弧 MN 无限小，直线 $\alpha\beta$＝弧 AB，同样，$\alpha\mu$＝弧 AM，$\mu\nu$＝弧 MN；而且应用于直线 $\alpha\beta$ 上的直线都与它垂直。在此理解下，有：

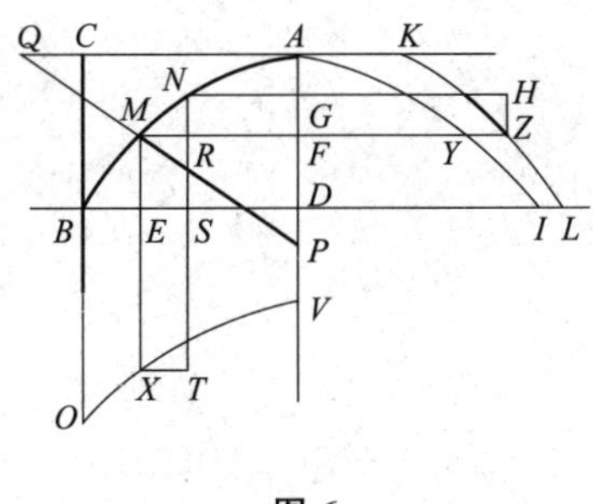

图 6

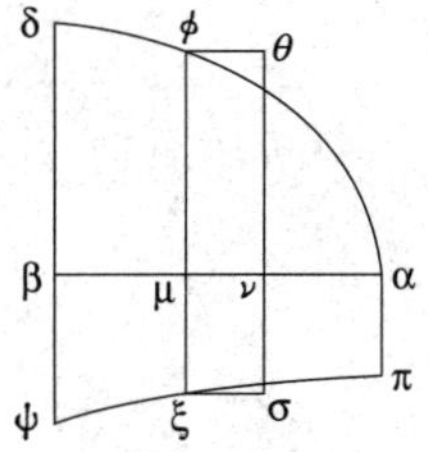

图 7

1. 假设 MP 垂直于曲线 AB，而且线 KZL，$\alpha\phi\delta$ 满足 $FZ=MP$，$\mu\phi=MF$。那么 $\alpha\beta\delta$，$ADLK$ 围成的区域面积相等。

对于相似三角形 MRN 和 PFM，有 $MN:NR=PM:MF$，即

$$MN\cdot MF=NR\cdot PM;$$

代入上面的等价量，我们有

$$\mu\nu\cdot\mu\phi=FG\cdot FZ,\text{或 rect. }\mu\theta=\text{rect. }FH$$

但 $\alpha\beta\delta$ 与无限多的矩形(如 $\mu\theta$)只有细微差别，空间 $ADLK$ 与同等数量的矩形(如 FH)相等。因此，这个命题是成立的。

2. 由此，如果曲线 AMB 围绕轴 AD 旋转，那么产生的曲面与空间

$ADLK$ 的比是圆的周长与其直径的比；因此，如果空间 $ADLK$ 是已知的，那么所述的曲面就是已知的。

不久前我解释了为什么这样的原因。

3. 因此，球面，无论是椭球面还是圆锥曲面都可以测量。因为，如果 AD 是圆锥截面的轴，……

第二部分

· *Part* Ⅱ ·

我有很多想法，如果有一天，比我更有洞察力的人把他们卓越的才智与我的劳动结合起来，深入地研究这些想法，那时它们也许会有些用处。

——莱布尼兹

不戴假发的莱布尼兹雕像。

第三章

· *Chapter* Ⅲ ·

莱布尼兹毕竟是个大人物，他的伟大现在看来比以往任何时代都明显。

——罗素（英国哲学家、数学家）

LEIBNITII OPERA OMNIA TOM. II.
LEIBNITII OPERA OMNIA TOM. III.
LEIBNITII OPERA OMNIA TOM. IV.
LEIBNITII OPERA OMNIA TOM. V.

以下是关于格哈特未完整提供的某些手稿的注释，这些注释摘自文献 G. 1848 第 20 页及其后内容（另见 G. 1855，第 55 页及其后内容）。

1673 年 8 月，在一份标题为 *Methodus nova investigandi Tangentes linearum curvarum ex datis applicatis*，*vel contra Applicatis ex datis productis*，*reductis*，*tangentibus*，*perpendicularibus*，*secantibus* 的手稿中，莱布尼兹试图找到一种适用于任意曲线的求切线的通用方法。莱布尼兹在谈到曲线分类（这是笛卡儿为其切线方法奠定的基础）时说："如果这个图形不是几何图形——比如摆线——那也没有关系；假设直线和曲线之间存在一种对应关系，借助这种对应关系，可以将这种图形看作几何曲线情形下的一个例子；那么只要图形的性质允许，就可以以这样的方式对几何曲线或非几何曲线绘制切线。"在这份手稿里，莱布尼兹把曲线看作是一个有无数条边的多边形，并构建了他所谓的"特征三角形"，其边分别是曲线的一个无限小的弧线，以及纵坐标之间和横坐标之间的差；这与由切线、次切线和接触点处纵坐标围成的三角形相似。莱布尼兹采用和笛卡儿一样的方式，借助次切线来寻求切线；他用 b 来表示横坐标之间的无限小的差，并以抛物线为例，验证了当方程中包含无限小量的项被忽略时，该方法的正确性。然而，在莱布尼兹看来，省略这些项并不是一种正确可靠的方法。事实上，他谈道："丢弃无限小 b 的倍数和其他东西是不安全的，可能发生的情况是，这部分与其他部分补偿[①]可能会使方程达到完全不同的状态。"因此，他试图以其他方式确定次切线。"整个问题是，如何从两条应用线（applied lines）的差值中找到新的应用线，"是他自己的原话。然后他发现，这个问题的解决可以简化为一个级数和，这个级数的项是连续横坐标的差。

① 如果不对上下文有更全面的了解，就不可能看出这是否指"错误的补偿"，或者莱布尼兹是否在暗示所有有限项相互抵消的可能性。

◀ 在奥地利瓦豪 Goettweig 图书馆展出的莱布尼兹全集。

在手稿的末尾，莱布尼兹继续谈到了逆向问题："通过回溯我们的步骤，是否有可能从切线函数和其他函数回到对应的坐标，这是一个重要的研究课题。这个问题可以通过方程组进行最准确的研究[①]；用这种方法，我们可以发现一个方程可以由另一个方程得到的方式有多少种，以及在任意情况下应该从中选择哪一种。这可以说是对分析本身的分析，而且就我们考虑的问题而言，如果成功了，这会构成人类科学的基础。"最终，莱布尼兹得出如下结论："第一个问题是从曲线的元素中寻找曲线的描述，第二个问题是从给定的差分中找到图形，这两个问题都归结为同一个问题。从这个事实可以看出，几乎整个切线逆法理论都可以归结为求积分。"

据此，莱布尼兹在 1673 年中期已经认识到，求切线问题和所谓的逆切线问题毫无疑问是相互联系的；他认为第二个问题应该可以简化为一个求积问题(也就是求和)。

同样，在一份日期为 1674 年 10 月(即 14 个月后)，标题为 *Schediasma de Methodo Tangentium inversa ad circulum applicata* 的手稿中，他能够肯定地说："所有图形的求积都可以采用求切线逆的方法实现，并且求和与求积的整个科学研究可以由此归结为分析一个以前没有任何人抱有希望的问题。"

莱布尼兹由此认识到笛卡儿尚未找到逆切线问题的一般解决方法与曲线求积之间的一致性后，他致力于级数的研究，通过级数求和得到求积。1674 年 10 月，在标题为 *Schediasma de serierum summis, et seriebus quadraticibus* 的非常广泛的讨论中，莱布尼兹首先介绍了级数

$$\frac{b}{1}-\frac{b^2}{2}+\frac{b^3}{3}-\frac{b^4}{4}+\frac{b^5}{5}-\cdots,$$

并得到以下一般规则："记变量纵坐标为 x，变量横坐标为 y，b 为最大纵坐标 e 的横坐标，d 为最小纵坐标 h 的横坐标，"这是莱布尼兹的原话，"那么，我们有以下规则

---

① 莱布尼兹后来又提到了这一点，见第四章。

$$\frac{x^2}{2}=ywx-\frac{yw^2}{2}+\frac{d^2h}{2},$$

$$\frac{h^2w}{2}+\frac{d^2h}{2}=xy-\frac{x}{2},e-h=w,$$

$$xw=\frac{e^2}{2}-\frac{w^2}{2},$$

且对于不断增加的 $yw=eb-x$，值 $yw=x$ 不断减少。”①

莱布尼兹接着谈道：“这些规则会随着级数的增加或减少而略有改变；如果总是将最小纵坐标理解为最后一个纵坐标，那么也可以忽略对最小纵坐标的提及；另一方面，w 总是可以插入到任何涉及 w 的地方。迄今为止发现的所有级数都通过这些规则包含在一个级数中，除了幂级数，它是通过取差得到的。”

在同一篇文章中，莱布尼兹使用了一个定理，他可能在更早的时候就已经发现这个定理的普遍性了，即：

“由于 BC 与 BD 的比值等于 WL 与 SW 的比值，因此 $BC\frown SW$，②即每个 BC［应用于 AC］的总和，等于每个 BD 应用于底边的总和 $BD\frown WL$；并且，每个 BD 应用于基线的总和，都等于最大长度 BD 的平方的一半。此外，很明显，每一个 WL 的总和等于最大的 BD 的长度。”

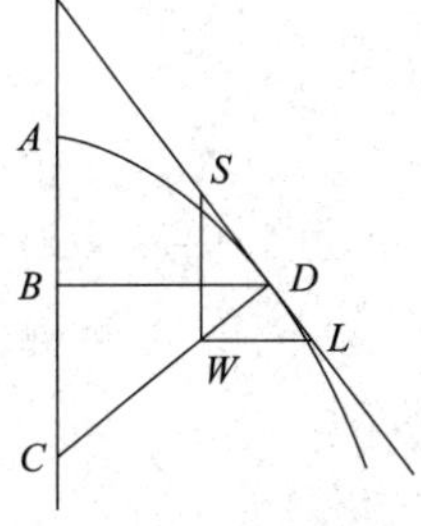

① 这些表述，既没有证据，也没有图形，很是让人困惑；但在格哈特 1855 年的出版物中却被一字不差地重复，没有任何补充或注释。天知道在这种形式下，它应该有什么用处！除非莱布尼兹省略了一些他认为是单位 1 的长度，否则这些维度都是错误的。

② 符号⌒表示乘法。

据此，莱布尼兹进一步得出结论，笛卡儿使用具有两个相等根的辅助方程来解决一般求切线逆的问题的方法是不令人满意的。在 1675 年 1 月的一份手稿中，莱布尼兹说:“这样，我终于摆脱了这种通过一对具有相等根方程来求解级数之和以及图形面积的无益的想法，而且我也发现了这种求解方法不能使用的缘由，这个问题已经困扰我相当长的时间了。”①

① 请注意，关于旋转曲面或关于轴的矩的面积，我们还没有作过任何讨论，毕竟我们希望在与给定的图形相关的情况下提到它们；下一份手稿显示，在 1675 年 10 月，莱布尼兹已经做了大量关于矩的工作。

第四章

· Chapter Ⅳ ·

莱布尼兹不仅在哲学方面，而且在许多科学领域做了大量工作，精心钻研，并且开辟了道路，……在莱布尼兹看来，思想前进到什么地步，宇宙就前进到什么地步；理解在什么地方停止，宇宙就在那里停止了，神就在那里开始了。

——黑格尔（德国哲学家）

ESSAIS DE THEODICÉE SUR LA BONTÉ DE DIEU, LA LIBERTÉ DE L'HOMME, ET L'ORIGINE DU MAL.

PAR M. LEIBNITZ.

NOUVELLE EDITION,
Augmentée de l'Histoire de la Vie & des Ouvrages de l'Auteur,

PAR M. L. DE NEUFVILLE.

TOME PREMIER.

PENDEBUNT ET AB ARBORE
TOT
POMA

A AMSTERDAM,
Chez FRANÇOIS CHANGUION.
MDCCXXXIV.

接下来是文献 G. 1855 中给出的一份手稿，它实际上包含了三篇短文：(1) 一个关于矩的定理，(2) 始于 1673 年 8 月手稿末尾的想法的延续(第三章)，即通过对每种情况进行适当的替换，可由某些标准方程推导出来的方程组的形成，(3) 矩的再思考。

这是 moment(矩)这个词的第一次出现，但从上下文中可以看出，莱布尼兹之前显然对这个概念做了大量的工作。如果最初给出的定理用现代符号写出的话，那么它的形式就是“分部积分”，用于改变自变量。因此，我们有

$$\int xy\mathrm{d}x=\left[\frac{x^2y}{2}\right]-\int\frac{x^2}{2}\mathrm{d}y;$$

并且很容易得到，如果 x 可以表示为 y 的一个简单函数的平方根，就像圆和圆锥截面那样，那么右边的积分就完全可以理解了。我认为，这就是这个定理和那些后续定理之间的联系。

由于两个错误的存在，该定理的证明并不那么清晰，而我认为这两个错误都是由抄写或误印造成的。第一个错误，a 应该是 x；第二个错误，a 应该是介词 a(表示“从”)。另外，对于现今的读者来说，可以通过画出变量线 $AB(=x)$，$BC(=y)$ 来增进理解，如附图所示。

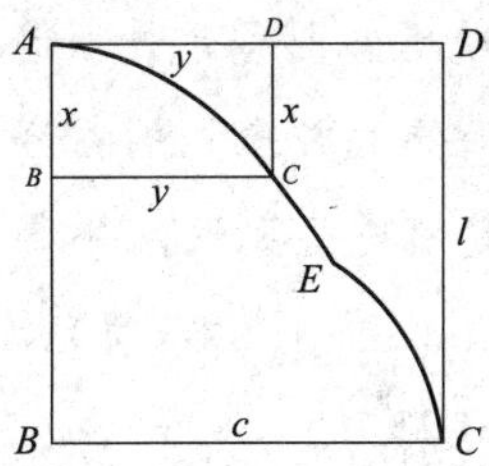

那么相应论证如下：

当 $BC(=y)$应用于 AB 进行求和时，会得到它关于 AD 的矩 xy，同时这个过程中会产生无限小的线宽。

◀ 1734 年版《神正论》扉页。

当 $DE(=x)$ 应用于 AD 时，关于 AD 的矩是 $\frac{x^2}{2}$，为了包含这条线的无穷小宽度，假设该线可以被视为在其重心处凝聚为一点。立即可得出该定理。

提醒大家注意，我会在下面段落的开头使用符号⊓表示相等。莱布尼兹在两个月以后弃用了这个通用的符号，这也许是格哈特对此做的改动[①]，我也认为没有必要坚持用这个符号，因此只在开头段使用了一下。

对于这份手稿的第二部分，唯一需要说明的是，魏森博恩[②]依据莱布尼兹不断提到的形成曲线表的必要性，认为莱布尼兹可能已经看到或听到过牛顿的关于圆锥截面的曲线目录，毕竟这些曲线的求积结果可以通过其他曲线推导出来，尤其是圆锥截面(从 1675 年 11 月的手稿开始，魏森博恩说这是第一次相关提示)。问题在于，魏森博恩在 1675 年 10 月的这份手稿中似乎没有明确提及将曲线简化为二次曲线的内容。当然，还有可能是魏森博恩在撰写他 1856 年出版的书时，手边并没有包含这份手稿内容的文献 G. 1855。

关于第三部分，在拉丁文原文中会发现，莱布尼兹在开始时显然是完全清晰的，但到最后却陷入了相当混乱的状态。不过这只是表面现象，一部分原因是一个不准确的图形，另一部分原因，我认为是抄写错误。这个不正确的句子让莱布尼兹表达的内容看起来像是完全在胡言乱语；但如果按照脚注中的建议进行更正，并参考我在莱布尼兹的图右边加上的，由格哈特给出的修正图（见 65 页），那么莱布尼兹给出的证明读起来就非常流畅和容易理解了。

---

① 格哈特在一个脚注表明，他尽可能地保留了这个以及紧随其后手稿的原初形式；除了这个符号问题，我坚持了莱布尼兹给出的形式。

② Weissenborn, *Principien der höheren Analysis*, Halle, 1856.

1675 年 10 月 25 日

用重心法解析求积

假设 AEC 为从直角 BAD 发出的任意一条曲线；令 $AB \sqcap DC \sqcap a$，[①] $x \sqcap b$；同时令 $BC \sqcap AD \sqcap y$，以及 $y \sqcap c$。那么很明显

$$\text{omn.}\ \overline{yx}\ \text{to}\ x = \frac{b^2c}{2} - \text{omn.}\ \overline{\frac{x}{2}}\ \text{to}\ y。^{②} \quad \cdots\cdots\cdots\cdots\cdots\ (1)$$

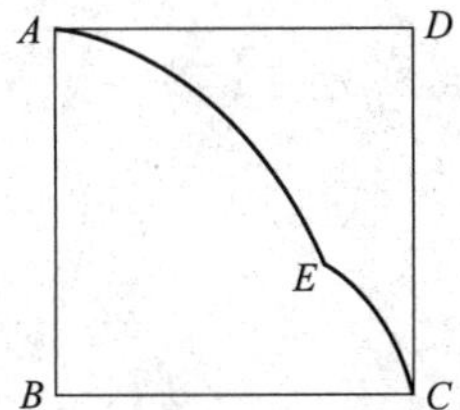

这是因为，区域 $ABCEA$ 关于 AD 的矩由 $BC(=y)$ 和 $AB(=x)$ 所包含的矩形组成；还有前者对应的补区域 $ADCEA$ 关于 AD 的矩是 DC 的平方和的一半$\left(=\frac{x^2}{2}\right)$；如果从矩形 $ABCD$ 关于 AD 的整个矩中去掉这个矩，即从 c 到 omn. x 或从 $\frac{b^2c}{2}$ 中减去，[③] 将留下区域 $ABCEA$ 的矩。由此得到了我所给出的方程；通过重新调整顺序，可以得到

$$\text{omn.}\ yx\ \text{to}\ x + \text{omn.}\ \frac{x^2}{2}\text{to}\ y = \frac{b^2c}{2}。\quad \cdots\cdots\cdots\cdots\cdots\ (2)$$

用这种方法，我们在任何情况下都能得到两者合二为一的求积结果；这就是重心法的基本定理。

令表示曲线性质的方程为

$$ay^2 + bx^2 + cxy + dx + ey + f = 0, \cdots\cdots\cdots\cdots\cdots\cdots\ (3)$$

并假设

$$xy = z, \quad \cdots\cdots\cdots\cdots\cdots\cdots\cdots\cdots\cdots\cdots\ (4)$$

---

① 这个 a 应该是 x。

② 后来，莱布尼兹用“$\int$”代替了符号“omn.”。——中译者注

③ 这里，在拉丁文中，ac in omn. x 应该是 a c in omn. x。

那么就有 $$y=\frac{z}{x}。 \quad \cdots\cdots (5)$$

将此值代入方程(3)，我们有

$$\frac{az^2}{x^2}+bx^2+cz+dx+\frac{ez}{x}+f=0, \quad \cdots\cdots (6)$$

消去分式后得到

$$az^2+bx^4+cx^2z+dx^3+exz+fx^2=0。 \quad \cdots\cdots (7)$$

再令 $$x^2=2w, \quad \cdots\cdots (8)$$

并代入方程(3)，得到

$$ay^2+2bw+cxy+dx+ey+f=0, \quad \cdots\cdots (9)$$

从而有

$$x=\frac{-ay^2-2bw-ey-f}{cy+d}, \quad \cdots\cdots (10)$$

$$=\sqrt{2w}; \quad \cdots\cdots (11)$$

两边平方后，我们有[①]

$$a^2y^2+4aby^2w+2aey^3+2afy^2+4b^2w^2+4bewy+4bfw$$
$$+e^2y^2+2fey+f^2-2c^2y^2w-4cdyw-2d^2w=0。 \quad \cdots\cdots (12)$$

现在，如果一条曲线是根据方程(7)描述的，另一条曲线是根据方程(12)描述的，那么我可以说，一条曲线图形的面积依赖于另一条曲线图形的面积，反之亦然。

然而，如果我们用另一个更高阶的方程(如三阶)来代替方程(3)，那么我们还应该用两个对应方程来代替(7)和(12)；以这种方式继续下去，毫无疑问，将会得到(7)和(12)的某种确定的级数。这种方式不需要计算，它就可以无限地继续下去，而且不会有太大的困难。此外，从一个给定的方程到任意曲线，所有其他的方程都可以用一般的形式表示，并可以从这些形式中选择最简单实用的一个。

如果已知任意图形关于任意两条直线的矩，以及图形的面积，那么我们就可以得到其重心。此外，给定任何图形(或线)的重心及其大小，

---

① 鉴于代数学的精确性，随后的手稿中的错误工作似乎非常难以解释。

我们就可以得到它关于任意线的矩。同样，如果已知一个图形的大小，以及它关于任意两条给定直线的矩，我们就可以确定它关于任意直线的矩。因此，我们可以从一些可知的积分计算中获得许多其他积分的计算。并且，任何图形对任意直线的矩都可以用一般计算来表示。

矩除以大小可以得到重心到振动轴的距离。

假设平面中有两条直线，其位置已知，它们互相平行或相交于 F 点。假设关于 BC 的矩等于 ba^2，关于 DE 的矩为 ca^2。设图形的面积为 v；那么重心到直线 BC 的距离(即 CG)等于$\frac{ba^2}{v}$，它到直线 DE 的距离(即 EH)等于$\frac{ca^2}{v}$；因此 CG 与 EH 之比就等于 b 比 c，或者它们是一个给定的比例。[①]

现在假设平面内的直线 EH 垂直穿过直线 DE，直线 CG 垂直穿过直线 BC，末端 G 点的轨迹为 $G(N)$，末端 H 点的变化轨迹为 HN。如果 BC 和 DE 为相交直线，那么，$G(N)$和 HN 也一定在某处相交，要么在 F 处的角内，要么在 F 处的角外。假定它们相交于 L，那么角 HLG 等于角 EFC，而角 PLQ（假设 $PL=EH$，$LQ=CG$）将是两条直线之间夹角 EFC 的补角，因此是一个既定角。如果将 PQ 连接起来，就会得到三角形 PQL，它有一个给定的对顶角，而且构成顶点的边的比$QL:LP$ 也是给定的。

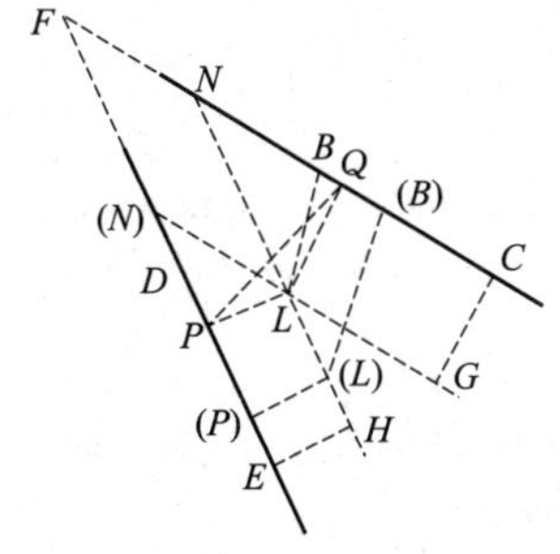

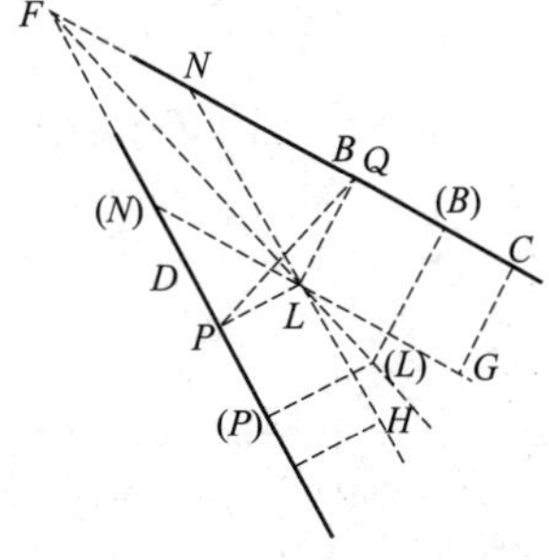

格哈特的图(Gerhardt′s Diagram)　　建议修正的图 (Suggested Correction)

① 这证明了下面给出的关于一对平行直线的基本定理，下面他会继续讨论非平行直线的情况。

当取 BL 或 $(B)(L)$ 任意长度时，因为角 BLP 始终不变，而且 BL 与 LP 的比等于 $(B)(L)$ 与 $(L)(P)$ 的比，因此 BL 与 $(B)(L)$ 的比亦为 LP 与 $(L)(P)$ 的比；当 FL 也与这些成比例时，这很容易发生，也就是说，当一条直线通过 F，L，(L) 时……

由于我们在这里没有给出几个区域，因此可以推断出轨迹是一条直线。所以，给定图形关于两条不平行直线的两个矩，……，就可以计算出图形的面积和重心。①

那么，请看关于重心的基本定理。如果给定了同一个图形关于两条平行直线的两个矩，那么这个图形的面积就可以计算出，但计算不出它的重心。

由于重心法的目的是从给定的矩中求出面积，由此，我们有两个一般定理：

如果我们有同一图形关于两条相互平行的直线或平衡轴的两个矩，那么它的大小就可以得到；同样，如果已知关于三条不平行直线的矩，也可以得到其大小。

由此可见，从给定的圆和双曲线的求积中寻找椭圆和双曲线的方法是很明显的。②但这里，我要特别说明一下。

---

① 格哈特是这么表述这段话的：

Datis ergo duobus momentis figurae ex duabus rectis non parallelis, dabitur figurae momentis tribus axibus librationis, qui non sint omnes paralleli inter se, dabitur figurae area, et centrum gravitatis.

为此，我建议：

Datis ergo tribus momentis figurae ex tribus rectis non parallelis, aliter figurae momentis tribus axibus librationis, qui non sunt omnes paralleli inter se…

这段话是这样的：

给定一个图形关于三条不平行直线的三个矩，换句话说，给定一个图形关于三个不全平行的平衡轴的矩，那么图形的面积和重心都可通过计算得到。

如果替代词可以一个一个地写下来，而且不用太仔细，那么，我认为建议中所做的更正似乎是合理的。

② 很显然，莱布尼兹在这里又提到了本章开头的描述。

第五章

• *Chapter* Ⅴ •

自从莱布尼兹以来,在德国人中间掀起了一个巨大的研究哲学的热潮。他唤起了人们的精神，并且把它引向新的道路。

——海涅（德国诗人）

下面要呈现的手稿是上一份手稿的延续，书写日期为上面手稿日期的第二天。这份手稿在内容上不连贯，莱布尼兹记录下来的目的是进一步深入思考。

◀ 汉诺威历史博物馆墙面上灯带显示的文字是莱布尼兹在《单子论》中的名言：“因此，世界上没有荒凉的东西，没有贫瘠不毛之地，没有僵死的东西；没有混沌、没有紊乱，除非只是表面上的混沌、紊乱，比如当人们从远处分辨不出游鱼而看见一片紊乱的活动和所谓群鱼攒动的时候，在池塘中所呈现出的便是这样一幅表面上紊乱的景象。”

1675 年 10 月 26 日

借助曲线可进行其他的求积分析。由于不同的纵坐标对应不同的直线，所以可令同一曲线分解成不同的元素。从而也会出现由与给定曲线相似的元素组成的各种平面图形；并且由于所有这些元素都可以从给定的曲线维度中找到，因此，从任何一条此类曲线的维度中都可以得到其余曲线的维度。

还有一种方法可以得到依赖于其他曲线的曲线。如果对给定的曲线加上图形的坐标，其中这些图形的求积要么是已知的，要么可以通过给定图形的求积得到，那么就可以用其他方法得到依赖于其他曲线的曲线了。

正如平面区域比曲线更容易处理一样，因为它们可以用更多的方式来分割和解析，所以立体图形应该比一般的平面和曲面更容易处理。因此，每当我们把研究曲面的方法转到研究立体时，我们就会发现许多新的性质；而且我们常常可以通过立体图形来论证曲面的一些结果，当这些结果很难直接从曲面本身得到的时候。奇恩豪斯很容易地观察到，阿基米德给出的大多数证明，如抛物线的求积，以及关于球体、圆锥体和圆柱体的相关定理，都可以简化为直线型立体图形的截面和一种容易看到和处理的组合体。

描述新立体图形的各种方法

如果从一个平面上方的一点出发，用一条刚性下降直线绕着一个任何形状的区域移动，就会产生各种各样的圆锥体。因此，如果这个平面区域以一个圆的周长为边界，就会产生一个直锥或斜锥。同样，如果用于底面的图形或平面区域有一个中心，例如椭圆，那么我们就会得到一个椭圆锥，如果给定的点在中心的正上方，它就是一个直锥，否则，它就是斜锥。其他的圆锥曲线会产生相应的椭圆锥。

如果从点上引出的刚性线是圆形或其他曲线，有三种情况。第一种情况，它固定在点或极点上，以至于它只能以一种方式自由移动，例如绕轴转动，在这种情况下，基底必然是一个圆，而且固定点或极点一定直接在中心上方。第二种情况，刚性线应该有做其他运动的自由，比如上下运动，或由某条直线控制的其他运动；然后它在必要的时候总是上升或下降，这样它就会通过绕轴旋转接触到给定的平面区域；这就是第二类圆锥。第三种情况，那些除了绕轴旋转和上下运动的双重运动外的、单独的曲线或单独的轴，甚至是曲线和轴，也同时进行其他运动，甚至是点本身也在运动。

这里还有其他的思考。

关于垂直于轴的直线的差的矩等于项之和的补数；而项的矩等于和之和的补数，即

$$\text{omn.}\ \overline{xw} \sqcap \text{ult.}\ x,\ \overline{\text{omn.}\ w},\ ,-\ \overline{\text{omn. omn.}\ w}\ 。$$①

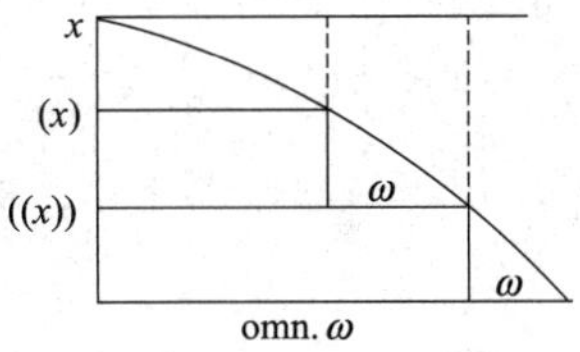

令 $xw \sqcap az$，那么 $w \sqcap \frac{az}{x}$，且我们有

$$\text{omn.}\ az \sqcap \text{ult.}\ x,\ \text{omn.}\frac{az}{x} - \text{omn. omn.}\frac{az}{x};$$

从而有

$$\text{omn.}\frac{az}{x} \sqcap \text{ult.}\ x,\ \text{omn.}\frac{az}{x^2} - \text{omn. omn.}\frac{az}{x^2};$$

将其代入前面的等式，我们有

$$\text{omn.}\ az \sqcap \text{ult.}\ x^2\ \text{omn.}\ \frac{az}{x^2} - \text{ult.}\ x,\ \overline{\text{omn.}\ \overline{\text{omn.}\ \frac{az}{x^2}}}\ ,$$

$$-\overline{\text{omn.}\ \overline{\text{ult.}\ x,\text{omn.}\ \frac{az}{x^2}} - \overline{\overline{\text{omn. omn.}\ \frac{az}{x^2}}}};$$

① 我给出了这个方程，以及紧随其后的那些方程的原始形式，以便引出促使莱布尼兹简化符号的必要性。

我们在这里有一项非常重要的工作。莱布尼兹首先从一个单一的图形开始论证，以矩定理的形式给出了两个一般定理。第一个定理在完成他图中的矩形时是显而易见的，这就是所给的方程所适用的那个。在另一个定理中，两部分互补的整体是完整矩形的矩；它的等价形式是方程

$$\text{omn.}\ xy = \text{ult.}\ x\ \text{omn.}\ y - \text{omn. omn.}\ y。$$

这里，尽管莱布尼兹没有给出这个方程，但很明显，他认识到了这个方程与所给出的方程之间的相似性；因为他立刻接受了这个关系，并将其作为可以在不参考任何图形的情况下使用的一个通用解析定理，并且继续进一步研究和发展它。因此，这似乎就是莱布尼兹微积分的出发点。

并且可以一直这样无限进行下去。

再由 $$\text{omn.}\ \frac{a}{x} \sqcap x\ \text{omn.}\ \frac{a}{x^2} - \text{omn. omn.}\ \frac{a}{x^2},$$

和 $$\text{omn.}\ a \sqcap \text{ult.}\ x\ \text{omn.}\ \frac{a}{x} - \text{omn. omn.}\ \frac{a}{x};$$

最后一个定理表明：可以用双曲线的已知的求积结果来表示对数的和。[①]

代表横坐标的数字我通常称为序数，因为它们表示项或纵坐标的顺序。如果在可以求积图形的任何纵坐标的平方上，加上一个常数的平方，那么两个平方和的根将表示一条割圆曲线。现在，如果两个平方和的这些根也可以给出一个有已知面积的区域，那么这条曲线也可以求长。[②]

---

① 在摆脱了对图形的任何参考之后，莱布尼兹能够对字母采用任何他喜欢的数值。他假设$z=1$，从而得到最后一对方程式。接着他考虑 x 和 w 是直角双曲线 $xw=a$（常数）的横坐标和纵坐标的情形；从而 omn. $\frac{a}{x}$ 或 omn. w 是双曲线在两个给定坐标之间的区域，因此是一个对数；因此正如他所说，omn. omn. $\frac{a}{x}$ 是对数之和。

② 这段话似乎只有两个可能的来源：（1）来自莱布尼兹的部分原创工作，（2）来自巴罗的研究工作。因为我们知道尼尔的方法和沃利斯的方法是一样的，而赫拉特的方法所用的纵坐标与原曲线上的法线与纵坐标的商成正比。

在巴罗的 Lecture Ⅻ，20 中有如下内容："取任意直角梯形区域（只要你对它足够了解），该区域以两条平行直线 AK，DL，一条直线 AD 和任意直线 KL 为界；对于这个直角梯形区域，可以构造如下相关联的区域：与 DL 平行的任何直线 FH，分别与直线 AD，CE，KL 交于 F，G，H 点，并取某确定直线 Z，使得 FH 上的正方形等于 FG 和 Z 上的正方形。此外，对于曲线 AIB，如果直线 GFI 与之相交，则 Z 和 FI 所包含的矩形等于区域 $AFGC$；然后 Z 和曲线 AB 所包含的矩形等于区域 $ADLK$。方法是一样的，即使直线 AK 被认为是无限长的。"

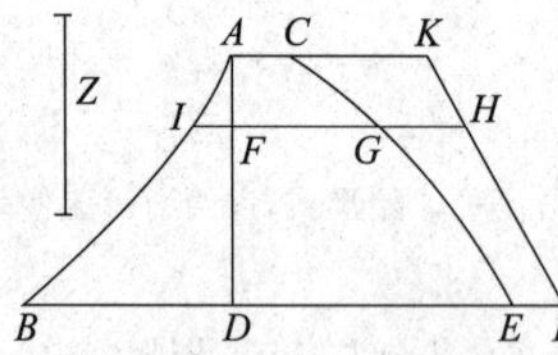

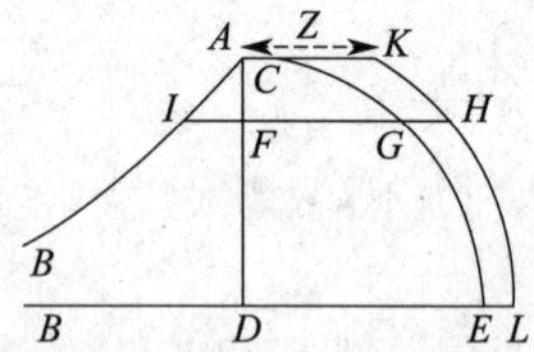

这个定理和论文的其他部分之间似乎没有任何联系，莱布尼兹也没有试图进行证明（事实上，如果不是我认出这是巴罗的定理，我非常怀疑我是否能从原文中看出他的意思），再加上莱布尼兹认为 1675 年是他阅读巴罗书籍的日期，这些惊人相似之处几乎迫使人们得出结论：这是莱布尼兹偶然在摆在他面前的一本书中看到的关于一个定理的注释（以及他自己对这个定理的原始演绎），而这本书就是巴罗的书。与此相反，我们有使用 quadratrix（割圆曲线）这个词的事实，但不是在巴罗使用它的意义上，即作为巴罗在他给出的微分三角形方法的五个例子中考虑的与圆相关的特殊曲线；而且这种方法的另一个例子是一个三角函数的微分，这似乎是莱布尼兹没有意识到的。

描述一条曲线来表示一个给定级数

从级数项的平方中，减去一个常数的平方；如果描述的图形是由两个平方形成的根的割圆曲线，那么它就会得到所需的曲线；但这并不意味着可以描述一条可求长的曲线。

所描述曲线的元素可以用许多不同的方式来表示。按照不同的表达方式，表示曲线元素的不同方法可以和与之具有类似部分的图形的不同表示方法进行比较。最后，到目前为止，与曲线有相似部分的立体图形可以用多种方式表示，与曲线有相似部分的曲面或图形也是如此。

挑起微积分优先权之争的瑞士数学家丢勒。

第六章

· *Chapter* Ⅵ ·

二进制乃是具有世界普遍性的、最完美的逻辑语言。

——莱布尼兹

veut sur les colonnes suivantes ... par ordre sous les colonnes proposée

par ordre de droit a gauche, en commençant par la colonne proposée

proposée ... celle ... la note qui tombe sous ... note ... mais

... est celle qui luy demeure ... les autres ... dans la suite aux colonnes suivantes dans la sorte de l'addition

proposée est celle qui ... adjoutées dans ... colonnes ... les suivantes. Mais pour abreger au lieu d'écrire les notes sous les colonnes suivantes, on y peut marquer avec des points celles qui sont des unités ... pour l'un et l'autre procès se voit icy dans un meme exemple. Les petites lignes dans les colonnes ont esté adjoutées pour ... les nombres

1	1
11	3
100	4
1001	9
1011	11
111	7
1111	15
11110	30
101111	47
11011	27
100111	39
110011	51
11110100	244

... en commençant par ... les plus ... nombres ... que la colonne peut fournir et

1010
1010
111
1000
101
11
11

1111010 244

三天后，莱布尼兹考虑了在所有情况下都能找到割圆曲线的可能性，或者在不可能找到的情况下，如何能找到一些非常近似于割圆曲线的曲线。他研究了可能遇到的困难和克服这些困难的方法，他似乎对这种方法在所有情况下都能行得通感到满意。但是，由于缺乏他建议采用的方法的例子，他似乎只是在浪费时间。但这一点可以忽略不计，因为这篇文章的重要性不在于此，而完全在于后面的内容。

这篇文章的余下部分是以不连贯的笔记形式出现的，这也正如每个人在阅读别人的作品时做笔记而写的那种东西。这就是我所认为的；他正在研究笛卡儿、斯吕塞、圣文森特的格雷戈里、詹姆斯·格雷戈里和巴罗的作品。在1675年1月的手稿中，笛卡儿的工作就已经被他认为是不可行的；但有迹象表明，笛卡儿的方法仍有一些影响。一个偶然的评论导致了他对圣文森特的格雷戈里的 ductus 的考虑；但这些也很快被搁置一旁，真正的原因是莱布尼兹并没有完全理解格雷戈里(Gregory)这部分内容的确切含义。然后，他要么想起了他在巴罗书中看到的内容，要么又提到了它，因为他给出的下一个研究内容是与之相关的一些工作，他画出了特征三角形，就这些手稿而言，它在这里第一次是以巴罗的形式给出的，而不是以帕斯卡的形式。并且，他立即取得了一些重要的研究结果，即

$$\frac{\overline{\text{omn.}\, l^2}}{2}=\text{omn.}\,\overline{\overline{\text{omn.}\, l}\,\frac{l}{a}}。$$

需要提醒大家注意的，在现代符号体系中，这里 l 是 $\mathrm{d}y$，a 是 $\mathrm{d}x$，而且，由于 a 也被认为是单位，右侧的最后求和是通过将连续值应用于 x 轴进行的，同时，由 omn. l 表示的求和是一个直接的求和，由此莱布尼兹所得结果的等价形式为 $\frac{1}{2}y^2=\int y\,\frac{\mathrm{d}y}{\mathrm{d}x}\mathrm{d}x$。

◀ 莱布尼兹关于二进制计算的手稿。

然而，当试图把这个定理表述成一般定理时，他犯了一个错误；他把$\overline{\text{omn.}\, l^2}$当作“平方之和”，而不是“最终 y 的平方”。我认为这只是莱布尼兹的一个失误，而不是像格哈特和魏森博恩所指出的那样，莱布尼兹混淆了$\overline{\text{omn.}\, l^2}$和$\overline{\text{omn.}\, l}^2$，认为它们是等同的。这两位权威人士似乎都没有注意到这样一个事实：当莱布尼兹发明了符号$\int$(这是他很快就要做的事情)时，他仔细地区分了和的平方与平方之和的等价形式。因此，我们发现，他把方程写为

$$\int\frac{\overline{l^2}}{2}=\int\int\overline{\bar{l}\,\frac{l}{a}}\text{(注意方程中的线括号)},$$

而在文章的后面，我们用$\int l^3$表示立方数的总和。此外，如果大家注意到，到目前为止这还不是微分学，而是差分学，即 l 仍是一条非常小但有限的线，而不是无限小，那么我认为任何人都不能把这种思想上的混乱归咎于莱布尼兹；因为在第四章中，莱布尼兹已经成功地对一个三项式进行了平方，他一定知道平方之和不可能等于和之平方。上述两位权威人士似乎都对字母 a 的引入感到有些理解困难。如果记住 a 被假定是单位，并且仔细考虑莱布尼兹关于维度的论述，那么这个困难就不存在了；接着就会发现 a 的引入是为了保持方程的齐次性！魏森博恩还指出，莱布尼兹在没有给出证明的情况下写下了 x^2 的积分，并且似乎对他如何得出这个积分感到怀疑。如果是这样的话，这就证实了我已经形成的观点，即格哈特和魏森博恩都没有试图去了解这些手稿的最根本的内容，而只是满足于“skimming the cream(取其精华)”。

我认为现在可以把巴罗、圣文森特的格雷戈里，甚至斯吕塞的研究成果归类于笛卡儿的研究体系，其余文章中的研究结果都可归类于莱布尼兹体系。他写下了所发现的两个方程，这相当于从几何学上得到的两个定理，指出这些方程对于无限小差分是成立的(但没有提到它们只在这种情况下是成立的)，而且他摆脱了对图表的依赖，并从分析学上进行了研究；也就是说，y 是 x 的某个函数的连续值，其中 x 的值是算术

级数；因此，在方程

$$\text{omn.}\ xl=\text{omn.}\ l-\text{omn. omn.}\ l$$

中，用 x 代替 l，再由他已经证明的 omn. $x=\frac{x^2}{2}$，我们有

$$\text{omn.}\ x^2=x\ \frac{x^2}{2}-\text{omn.}\ \frac{x^2}{2}\text{，或 omn.}\ x^2=\frac{x^3}{3}\text{。}$$

接着，他正确给出了 $\int\frac{x^3}{3}=\frac{x^4}{4}$（尽管有一个明显的失误，或者像我认为的那样，把 l 错印为 x）；这可以用同样的方法得到。

$$\text{omn.}\ x^3=x\ \frac{x^3}{3}-\text{omn.}\ \frac{x^3}{3}\text{，或 omn.}\ x^3=\frac{x^4}{4}\text{。}$$

类似地，莱布尼兹可以无限地继续下去，从而得到 x 的所有幂的积分。但他的大脑过于活跃，正如魏森博恩所说，他的灵魂正处于创作的阵痛之中。他只是暗示用 d 表示积分 $\int$ 的逆运算，出于某种原因，他把 d 写在了分母中(可能是错误的，因为他注意到 $\int$ 增加了维度)；然后他又回到了文章开头的想法，通过方程变换获得割圆曲线，这个思想与他已经放弃的笛卡儿的方法一样毫无希望。然而，即便如此，他还是得到了一些了不起的东西，恰恰是乘积微分的逆。这个基本定理是以几何学的方式得到的；作为最终结果基础的那个小定理的证明没有给出，也没有图。不能因此认为莱布尼兹是依据画好的图来进行研究的，我认为他参考了他在 1673 年和 1675 年间写的“数百页”手稿的那些定理中的一个。通过使用特征三角形，证明相当容易，并在脚注中给出。这个定理没有在巴罗的研究成果中出现过，我也不记得在卡瓦列里的书中看到过；我也还没能在圣文森特的格雷戈里的书中找到；它可能在詹姆斯·格雷戈里的书中出现过。

由于莱布尼兹再一次暗指他为了获得割圆曲线而进行的方程变换，这一发现的益处像之前一样丢失了。

总结整篇文章，我们可以说，这是莱布尼兹微积分的开端。

1675 年 10 月 29 日

解析求积的第二部分

我认为现在我们终于可以给出一种方法，通过这种方法，可以在任何可能的情况下，为任意解析图形找到对应的解析割圆曲线；当不能这样做的时候，总有可能找到一个解析图形，它将尽可能充当所需的割圆曲线。这是我的看法：

假设已知所需割圆曲线的曲线方程，其中的未知数是 x 和 v。令曲线方程为①

$$v=b+cx+dy+ex^2+fy^2+gyx+hy^3+lx^3+mxyy+yxx+\cdots; \quad \cdots\cdots \quad \text{(i)}$$

按照切线顺序可以排列为：

$$-dy-2fy^2-gyx-3hy^3-2mxy-mx^2y^2-\cdots=ct+2ext+gyt+3lx^2t+my^2t+2yxt+\cdots。 \quad \cdots\cdots \quad \text{(ii)}$$

这里，$\frac{t}{y}=\frac{a}{v}$；因此，从方程$\frac{t}{y}=\frac{a}{v}$中，如果通过方程(i)和(ii)消去 t 和 y，就能得到表示需要求积图形的方程；并且通过将这样得到的方程项与给定的方程进行比较，除非确实不可能进行比较，否则我们将得到对应的求积结果。

但如果出现了不可能的情况，那么就可以知道，给定的解析图形没

① 这里要么是误印，O 印成了 v，要么是莱布尼兹的错误。对于斯吕塞的方法，方程中一定只有两个变量。在 1672 年的 *Phil. Trans.*(第 90 期)，斯吕塞这样给出了他的方法：

如果 $y^5+by^4=2qqv^3-yyv^3$，那么方程一定可以写成 $y^5+by^4+yy^3=2qqv^3-yyv^3$；然后把左边的每一项乘以这一项中的 y 的个数，用 t 代替每一项中的一个 y；同样，将左边的每项乘以 v 的指数；得到的方程将给出 t 的值。

注意到莱布尼兹也是用了同样的字母 v 和 y；但这并不能说明，莱布尼兹作为皇家学会的成员就一定看过牛顿的研究成果。而且我也认可斯吕塞通过使用巴罗所给出的 a 和 e 建立了他自己的规则。巴罗说的 usitatum a nobis(在以第一人称单数写的段落中间)是否意味着该方法是他本人和与他同时代的其他几个数学家的共同财产？这可以解释很多事情。

有对应的解析割圆曲线。但很明显的是，如果我们在其中加入一些几乎难以察觉的变化，那么就可以得到一个可求积图形，因为这显然会产生另一个方程。然而，由于可能出现不可能的情况，我们必须考虑到这些困难。

假设所得到的方程是无限冗长的，而给定的方程是有限的。我的答案是，将这两个相比较，就会发现不确定方程中的未知数的幂最多能达到什么程度。也许有人会反驳说，有时所得到的不定方程可能比所给定的有限方程有更多的项，但也可能化简为有限方程，因为它有可能被其他的有限或不定的方程整除。一年前这个困难阻碍了我很长时间，但现在我发现我们不该被它所阻止。因为通过切线的方法，从某个确定的图形(其方程不能被有理量整除)可能会产生一个模糊的图形；而且我们也不可能说，对于任何图形，在任何一点上都只有一条切线。因此，产生的方程既不能被有限量也不能被无限量整除；因为事实上，那些不确定的图形，或者那些纵坐标由一个无限方程表示的图形，其纵坐标有时是有限的，而这些纵坐标应当满足这个方程。尽管如此，我还是预见到了另一个困难；确实可能会发生方程的所有根都不能用于解决问题的情况。并且，说实话，我相信这种情况会发生。

这里有一个真正的大难题。有可能一个有限方程也可以表示为一个不定方程，因此得到的方程可能确实与给定的方程相同，尽管它看起来不像。例如，

$$y^2=\frac{x}{1+x}=x-x^2+x^3-x^4+x^5-x^6+\cdots;$$

同样地，其他的也可以通过不同的组合和划分形成。我承认这确实是一个难点，但它可以这样解决：如果一个图形具有任意类型的解析割圆曲线，那么在所有情况下都可以假定它是不定的；它不会在所有情况下都给出一个不定量，而会在某个时刻给出一个等价于原来方程的有限方程。同样，可以肯定的是，通常研究的给定曲线的割圆曲线，只要存在就一定能被确定；并且这也是唯一且没有歧义的，所以任何与之不同的，只是名称上的不同。还有一个难点：似乎不可能确定所得到的不确

定方程的末项或首项，因为可能会发生低次项被抵消的情况，然后它就能被 y 或 x 或 yx 或这些项的幂整除；我也看不出有什么方法可以防止这种情况。假设开始时方程是不定的，那么无论您是从方程中的最低阶还是最高阶开始，都存在同样的困难。假设在得到的方程中可以进行除法，那么常数项就不能存在，而且所有那些只有 x 的项，或者如果你愿意，所有那些只有 y 的项都不存在；如果我们不断地研究这个问题，我们可能会发现这是不可能的情况。

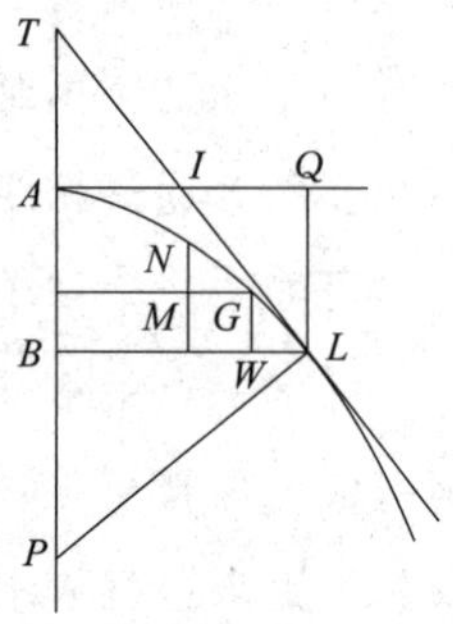

那么，在这个通常的计算中，我们可以认为这个困难已经被解决了，而且这样的除法在计算之后是不会发生的；或者如果它有可能发生，那么项就会一个接一个地被剔除，这样可以简化方程并进行比较；然后就可以看到这个困难在一般情况下是否不能被克服，而比较就会随着我们剔除项而进行。也许，如果能事先将需要求积图形简化为可能的最简单的方程，不可能的事情就会更容易被发现。这样一来，割圆曲线就一定变得更加简化。此外，我们还有另一个帮助的来源；对于导致同一事物的各种计算，虽然彼此明显不同，但都可以被设计出来，形成可比较的方程。

设 $BL=y$，$WL=l$，$BP=p$，$TB=t$，$GW=a$，则$y=\text{omn.}\ l$。

顺便说一下，存在那些不能分步相加或相减，即那些用幂、次幂或根式表示的复合数。也有其他不能部分相乘的有特定名称的数，例如代表总和的数字；例如，omn. l 不能与 omn. p 相乘，我们也不能有 $y^3=2\text{omn.}\ \text{omn.}\ pl$。然而，由于这种乘法可以设想在一定条件下发生，我们必须作如下考虑：

我们需要一个表示所有 p 与所有 l 乘积的区域；我们不能使用圣文森特的格雷戈里的归纳法，即图形乘以图形，因为用这种方法，一个坐标不是与所有其他坐标相乘，而是一个乘一个。你可能会说，如果一个坐标乘以所有其他坐标，将产生一个超立体空间，即无限多个立体的总和。对于这个困难，我找到了一个真正令人钦佩的补救办法。让每一个 l 都用一条无限短的直线 WL 来表示，也就是说，我们想要这条割圆曲线代表 omn. l；由此，直线 BL＝omn. l，并且如果这与每个由平面图形表示的 p 相乘，那么就会产生一个立体图形。如果所有的 l 都是直线，所有的 p 都是曲线，那么通过同样的归纳就会产生一个曲面。但这些都是很古老的结果，下面，我们谈一些新结果。

如果在 WL，MG 或每一个单独的 l 上叠加代表所有 p 的相同曲线，其中曲线 p 原本都在同一平面上，并沿曲线 AGL 移动，而其平面总是与自己平行移动，那么就会得到我们所要求的结果。用一个平面代替曲线，也可以用同样的方式沿着曲线移动，就会得到一个立体图形，而用以前的方法则会得到一个曲线曲面；而且无论是曲线曲面还是立体图形，截面总是保持不变的。还有待观察的是，是否像解析线的情况一样，不能确定若干解析曲面，但这只是顺便提一下。

注意：曲线沿着自身平移移动而形成的曲线曲面将等于曲线在 BL 下的柱面，其中 BL 为所有 1 的总和，但这也是附带的结果。

再由 $\frac{l}{a}=\frac{p}{\text{omn.}\, l}=y$，有 $p=\frac{\overline{\text{omn.}\, l}}{a}l$。因此，omn. $y\,\frac{l}{a}$ 并不表示 omn. y 与 omn. l 的乘积，也不表示 y 与 omn. l 的乘积；这是由于 p 等于 $\frac{y}{a}l$ 或 $\frac{\overline{\text{omn.}\, l}}{a}l$，它的意思与 omn. l 乘以与某个 p 对应的那个 l 相同；从而有 omn. p＝omn. $\frac{\overline{\text{omn.}\, l}}{a}\,l$。现在我已经另外地证明了 omn. p＝$\frac{y^2}{2}$，也就是，$=\frac{\overline{\text{omn.}\, l^2}}{2}$；因此现在我有了一个对我来说似乎令人钦佩的定理，它对这个新的计算有很大的帮助，即

$$\frac{\overline{\text{omn.}\, l^2}}{2}=\text{omn.}\,\overline{\overline{\text{omn.}\, l}\,\frac{l}{a}}\text{，对任意的 } l\text{；}$$

也就是说，如果所有的 l 都乘以它们的最后一个，以此类推，尽可能频繁如此，那么所有这些乘积的总和将等于这些正方形总和的一半，其中正方形的边是 l 的和或所有 l 的总和。这是一个非常好的定理，也是一个不容易理解的定理。

另一个同样类型的定理是：

$$\text{omn. } xl = x \text{ omn. } l - \text{omn. omn. } l,$$

其中 l 为级数项，x 为表示与其对应的 l 的位置或顺序的数；或者说 x 是序数，l 是有序的东西。

注意：在这些计算中，可以注意到一个支配同类事物的规律；如果在一个数字或比率的前面加上 omn.，或者在一个无限小的东西前面加上 omn.，那么就会产生一条线，如果在一条线前面加上 omn.，那么就会生成一个面，如果加在一个面前面，那么就会产生一个立体图；以此类推，可以加在无穷大的更高维度前面。

把符号 omn. 写成 $\int$ 将会很有用，使得

$$\int l = \text{omn. } l,\text{或 } l \text{ 的和。}$$

从而有 $\int \overline{\frac{l^2}{2}} = \int \overline{\int l \frac{l}{a}}$，以及 $\int \overline{xl} = x\int \overline{l} - \iint l$。

由此看来，对同类事物的规律应该始终加以注意，因为它有助于避免计算错误。

注意：如果 $\int l$ 可以给出解析表达式，那么 l 也是可以给出解析表达式的；因此如果 $\iint l$ 是给定的，那么 l 也是给定的；但即使 l 是给定的，$\int l$ 也不会给定。在所有情况下，都有 $\int x = \frac{x^2}{2}$。

注意：所有这些定理都适用于级数，其中项的差与项本身的比值小于任何给定的量。

$$\int x^2 = \frac{x^3}{3}。$$

这里请注意，如果这些项受到影响，总和也会受到同样的影响，这是一般的规则；例如，$\int \overline{\frac{a}{b} l} = \frac{a}{b} \times \int \overline{l}$，也就是说，如果$\frac{a}{b}$是一个常数项，它将被乘以最大的序数；但如果它不是一个常数项，那么就不可能处理它，除非它能被简化为 l 中的项，或者只要它能被简化为一个共有的量，例如序数。

注意：在积分方程中，往往只有一个字母(如 l)发生变化，它可以被认为是一个常数项，并且 $\int l = x$。同样在这个基础上，还有以下定理：

$$\int \overline{\frac{l^2}{2}} = \int \overline{\int ll}，即 \frac{x^2}{2} = \int x。$$

因此，以同样的方式，我们可以立即解决无数这样的事情；因此，我们需要知道 e 是什么，其中

$$\int \overline{\frac{c}{a} \int \overline{l} + ba^2} + \int l^3 \text{①} + \int l^3 = ea^3；$$

我们有

$$a^3 e = \frac{cx^3}{3} + ba^2 x + \frac{x^4}{4} + xa^3。$$

事实上，对于 $\int l^3 = x$，为了计算的目的，假定 l 等于② a。所以$\int \frac{l}{a} = x$。

另外 $\int \overline{c \int \overline{l^2}} = \frac{cx^3}{3}$，也就是 $= \frac{c \int \overline{l^3}}{3a^3}$，$\int ba^2 = \int lba$。也可以理解为，$a$ 是单位长度。这些都是足够新的和值得注意的，因为它们将导致一个新的计算。

我建议回到以前考虑的问题：

---

① 这里显然有一个纰漏，l 应该是 x。

② 这是莱布尼兹谨慎采用的一个例子；在上面的工作中，l 是 y 的差，a 是 x 的差；他现在正在积分一个代数表达式，而根本不考虑图形；因此 $l = a$，a 为单位，从而有$\int l^3 = l^3 x = a^3 x = x$。因此，通常被认为是糊涂的东西原来是非常正确的。糊涂的不是莱布尼兹，而是抄写者。可以肯定的是，这些手稿需要根据原件仔细地重新出版；难道不会有百万富翁花钱让它们在豪华版中以照片形式再现吗？

已知 l 以及它与 x 的关系，求$\int l$。

这将从相反的计算中得到，也就是说，假设 $\int l = ya$。让$l = \frac{ya}{\mathrm{d}}$；那么就像 $\int$ 会增加维度一样，d 会减少维度。但是，$\int$ 代表求和，而 d 指作差。从给定的 y，我们总是可以找到$\frac{y}{\mathrm{d}}$ 或 l，也就是 y 的差。因此，一个方程可以转化为另一个方程；就像从方程$\int \overline{c \int \overline{l^2}} = \frac{c \int \overline{l^3}}{3a^3}$，我们可以得到方程$c \int \overline{l^2} = \frac{c \int \overline{l^3}}{3a^3\,\mathrm{d}}$一样。

注意：$\int \frac{x^3}{b} + \int \frac{x^2 a}{e} = \int \overline{\frac{x^3}{b} + \frac{x^2 a}{e}}$。以同样的方式，$\frac{x^3}{\mathrm{d}b} + \frac{x^2 a}{\mathrm{d}e} = \frac{\frac{x^3}{b} + \frac{x^2 a}{e}}{\mathrm{d}}$。

但要回到上面所做的事情。我们可以用两种方式来研究 $\int l$；一种是通过对 y 求和，并求$\frac{ya}{\mathrm{d}} = 1$；另一种是通过对$\frac{z^2}{2a} = y$ 求和，或通过对 $\sqrt{2ay} = z$ 求和，然后有$\frac{z^2}{t} = p = l = \frac{ya}{\mathrm{d}}$。因此，如果在一个不定方程中，我们用$\frac{z^2}{2a}$ 代替 y，并研究这个新方程中的 t，这个新方程和第一个方程一样是不确定的，然后借助于$\frac{z^2}{t} = l$ 的值以及 t 的新值，从包含 z 和 t 的不定方程中消除 z，那么消去 x，z，t 三个字母后，将只剩下字母 l。同样，我们应该再次得到一个方程，这个方程不仅与给定的方程相同，还和刚得到的方程相同。因此，既然我们有两个不确定的方程，它们不仅包含主要量，而且还包含任意量，但又与主要量并无完全不同；这些应该是相同的；这将表明某些项是否不能被消除，是否不可能进行比较，以及诸如此类的其他事情；而且，真正最重要的是，哪些项实际上是最大的和最小的，或者方程的项数。

此外，由于在相似三角形 TBL，GWL，LBP 中，还没有提到横坐标 x 或固定点 A，那么让我们假设通过固定点 A 画一条无限长的直线 AIQ，平行于 LB，与切线 LT 相交于 I 点；并令 $AQ=BL$；在 N 点对 AI 进行平分；那么我们可以有，每一个 QN 的总和将总是等于三角形 ABL，这可以很容易地通过我在另一个地方所说的来证明。[①]

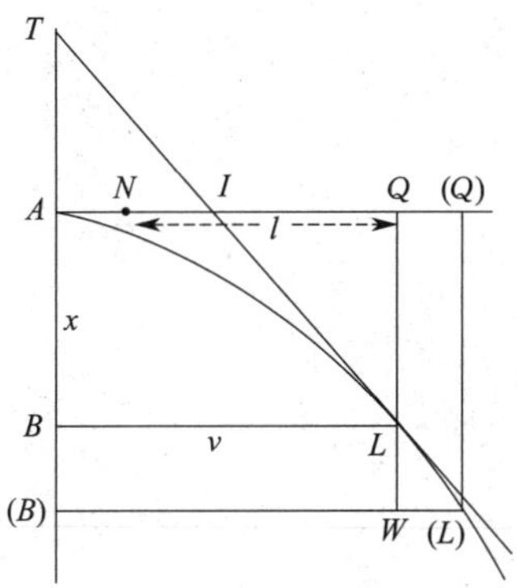

这些考虑再次为微积分提供了一个新的基本定理。对于 $\frac{xv}{2}=y$，其中我们假设 $BL=v$ 和 $QN=l$，以及 $y=\int l$；但 $\frac{\mathrm{AI}}{v}=\frac{t-x}{t}$，因此 $\mathrm{AI}=\frac{t-x}{t}v$，以及 $QI=v-AI=v\ \frac{tt}{t}v+\frac{xv}{2t}$，即 $QI=\frac{xv}{t}$，所以 $QN=QI+\frac{AI}{2}=\frac{xv}{t}+\frac{v}{2}-\frac{xv}{2t}=\frac{xv+tv}{2t}=l$。[②]

现在，借助于方程 $\frac{xv+tv}{2t}=l$ 和前一个方程 $y=\frac{xv}{2}$，并再次将第一

---

① 由于三角形 QLI 和 $WL(L)$ 相似，$QI\cdot B(B)=QL\cdot Q(Q)$，因此 omn. QI（沿 AB 方向）= omn. QL（沿 AQ 方向）= 图 $AQLA$，因此 omn. $(QI+QA)=$ rect. $ABLQ=2\triangle ABL$。

② 由于 l 是 y 的差，因此 $2l$ 是 xv 的差，这被证明是 $\frac{xv+tv}{t}$ 或 $x\left(\frac{v}{t}\right)+v$；这相当于（由于 $\frac{v}{t}=\frac{\mathrm{d}v}{\mathrm{d}x}=\mathrm{d}v$）

$$\mathrm{d}(xv)=x\mathrm{d}v+v=x\mathrm{d}v+v\mathrm{d}x。$$

个不定方程或一般方程作为第三个方程，首先消除所有 y，然后通过从包含 x 和 v 的不定方程中找到的 t 与 x 的比值消除 t，最后借助方程 $\frac{xv+tv}{2t}=l$ 消除 v，其中仅保留主要量 x 和 l。而这也应该与给定的方程相同。

由此，我们就用不同方法得到了三个方程，它们彼此相同，并与给定的方程相同；而且这三个方程不仅相同，还应该由相同的字母和符号组成；这是否可能，一经分析就会立即显现出来。

第七章

• *Chapter* Ⅶ •

莱布尼兹首创的二进制算术是最适合于20世纪电子计算机所需要的数字工具。这是莱布尼兹当时不可能想象到的事情，人们公认这是一个超越时代的重大贡献。

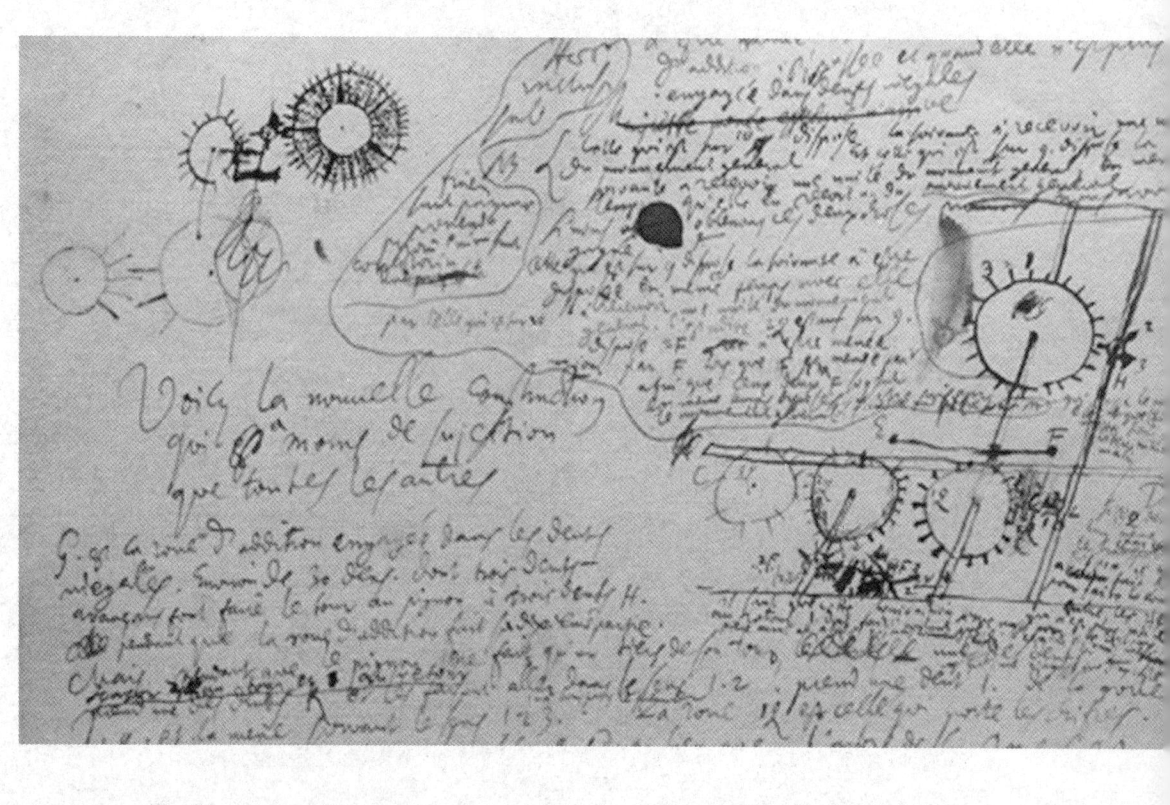
Voilà la nouvelle construction
qui a moins de sujection
que toutes les autres

接下来的这份手稿是上一份手稿的进一步延续，写于两天之后。在这份手稿中，莱布尼兹回到了他已经发现的那个有丰富结果的研究主题，即一个图形的矩。值得注意的是，他谈到的将一个区域分割成多个部分的方法是他已经研究出来的东西；这一点将在后面一份手稿的注释中加以说明，这将有助于解决一个小困难。但是，颇为复杂的代数工作的准确性也是一个值得注意的问题。

◀ 莱布尼兹手稿中关于计算器如何工作的各式简图。

1675 年 11 月 1 日

解析求积的第三部分

前段时间，我观察到，如果给定曲线 *ABC* 或曲线图形 *DABCE* 关于两条相互平行的直线例如 *GF* 和 *LH*（或 *MN* 和 *PQ*）的矩，那么就可以得到该图形的面积；因为这两个矩彼此之间相差一个圆柱体图形，其高度是两条平行线之间的距离。

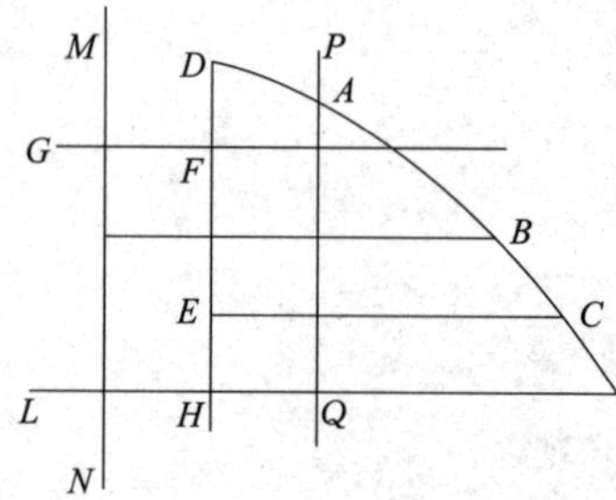

这里，无论是关于数字的还是直线的级数，上面的结论都是成立的；也就是说，即使我们不使用曲线图形，而是使用有序的多边形，上面的结果也是成立的；换句话说，这些项之间的差不是无限小的。假设我们有任意这样的有序量 z，并设它的序数为 x，那么

$$b\,\overline{\text{omn.}\,z} \sqcap \pm\,\text{omn.}\,\overline{zx} \mp \text{omn.}\,\overline{zx+b}$$

仅从微积分中就可以看出结果是显而易见的。

在这条规则的帮助下，算术级数各项的总和相互折叠；[①] 当需要求纵坐标关于垂直于轴的直线的矩时，就会发生这种乘法运算。但是如果需要关于任何其他直线的矩，则有以下一般规则：

从每个需要计算矩的量的重心出发，画一条垂线到振动轴；那么由距离或垂线和这些量所包含的矩形的总和就等于关于给定直线的矩。

---

① 这个的意思大概就是沃利斯考虑的那种序列。如果 a，$a+d$，$a+2d$，…是算术级数，l，$l-d$，$l-2d$，…是其逆序级数，那么相互折叠后的级数是 al，$(a+d)(l-d)$，$(a+2d)(l-2d)$，…。不过它可能是指算术级数的平方之和。但这一点并不十分重要。

因此，如果给定的直线是平衡轴，那么马上就可以得出，图形关于该轴的矩等于平方和的一半。另外，当它与之平行时，它将与前述情况相差一个已知量。

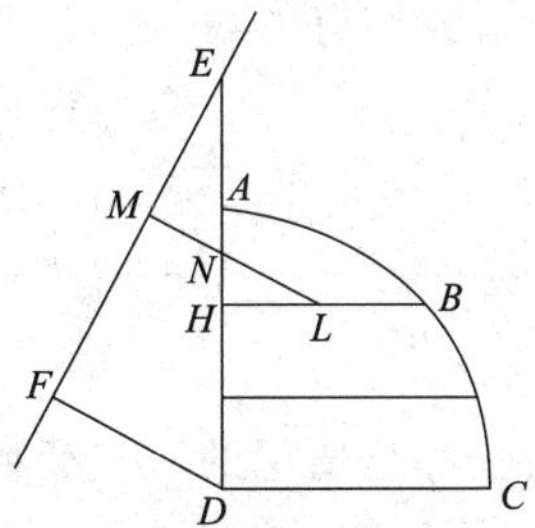

现在，让我们再取一条直线：以圆为例，让 $ABCD$ 是一个象限，顶点为 B，中心为 D；给定另一条直线，也就是说，给定垂线 DF 以及与直径相交的 EF，因此也给定 DE；设 HB 为圆的纵坐标，L 为其中点；设 LM 垂直于 EF。

那么很明显，三角形 EFD，EMN（其中 N 是 ML 和 AD 的交点）和 LHN 是相似的。

设 $AD=x$，则 $HL=\frac{y}{2}=\frac{\sqrt{a^2-x^2}}{2}$。但是，考虑到相似三角形，有 $\frac{NH}{HL}=\frac{DF(=d)}{FE(=f)}$；所以我们有

$$NH=\frac{d}{2f}\sqrt{a^2-x^2}=\frac{yd}{2f}。$$

从而有，$EN=DE(=e)-HD(=x)-\mathrm{NH}\left(=\frac{yd}{2f}\right)=e-x-\frac{yd}{2f}$。

现在，$NL=\sqrt{NH^2+HL^2}=\sqrt{\frac{d^2}{4f^2}y^2+\frac{y^2}{4}}=\frac{y}{2}\sqrt{\frac{d^2}{f^2}+1}$，以及 $\frac{MN}{EN}=\frac{NH}{HL}$ 或 $MN=\frac{NH\cdot EN}{HL}$；从而我们有

$$MN=\frac{dy}{2f}\frac{e-x-\frac{dy}{2f}}{\frac{y}{2}\sqrt{\frac{d^2}{f^2}+1}}=\frac{d}{f\sqrt{\frac{d^2}{f^2}+1}}\overline{e-x-\frac{dy}{2f}}$$

和 $$ML = MN + NL = \frac{d}{f\sqrt{\frac{d^2}{f^2}+1}}\overline{e - x - \frac{dy}{2f}} + \frac{y}{2}\sqrt{\frac{d^2}{f^2}+1}。$$

因此，由于 $e=\sqrt{f^2-d^2}$，我们有①

$$ML = \frac{\overline{d\sqrt{f^2-d^2}-x-\frac{d}{2f}y}+\frac{d^2+f^2}{2f}y}{\sqrt{d^2+f^2}} = \frac{d\overline{\sqrt{f^2-d^2}-x}+\frac{fy}{2}}{\sqrt{d^2+f^2}},$$

并且这种计算对于任何曲线都是通用的，只要始终以 x 为横坐标，y 为纵坐标。

所以由 ML 和 $HB(=y)$包含的矩形，或者每个纵坐标关于直线 EF 或 wa 的矩将等于

$$\frac{d\overline{\sqrt{f^2-d^2}y-xy}+\frac{f}{2}y^2}{\sqrt{d^2+f^2}}。$$

因此，omn. w 将从 omn. x，omn. xy 和 omn. y^2 的已知值中得到；此外，如果这四个中的任何三个被给出，第四个也是已知的。

现在，omn. xy 将等于图形关于顶点的矩，omn. y^2 将等于图形关于轴的矩；那么，如果给定图形的三个矩，也就是说，关于成直角的两条直线和任意第三个矩，那么面积就给定了。

然而，这个定理没有之前在本文第一部分给出的定理那么普遍，在这里，只要给我们三个矩，直线之间的角度是多少并不重要；但总是可以理解为它们在同一个平面内(同时，这个定理对于初等双曲线来说足够了，这是因为，如果 f 是无限的，或者如果 FE 和 ED 是平行的，我们就有 $dy+\frac{y^2}{2}=wa$，正如已经被证明的那样)。

值得注意的是，如果一个量的重心位于给定的平面内(即使整个量不

---

① 与后来出现的不准确相比，代数的准确性是值得注意的。这里有一个错误：$e^2=f^2+d^2$ 而不是f^2-d^2；这一定是失误而不是印刷错误，因为它自始至终都存在。应该指出的是，格哈特给出的图形是不准确的，因为 LM 是经过 A 点的。

在平面内)，那么通过其他计算方法，也可以根据关于该平面内三条直线的三个给定矩求得其面积。由此可以看出，所得到的结果，当彼此相互比较时，是否不会产生新的结果。

如果我们不需要计算一个图形的矩，而是要计算所有弧线 BP，PC，…的矩，那么垂线就只能从点 B，P，C，…画到直线上；因为无论从 BP 的末端还是中间画，都不会有什么区别，因为两个这样的垂线之间的差是无限小的。因此，称曲线的元素为 z，曲线关于直线 EF 的矩为

$$\frac{d\sqrt{f^2-d^2}\,z-dxz+fyz}{\sqrt{d^2+f^2}}。$$

在卡瓦列里、文森特(Vincent)、沃利斯、格雷戈里(Gregory) 和巴罗的作品中可以找到的大多数不可分割的几何定理，这些定理通过微积分可以立即得出；例如轴的垂线等于曲线关于轴的矩或曲面，因为你会发现，垂线等于由曲线的一个元素和纵坐标所组成的矩形。因此，我并不看重这些定理，也不看重那些将关于轴上的截距(在切线和纵坐标之间的截距)应用于基线的定理。这些定理除了可能提供了微积分的公式以外，没有带来任何新的结果。

但是，关于线段求长，我的定理确实带来了新的内容，因为所求面积的区域是能够以不同的方式分解的，也就是说，不仅可以按照纵坐标分解，还可以分解为三角形。另外，也许重心法会产生一些新的东西。也许可以得到一种简单的方法，通过这种方法，不需要图就可以通过计算推导出那些依赖于图形的东西。格雷戈里(Gregory) 的定理，关于两条抛物线的推论，[①] 一个在另一个下方，等于一个圆柱体，通过微积分可以立即得到证明；因为圆的纵坐标$y=\sqrt{a^2-x^2}$也就是$\sqrt{a+x}$与$\sqrt{a-x}$的乘积；同理，$\sqrt{2av-v^2}=y$，这给出 y 等于$\sqrt{v}$ 和$\sqrt{2a-v}$的乘积；这些都会得到同样的结果。

如果同一个纵坐标 y 乘以某个量 z，然后再乘以同一个$z\pm$某个已

① 沃利斯也考虑了这样的定理，这些定理说明两个相等的抛物线的乘积是半圆的纵坐标的平方；这里抛物线的轴是重合的，但方向相反。

知的量或常数 b，产生的总和之差将等于一个圆柱体图形；从而，

$$zy,, -zy+by \sqcap by。$$

虽然这在一般情况下是很明显的结果，但它的应用并不总是很明显。例如，设

$$y=\frac{x^2}{ax-b^2}=\frac{x^2}{\sqrt{ax}+b,\sqrt{ax}-b};$$

那么，乘以 $\sqrt{ax}+b$，我们有 $\dfrac{x^2}{\sqrt{ax}-b}$； ……………………………… (A)

乘以 $\sqrt{ax}-b$，我们有 $\dfrac{x^2}{\sqrt{ax}+b}$； ……………………………………… (B)

但是，由于代替了 $\dfrac{ax^2}{ax-b^2}$，我们可以有 $x+\dfrac{b^2\ x}{ax-b^2}$，这取决于双曲线的求积；那么，假设双曲线的求积是已知的，如果(A)或(B)有一个是已知的，那么另一个也是已知的。

假设在位于任意平面内的一条曲线的 C，D，E 三点上，施加另一条曲线 FGH(不一定是相同类型)，其纵坐标垂直于该平面，使得每个纵坐标的中点都位于该平面上。那么很明显，LG，MD，NE 乘以 FL，GM，HN(即施加在曲线 $BCDE$ 的 C，D，E 处的线)或矩形 FLG，GMD，HNE，或这两个平面相乘为另一个平面，将等于每个 LC，MD，NE，…的矩。因此，如果 PR 是另一个轴，它与 QL 之间的间隔是直线 PQ，那么关于 PR 的矩与关于 QL 的矩相差一个圆柱体，该圆柱体的底是 LC，MD，…，高是 PQ。①

---

① 这显然是错误的；圆柱体的底是由 FL，GM，HN 等组成的区域。这最后一段话的全部内容被证明是难以理解的；莱布尼兹还没有完成他的图，他展示了通过将纵坐标 FL，GM，HN 的中点放在 C，D，E 而形成的曲面，以及垂直于曲线 $BCDE$ 所在平面的纵坐标本身，我在莱布尼兹图形的右侧加上了这个图形。即使这样，也有另一个困难，因为正如格哈特给出的，CS 是在 D 处的切线，而不是从 C 到 TS 的垂线；此外，由于印刷错误，这条线在后文被称为 TC。最后，“矩形 FLG”是 FLC 的误印，在莱布尼兹那里，它代表 $FL \cdot LC$；据我所知，这个矩形的表示法是沃利斯和卡瓦列里使用的。

当所有这些错误都被修正后，初看起来相当混乱的东西变成了一个与图形的矩有关的非常巧妙的想法，并且可以用于求面积，尽管大多数情况下是不切实际的。

注意：f，g，a，h 的取值是 TQ，QP，PT 的长度值，以及从 Q 到 PT 的垂线长。

但是，如果在点 C 处施加同一图形的所有纵坐标 LF 关于直线 PQ，以及关于另一位置上的其他直线如 TS 的矩，那么我们将有对应于所有 LF 的圆柱体，正如我下面要证明的。

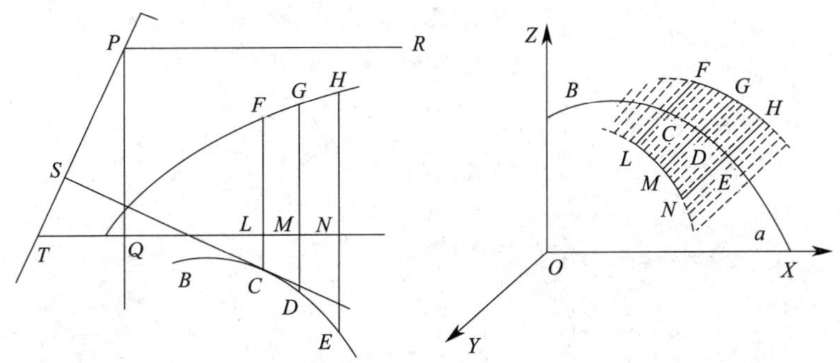

如果我们记 QL 为 x，CL 为 y，那么 $TC=\frac{f}{a}x+\frac{g}{a}y+h$；而乘以 z，其中 FL 或 MG 等于 z，将得到

$$\frac{f}{a}xz+\frac{g}{a}yz+hz。$$

这里给出的 xz 是关于 PQ 的假定矩，不管是把 z 放在线 LF，MG，…上，还是放在点 C，D，E 上，都是一样的。同样的，yz 可以由矩形 FLC 或由假设推导得到。因此，如果再加上在点 C，D，E 处强加给曲线的一个纵坐标的矩，并视其等于 $\frac{f}{a}xz+\frac{g}{a}yz+hz$，那么我们就得到了所要求的 hz 或圆柱体。

因此，选择曲线 $BCDE$，使得给定曲线的纵坐标可以乘以前者的不同纵坐标，可以绘制到轴 QL 或轴 TS，还具有一些简单的优点；适合于此的曲线是那些具有多条合适轴的曲线。如圆形或初等双曲线，它有一对渐近线，或一个轴和一个共轭轴。

莱布尼兹关于制造计算器的合同草案，其中包含 20 段描述机器部件的文字。

1676年10月4日，莱布尼兹离开巴黎，返回德国，准备接受汉诺威图书馆馆长的职位，不过他并没有径直回国，而是借此在英国和荷兰等地进行了一系列学术访问，这些访问经历使他在数学和哲学上收获极大。

在伦敦，莱布尼兹拜访了英国皇家学会的秘书奥尔登堡（H. Oldenburg，1618—1677），并在其帮助下开始和牛顿（I. Newton，1642—1727）进行学术通信。图为奥尔登堡。

在荷兰首都阿姆斯特丹结识了市长、数学家胡德（J. Hudde，1628—1704）。

在代尔夫特见到了生物学家列文虎克（A. Leeuwenhoek，1632—1723）。在海牙见到了哲学家斯宾诺莎，并就哲学问题进行了四天的热烈讨论。图为列文虎克。

途经汉堡时，莱布尼兹见到了化学家贝歇尔（J. Becher，1635—1682）。燃素学说便是由贝歇尔在1667年首先提出的。

1676年11月底，莱布尼兹抵达德国汉诺威，在此定居，并终身担任汉诺威图书馆馆长。在担任馆长的四十年间，莱布尼兹为图书馆的管理和发展倾注了大量心血。

莱布尼兹在汉诺威的故居内景：工作室和他旅行时随身携带的折叠椅

汉诺威的莱布尼兹故居。1943年，莱布尼兹故居在第二次世界大战期间的一次空袭中被炸弹摧毁，1983年又得以在别处重建，其外观与原建筑保持一致。

在他任职汉诺威图书馆馆长期间，图书馆有过两次搬迁。在第二次，图书馆搬到了一幢单独的房屋中，其中有一间是图书馆馆长的生活住房，莱布尼兹从1698年开始住在这里，直到1716年去世。后来，人们将此屋称为“莱布尼兹屋”。

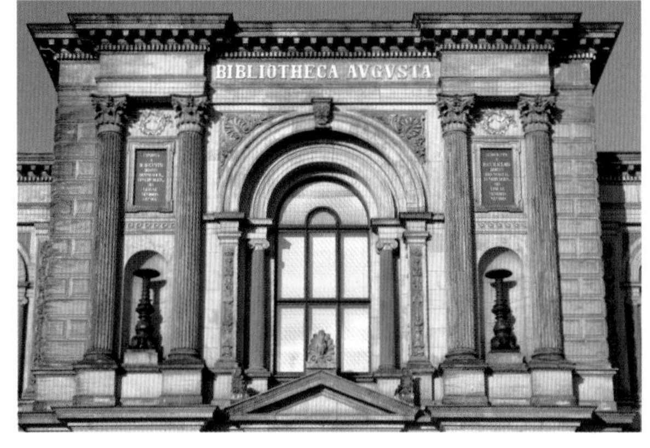

汉诺威图书馆馆长并不是莱布尼兹唯一的职务，他还曾兼任位于沃尔芬比特尔的奥古斯塔图书馆的馆长。图为奥古斯塔图书馆。

此外，莱布尼兹还有汉诺威公爵府的政治法律顾问、技术顾问、宫廷议会的议员等身份，同时他还负责撰写布伦瑞克家族史，为此莱布尼兹还策划了一次游历欧洲各地的学术旅行。

汉诺威选帝侯索菲娅（Sophia of Hanover，1630—1714）将月桂花环戴在莱布尼兹头上（汉诺威新市政厅墙上的雕塑）。

莱布尼兹从自己的科研经历中体会到了建立像英国皇家学会那样的研究机构的重要性。从 1695 年起，莱布尼兹开始为在柏林建立科学院而积极奔波。1700 年，柏林科学院成立，莱布尼兹出任首任院长，直到 1716 年去世。另外，莱布尼兹在维也纳科学院（现称奥地利科学院）和圣彼得堡科学院（现称俄罗斯科学院）的建立过程中也发挥了重要作用。

柏林科学院

奥地利科学院

俄罗斯科学院

1712—1713 年，他同时为五个王室服务。然而，过多的工作使莱布尼兹不能令任意一方满意，经常受到各方埋怨。1716 年 11 月 14 日，莱布尼兹去世，享年 70 岁。在他临终时，没有一个王室派人来问候；在他去世后，也没有王室派人来吊唁。他被埋葬在诺伊斯塔特教堂里。图为莱布尼兹墓。

莱布尼兹一生没有结婚，一生没有在大学当教授。生前也没有进过教堂，由此他得到一个绰号——Lövenix，意思是什么都不相信的人。

莱布尼兹是百科全书式的伟大学者，是“样样皆通”的大师。他的著作所涉领域极广，包括数学、哲学、神学、伦理学、政治学、法学、历史学、语言学等。此外，他还提出了后来应用在概率论、生物学、医学、地质学、心理学、语言学和计算机科学中的一些概念。

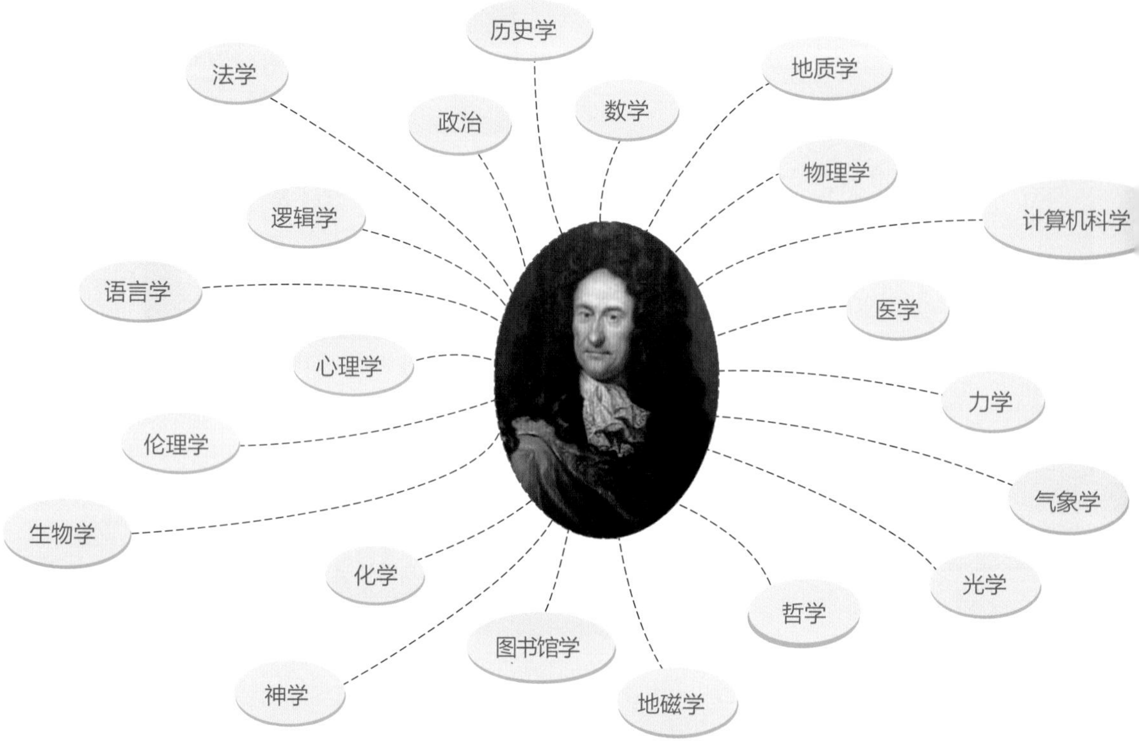

历史学
法学
地质学
政治
数学
物理学
逻辑学
计算机科学
语言学
医学
心理学
力学
伦理学
气象学
生物学
化学
光学
哲学
图书馆学
神学
地磁学

在数学领域，莱布尼兹是微积分的创建人之一，发明了能进行四则运算和开方运算的计算器，首创的二进制算术是最适合 20 世纪电子计算机所需的数字工具。图为莱布尼兹的二进制数系统手稿。

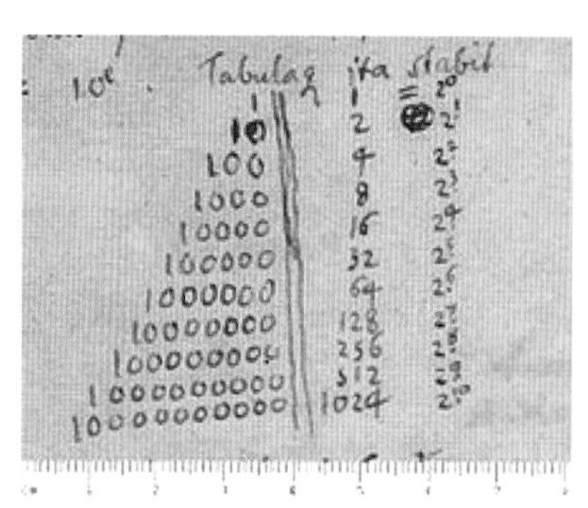

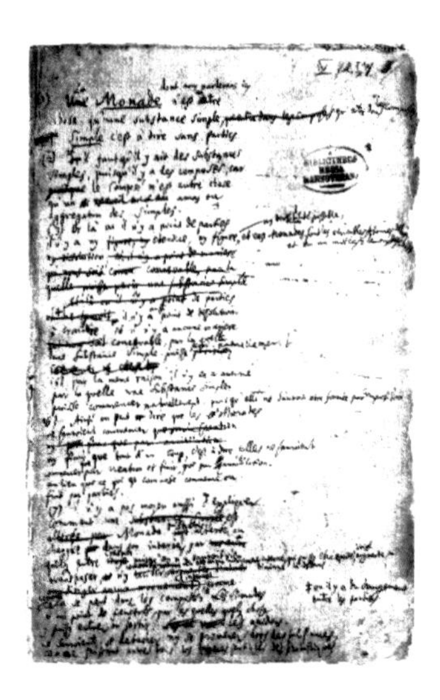

在哲学领域，莱布尼兹上承希腊古典哲学，下启德国近代哲学，撰写了《单子论》《神正论》《人类理智新论》等哲学著作。图为莱布尼兹《单子论》第一页的手稿。

在物理学领域，莱布尼兹撰写了《物理学新假说》《动力学》等论文，提出“活力”概念，它是动量概念的雏形。在光学方面，莱布尼兹推导出了光的折射定律。

莱布尼兹在众领域做出的卓著贡献对后世产生了深远影响，现有很多关于莱布尼兹的纪念品，也有很多研究奖项、学校、建筑、行星、街道、山峰等以其名字命名。

莱布尼兹奖的奖章。1985 年起，每年由德国科学基金会颁发给在德国工作的各个科学领域的科学家，是世界上最负盛名的研究奖项之一。

莱布尼兹逝世 250 周年时，德国发行的纪念币。

为纪念莱布尼兹而发行的邮票

莱布尼兹青铜像。位于汉诺威歌剧院广场。

月球上的莱布尼兹陨石坑。

在莱布尼兹诞辰 360 周年之际，汉诺威大学正式改名为汉诺威莱布尼兹大学。

1666 年，莱布尼兹在《论组合术》中讨论了数列问题。大约从 1672 年开始，他将关于数列的研究结果与微积分运算联系起来。后来，莱布尼兹发现求切线就是求差，求积就是求和。

▲ 1690 年版《论组合术》的卷首插画。

1675 年，莱布尼兹引入符号 $\int$ 表示和，引入符号 d 表示差，并探索了 $\int$ 运算与 d 运算的关系。

1676 年，给出幂函数的微分与积分公式。

1677 年，明确陈述了微积分基本定理。

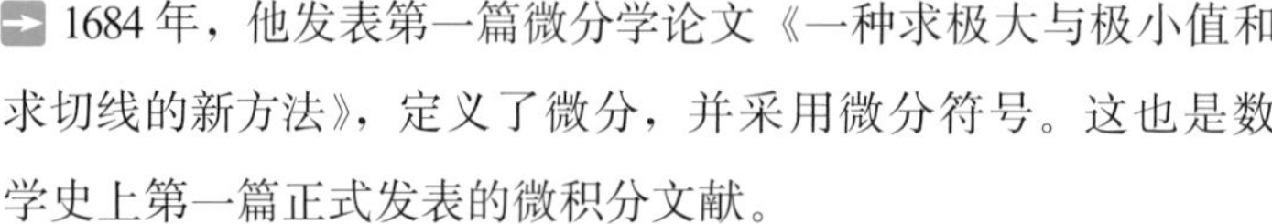

→ 1684 年，他发表第一篇微分学论文《一种求极大与极小值和求切线的新方法》，定义了微分，并采用微分符号。这也是数学史上第一篇正式发表的微积分文献。

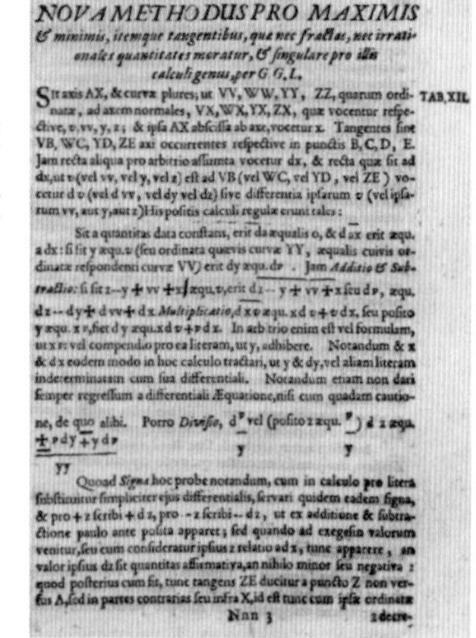

MENSIS OCTOBRIS A. MDCLXXXIV. 467

NOVA METHODUS PRO MAXIMIS & minimis, itemque tangentibus, quæ nec fractas, nec irrationales quantitates moratur, & singulare pro illis calculi genus, per G. G. L.

TAB. XII.

Sit axis AX, & curvæ plures, ut VV, WW, YY, ZZ, quarum ordinatæ, ad axem normales, VX, WX, YX, ZX, quæ vocentur respective, v, vv, y, z; & ipsa AX abscissa ab axe, vocetur x. Tangentes sint VB, WC, YD, ZE axi occurrentes respective in punctis B, C, D, E. Jam recta aliqua pro arbitrio assumta vocetur dx, & recta quæ sit ad dx, ut v (vel vv, vel y, vel z) est ad VB (vel WC, vel YD, vel ZE) vocetur dv (vel d vv, vel dy vel dz) sive differentia ipsarum v (vel ipsarum vv, aut y, aut z) His positis calculi regulæ erunt tales:

Sit a quantitas data constans, erit da æqualis 0, & d ax erit æqu. a dx: si sit y æqu. v (seu ordinata quævis curvæ YY, æqualis cuivis ordinatæ respondenti curvæ VV) erit dy æqu. dv. Jam *Additio & Subtractio*: si sit z − y + vv + x æqu. v, erit d z − y + vv + x seu dv, æqu. dz − dy + d vv + dx. *Multiplicatio*, d x v æqu. x dv + v dx, seu posito y æqu. x v, fiet d y æqu. x dv + v dx. In arbitrio enim est vel formulam, ut x v, vel compendio pro ea literam, ut y, adhibere. Notandum & x & dx eodem modo in hoc calculo tractari, ut y & dy, vel aliam literam indeterminatam cum sua differentiali. Notandum etiam non dari semper regressum a differentiali Æquatione, nisi cum quadam cautione, de quo alibi. Porro *Divisio*, d $\frac{v}{y}$ vel (posito z æqu. $\frac{v}{y}$) d z æqu. $\frac{\pm v\,dy \mp y\,dv}{yy}$

Quoad *Signa* hoc probe notandum, cum in calculo pro litera substituitur simpliciter ejus differentialis, servari quidem eadem signa, & pro + z scribi + dz, pro − z scribi − dz, ut ex additione & subtractione paulo ante posita apparet; sed quando ad exegesin valorum venitur, seu cum consideratur ipsius z relatio ad x, tunc apparere, an valor ipsius dz sit quantitas affirmativa, an nihilo minor seu negativa: quod posterius cum fit, tunc tangens ZE ducitur a puncto Z non versus A, sed in partes contrarias seu infra X, id est tunc cum ipsæ ordinatæ

Nnn 3   z decre-

292   ACTA ERUDITORUM

vam sumitur, circumferentia autem per verticem transit, sectionem conicam in vertice osculatur, adeoq; assumto arcu, quantum satis est parvo, ab ea non differt ad sensum. Quæ causa est, cur focus speculi concavi circularis absit a speculo quarta parte diametri, quia focus parabolæ a vertice abest quarta parte parametri, & focus parabolæ atque circuli osculantis coincidunt. Eadem in omni alio linearum & utilium proprietatum genere, pro re nata locum habent. Quæ *quantum conferant ad subtilitates Geometricas in usum vitæ transferendas*, nemo talium intelligens non videt. Nobis vero aditum aperuisse, ne forte periret hæc meditatio, nunc quidem satis fuit. Nec injucundum erit considerare, quomodo ita tandem controversia Geometrarum de Angulo contactus, quæ plerisque inanis visa est, in veritates desierit solidas & profuturas.

G. G. L. DE GEOMETRIA RECONDITA ET Analysi Indivisibilium atque infinitorum, Addenda his quæ dicta sunt in Actis a. 1684, Maji p. 233; Octob. p. 264; Decemb. p. 586.

Cum intelligam nonnulla, quæ in his Actis ad Geometriæ profectum publicavi, non mediocriter a viris quibusdam doctis probari, quin & paulatim in usum transferri, quædam tamen, sive scribentis vitio, sive aliam ob causam ab aliquibus non satis fuisse percepta, ideo pretium operæ putavi hoc loco adjicere, quæ illustrare priora possint. Accepi nimirum tractatum *Dn. Craigii* de dimensione figurarum, Londini anno superiore editum, ex quo sane apparet, autorem non contemnendos in Geometria interiore progressus fecisse. Is quidem valde approbat distinctionem a me aliquoties inculcatam, inter *dimensiones figurarum generales & speciales*, quam pag. 1 ait optime nuper a Geometris fuisse observatam, & neglectioni hujus distinctionis paralogismos complures tetragonismi impossibilitatem probare conantium, recte tribuit. Mecum etiam figuras, quas vulgo e Geometria rejiciunt, agnoscit esse *Transcendentes* pag. 26; Methodum quoque *Tangentium* a me in Actis Octobr. 1684 publicatam, pro humanitate sua plurimum laudat pag. 27 & 29, tanquam præstantissimam & cujus ope Methodus dimensionum valde juvetur,

← 1686 年，他发表积分学论文《深奥的几何与不可分量及无限的分析》，论述了微分与积分的互逆关系，正式使用积分符号 $\int$。

现在科学史公认牛顿和莱布尼兹相互独立地创建了微积分。当时的情况是：莱布尼兹最先公开发表微积分论文，牛顿最先完成微积分论文但未及时发表。为此，在二人及其各自的支持者之间还发生了一场科学史上著名的长达两个多世纪的优先权之争。

关于优先权的争论，当时的英国皇家学会曾专门成立一个调查委员会调查此事，并得出结论：牛顿是微积分的第一发明人。值得一说的是，当时牛顿正担任英国皇家学会主席（1703—1727），该调查委员会实际在牛顿的操纵下。这一调查结果使莱布尼兹极其气愤，他亲自发文指责该调查委员会的不公。

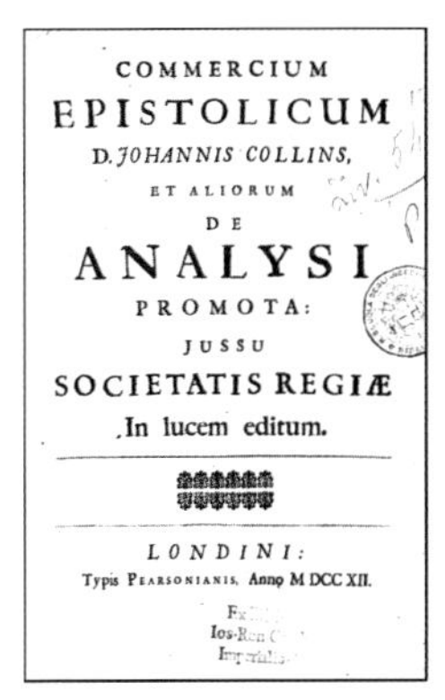
COMMERCIUM
EPISTOLICUM
D. JOHANNIS COLLINS,
ET ALIORUM
DE
ANALYSI
PROMOTA:
JUSSU
SOCIETATIS REGIÆ
In lucem editum.

LONDINI:
Typis PEARSONIANIS. Anno M DCC XII.

英国皇家学会出具的报告

(1)

29. Julii 1713.

. . . . us nunc Viennæ Austriæ agens ob distantiam locorum nondum vidit libellum in Anglia nuper editum, quo N . . . . o primam inventionem Calculi differentialis vindicare quidam conantur. Ne tamen commentum mora invalescat, quam primum retundi debere visum est. Equidem negare non poterunt novam hanc Analyticam Artem primum a L . . . . o fuisse editam (cum diu satis pressisset) & publice cum amicis excultam; & post complures demum annos a N . . . . o aliis notis & nominibus, quendam quem vocat Calculum Fluxionum, Differentiali similem, fuisse productum; qui tamen tunc nihil contra L . . . . um movere ausus est. Nec apparet quibus argumentis nunc velint L . . . . um hæc a N . . . . o didicisse, qui nihil tale unquam cuiquam quod constet communicavit, antequam ederet. L . . . . us tamen ex suo candore alios æstimans, libenter fidem habuit Viro talia ex proprio ingenio sibi fluxisse dictitanti; atque ideo scripsit N . . . . um aliquid calculo differentiali simile habuisse videri. Sed cum postremo intelligeret, facilitatem suam contra se verti, & quosdam in Anglia

莱布尼兹指责调查委员会不公的文章

约翰·伯努利（Johann Bernoulli，1667—1748）

这场关于优先权的争论愈演愈烈，参与人员也不断增多。起初只是数学家约翰·伯努利等人与牛顿及英国数学家相互指控。后来，逐渐上升为带有民族主义色彩的派别之争。在争论期间，莱布尼兹虽然处于劣势地位，但他使用的更为简便的微积分符号被越来越多的人接受，并且一直沿用至今。

值得称赞的是，即便在激烈的优先权论战中，牛顿和莱布尼兹也是互相尊重的，对彼此的评价很高。牛顿曾在《自然哲学之数学原理》中称莱布尼兹为最杰出的几何学家。莱布尼兹曾公开评价牛顿说："综观有史以来的全部数学，牛顿做了一多半的工作。"

牛顿　　莱布尼兹

牛顿关于微积分的第一次公开表述，出现在1687年出版的巨著《自然哲学之数学原理》中。图为"科学元典丛书"中《牛顿微积分》和《自然哲学之数学原理》的封面。

1689年莱布尼兹游历到罗马，在此结识了耶稣会传教士闵明我（C. Grimaldi，1638—1712）。在传教士的影响下，莱布尼兹开始对中国文化产生浓厚兴趣。他通过阅读《中国哲学家孔子》《中国札记》等与中国有关的书籍、通过和传教士交谈和长达二十多年的通信来研究中国文化。虽然从未到过中国，也未学过中文，他在当时却被视为“中国通”。在逝世前，他还写了一封没有寄出的长信《论中国人的自然神学》。

《中国札记》是传教士金尼阁对利玛窦日记的翻译整理及其在华所见所闻的汇总。图为着中国传统服装的金尼阁（N. Trigault，1577—1628）

利玛窦（M. Ricci，1552—1610），明代第一位定居中国的传教士。

1697年，莱布尼兹利用收集到的传教士们的书信和报告，用拉丁文出版了著作《中国近事》（亦可译为《中国新事萃编》）。

Novissima sinica historiam nostri temporis illustratura
Gottfried Wilhelm Leibniz
Pages: 212 (Latin)

第八章

· Chapter Ⅷ ·

莱布尼兹认为好的符号能大大节省思维劳动，运用符号的技巧是数学成败的关键之一。他总是精心选择，选用最好的、最富有启示性的符号。他所选用的微分、积分符号的简便和优美，令后来的数学家们拍案叫绝。

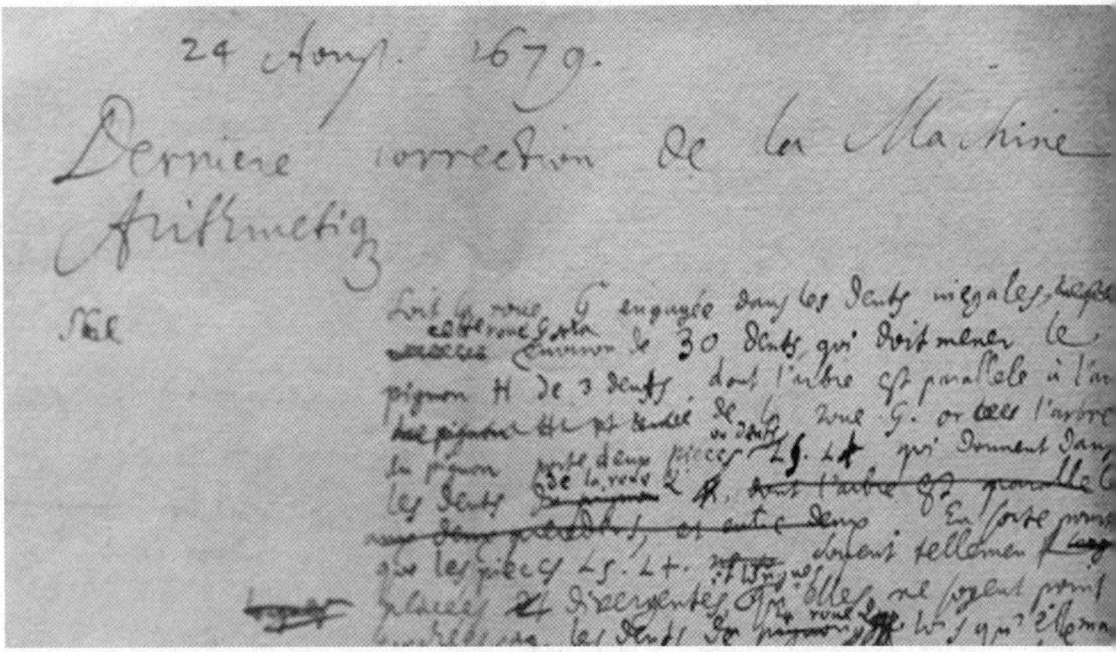

24 Aoust. 1679.

Derniere correction de la Machine
Arithmetiq

Soit la roue G engagée dans les dents inegales ... environ de 30 dents, qui doit mener le pignon H de 3 dents, dont l'arbre est parallele à l'arbre du pignon H et tende ... de la roue G. or cet arbre du pignon porte deux pieces LS. LT. qui donnent dans les dents ... de la roue ... tout l'arbre ... parallele ... en sorte ... que les pieces LS. LT. ... doivent tellement placées et divergentes ... elles ne soyent point ... les dents de pignon ...

人们对以下事实做了很多评论：下一份手稿的日期原本是"1675 年 11 月 11 日"，年份中的 5 被改成了 3，其墨水的颜色也更深一些；几乎可以肯定，这种日期的改动是莱布尼兹本人出于某种不可告人的动机。因此，如果他能够在一个特定的情况下伪造日期，那么他在其他情况下也是不可信的，……与其试图解释这一改动，不如试着找出莱布尼兹做出这种改动的原因；对此，我提出以下合理的原因。

这篇文章的开头是这样的：Jam superiore anno mihi proposueram questionem，…

我想莱布尼兹的意思是："一两年前，我给自己设定了这个问题，……"

这与下面的内容相符。他提出的定理也正是惠更斯向他建议的那些，以及在他与惠更斯第一次交往时进一步推导出的一些定理。因此，我认为，多年以后，莱布尼兹翻阅了这份手稿，把他自己写的拉丁文 superiore anno 读成了 in the above year（在上述年份），也没有其他进一步的信息，只是通过其图形认识到该定理是惠更斯时代的一批定理之一，并对自己说"1675 年？不，那是错的，应该是 1673 年。"然后继续将其更改为他记得的第一次思考该定理的日期。

[**注意：**格哈特本人曾指出，修改时使用的墨水颜色较深；因此，我的论点是在这之后提出的。]

1675 年这个日期是无可争议的；因为这篇论文很明显是对在 1675 年 11 月 1 日就高效开始的研究的发展。到目前为止，莱布尼兹一直被一个想法所困扰，这阻碍了研究的进展，这个想法就是方程的变换，以便能够消除比他的方程的原始数量更多的未知数。他给自己设定的问题是："确定一条曲线，其法线的顶点和底端之间的距离与纵坐标成反比。"如果用现代符号表示，也就是方程 $x+\frac{y\mathrm{d}y}{\mathrm{d}x}=\frac{a^2}{y}$ 的解。这个问题对他来说

◀莱布尼兹 1679 年用法文写下的"对计算器的最后修正"。

是一个非常不幸的选择：因为我从福赛思(A. Forsyth，1858—1942)教授那里得到结论是，这个问题无法用普通函数解决，甚至无法利用能很容易且简单地表达出级数法则的级数来解决——至少他承认他无法得到这样的解，我也这样认为。

莱布尼兹声称已经找到了解，并给出为$(y^2+x^2)(a^2-yx)=2y^2\log y$；而不幸的是，这种虚假的成功反而增强了上述方法在他眼中的价值。但从作为解给出的方程中，我们可以得出一个无可争辩的结论，因为在以前的一个问题中，莱布尼兹通过切线法，即通过微分法验证了他的解，尽管这个方法还没有向他传达这个想法；但在这种情况下，他并没有验证解的正确性，因为他那时还不能对积$y^2\log y$进行微分。

符号$\mathrm{d}x$而不是$\frac{x}{\mathrm{d}}$的使用标志着微积分的巨大进步，这也许比$\int y\mathrm{d}y$的使用更为重要；他仍然用符号$\int x$的原因是他认为$\mathrm{d}x$是常数，并且等于单位1。他开始理解微积分的无穷小性质，无穷小不是因为其固有的小而被忽视，而是因为它们相对于属于同一方程的其他有限量的小；但他对此还远未确定，正如关于$\mathrm{d}\left(\frac{v}{\psi}\right)=\frac{\mathrm{d}v}{\mathrm{d}\psi}$是否存在的讨论所证明的那样。然而，相比之前的研究，整个手稿都有一个明显的进步。从这一刻起，他可能会抛弃几何学，只以笛卡儿、格雷戈里(Gregory)和巴罗的研究为例来说明他的方法比他们的高明多少。我把他最后读巴罗作品的日期归结为这份手稿的日期，即1675年11月11日和1676年11月之间；也正是在这个时候，他在定理的边缘空白处写下了他的积分符号。下一个检查这些手稿原件的人(我相信这是非常必要的)，应该仔细看看注释novi dudum所用的墨水(我已经提到过)是否与积分符号所用的相同；还应该仔细检查莱布尼兹自学使用的其他书籍，以便寻找线索。

最后要说的是，我对文中结尾出现的代数研究中的错误感到惊讶，整篇文章也有，虽然程度较轻；毕竟我们已经看到了莱布尼兹在以前的手稿中所达到的准确度。当然，很多错误的工作都可以通过假设抄写不仔细来解释；但是，重新审视莱布尼兹的整个遗作时，还应仔细审查格哈特所给的某些摘录是否出自莱布尼兹的学生之手，因为他们的写作自然会有些相似。通过这些艰苦探索，也许还可以发掘出一些早期的几何定理。到目前为止，还没有人能断言有什么能充分描述莱布尼兹天才的进步。

1673年11月11日[①]

求逆切线方法的例子

一两年前，我问过自己一个问题：在整个几何学中，什么问题可以被认为是最困难的事情，或者，换句话说，有什么东西是普通方法不能研究的。今天我找到了这个问题的答案，现在我给出对它的分析。

找出一条曲线$C(C)$，使沿轴$AB(B)$截取的BC与曲线法线PC之间的间隔BP与BC成反比。

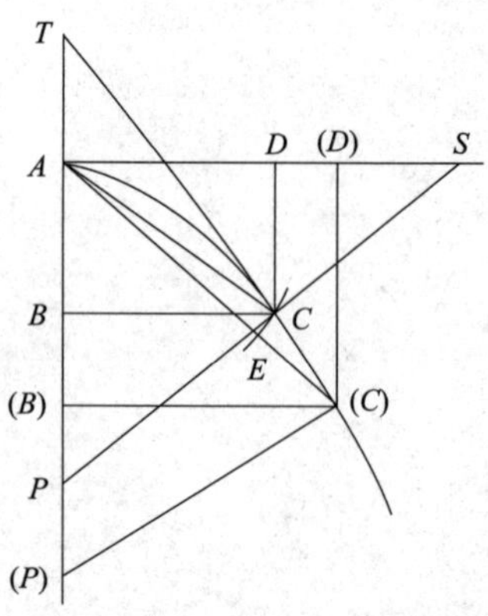

令$AD(D)$为垂直于轴$AB(B)$的另一条直线，并在其上画出纵标线CD，这样沿轴$AD(D)$的横坐标AD的长度就等于相对于轴$AB(B)$的截距BC的长度，且相对于轴$AD(D)$的纵坐标CD就等于沿轴$AB(B)$的坐标AB。设$AB=DC=y$，$AD=BC=x$；$BP=w$，$B(B)=z$。那么，从我在另一个地方所证明的内容可以看出

① 见 Cantor，Ⅲ，p. 183；但康托和格哈特似乎都没有提供任何建议，说明为什么这个日期会被改变。

$$\int wz=\frac{y^2}{2},\text{或 } wz=\frac{y^2}{2\mathrm{d}}。[1]$$

但从三角形的积分中可以看出$\frac{y^2}{2\mathrm{d}}=y$；因此 $wz=y$。

现在，假设 $w=\frac{b}{y}$，因此 w 和 y 将互成反比，从而我们有

$$\frac{bz}{y}=y,\text{因此 } z=\frac{y^2}{b}。$$

但由于$\int z=x$，因此 $x=\int\frac{y^2}{b}$；而从抛物线的积分可以得到$\int\frac{y^2}{b}=\frac{y^3}{3ba}$，因此，我们有 $x=\frac{y^3}{3ba}$，这就是对应的方程，表达了要找到的曲线 $C(C)$ 的纵坐标 y 和横坐标 x 之间的关系。所以，我们认为该曲线已经被找到，并且是有解析表达式的；简而言之，它是顶点为 A 的三次抛物线。

因此，我们将验证这个非常了不起的定理是否不成立，即在三次抛物线 $C(C)$中，曲线的法线 PC 和沿轴 ABP 取的关于轴的纵坐标 BC 之间的间隔 BP 与纵坐标 BC 成反比。

这个很容易通过切线的微积分来证明。三次抛物线的方程是 $xc^2=y^3$；令 c 为通径，并假设 $c^2=3ba$ 或 $c=\sqrt{3ba}$，从而我们有 $3xba=y^3$。

现在，根据斯吕塞的切线方法，我们有 $t=\frac{y^3}{3ba}$，其中 t 为 BT，

---

① 这是从形式 omn. $p=\frac{y^2}{2}$中得到的，先于在 1674 年 10 月从帕斯卡特征三角形形式得到的结果；在 1675 年 10 月 29 日的文章中，它被作为一个已知的定理引用。见第三和第四章。

可能就在这个时候，他开始修正关于 使用 d 为减小维度的想法；由于出现了 $wz=y$ 这样的方程，他不得不重新考虑这些想法。在下一段中，我们可以看到他是多么小心翼翼地保持维度相等；为此他还引入了一个明显不相关的 $a(=1)$。他也逐渐意识到，无论是$\int$和 d 都没有改变维度，但“线的总和”实际上是矩形的总和，因为它们是以某种固定的方式作用在一个轴上的；然而，直到第二年，当我们发现他在使用$\int \mathrm{d}xy$ 时，他才非常确定这一点。

也就是切线和纵坐标在沿轴方向的距离。

但 $BP=w=\dfrac{y^2}{t}$，从而有 $w=\dfrac{y^2}{\dfrac{y^3}{ba}}=\dfrac{ba}{y}$；因此，正如要证明的那样，$w$ 和 y 成反比。

这种分析[①]的巧妙之处在于从纵坐标中获得横坐标，而这种想法是以前从未想过的。如果需要一条曲线，其中法线和纵坐标之间的间隔 BP 与横坐标 AB 成反比，这也不是一个更困难的问题。事实上，$w=\dfrac{a^2}{x}$，但 $w=\dfrac{y^2}{2}$；从而我们有

$$y=\sqrt{2\int\overline{w}}\text{ 或}\sqrt{2\int\overline{\frac{a^2}{x}}}。$$

现在 $\int w$ 只能借助对数曲线[②]求出来。因此，所需要的图形是，其纵坐标与横坐标对数的平方根成比例；而这条曲线是一条超越曲线。

事实上，如果需要找到满足 AP 与纵坐标 BC 成为反比的曲线，那就是一个更难的问题了。[③]

对于 $x+w=\dfrac{a^2}{y}$ 和 $wz=\dfrac{y^2}{2\mathrm{d}}$；又由 $\int z=x$，或 $z=\dfrac{x}{\mathrm{d}}$；从而有 $w\dfrac{x}{\mathrm{d}}=\dfrac{y^2}{2\mathrm{d}}$，$w=\dfrac{y^2}{2\mathrm{d}}\smile\dfrac{x}{\mathrm{d}}$；因此，$x+\dfrac{y^2}{2\mathrm{d}}\smile\dfrac{x}{\mathrm{d}}=\dfrac{a^2}{y}$。

---

① 很难理解莱布尼兹这句话的确切含义；我只能通过定理 $wz=y$ 来猜测替换，相当于承认了 $y\dfrac{\mathrm{d}y}{\mathrm{d}x}\cdot\mathrm{d}x=y\mathrm{d}y$ 这一事实。然而，这句话的措辞是客观的，可能意味着他自己以前从未有过这个想法。

② 要求 $y=f(x)$，使得$\dfrac{y\mathrm{d}y}{\mathrm{d}x}=\dfrac{a^2}{x}$；解是 $y^2=2a^2\log_e Ax$。魏森博恩认为省略 a 是不正确的；从莱布尼兹的角度来看，我不能同意魏森博恩的观点。根据墨卡托的工作，莱布尼兹把$\dfrac{a^2}{x}$与等边双曲线 $xy=a^2$ 的纵坐标联系起来，并将其积分与曲线的求积联系起来。省略a^2只是改变了对数的底数，莱布尼兹只是说这个解具有对数性质，但没有试图给出它的准确表达式。

③ 他怎么会知道，除非他已经尝试过了？这与认为这些仅仅是练习的想法相反；这使这篇文章看起来像是为出版或为他的某个通信者准备的精美副本。如果是这样的话，后来在代数工作中出现的错误就更加难以理解了。关于莱布尼兹是一个习惯于边走边写的人的想法，对我来说完全没有吸引力；这是工作慢的人的方法，而不是天才的方法。

如果我们假设 x 是算术级数，那么$\frac{x}{\mathrm{d}}=z$ 将是常数，我们将得到

$$x+\frac{y^2}{2\mathrm{d}}=\frac{a^2}{y}\text{ 或}\int x=\int\frac{a^2}{y}-\frac{y^2}{2},$$

所以有

$$\frac{x^2}{2}+\frac{y^2}{2}=\int\overline{\frac{a^2}{y}}\text{ 或 }\mathrm{d}\overline{x^2+y^2}=\frac{2a^2}{y};$$

但是，如果我们把 AC，$A(C)$连接起来，那么这些就等于 $\sqrt{x^2+y^2}$；如果以 A 为中心，以 AC 为半径，画一个弧 CE，它与直线 $AE(C)$ 相交于 E，那么 $E(C)$将是 AC 和$A(C)$的差；也就是说 $E(C)=e=\mathrm{d}\,\overline{x^2+y^2}$，所以 $e=\frac{2a^2}{y}$。

如果可以假设 y 也是算术级数，我们就会得到所要的结果了；然而，即使假设 x 是算术级数，似乎也没有任何区别。因为如果我们真假设 x 为算术级数，可以得到 AD 或 y 是 $E(C)$或 e 的倒数。而且如果它们在某一时刻满足这种关系，那么在任何时候都是如此。此外，无穷多个倒数的总和，无论其级数是什么，它们都被视为倒数；因为在这种情况下，不考虑需要等高的矩形，而是要计算所有直线 $E(C)$的和。[①] 因此，我认为困难来自这样一个事实：除非我们知道 y 属于哪种级数，否则无法得到每个 e，或每个$\frac{2a^2}{y}$或每个 $E(C)$的总和。在本例中，没有给出该信息；因为 x 必须是算术级数，因此 y 就不是算术级数了。

另一方面，在上式中，即

$$x+\frac{y^2}{2\mathrm{d}}\smile\frac{x}{\mathrm{d}}=\frac{a^2}{y},$$

---

① 这一点似乎是他陷入错误的根源；他还没有意识到，在能对 e 进行求和之前，必须将 e 应用于某个坐标轴；这在很大程度上是因为省略了 $\mathrm{d}x$，并将其视为常数 1。因此，他必然要求助于级数的代数求和。

如果我们假设 y 是算术级数，那么我们有

$$x+\frac{y}{\mathrm{d}x}=\frac{a^2}{y}\text{或}xy+\frac{y^2}{\mathrm{d}x}=a^2;$$

最后，如果不设 x 或 y 是算术级数，我们一般有

$$xy+y\frac{\mathrm{d}\frac{y^2}{2}}{\mathrm{d}x}=a^2。\quad\cdots\cdots\cdots\cdots\cdots\cdots\cdots\cdots\text{(A)}$$

但我们还没有真正得到任何东西。因此，让我们从“不可分”的角度来考虑它；让生成的 PCS 与 AD 相交于 S 点；那么应用在 AB 上的每个 AP 的总和等于应用在 AD 上的每个 AS 的总和；[①] 或者假设 DS 为 v，我们有

$$\mathrm{d}y\int y+\mathrm{d}y\int v=\mathrm{d}x\int x+\mathrm{d}x\int w,$$

$$\text{或}\ \mathrm{d}y\int y+\mathrm{d}y\int v=\mathrm{d}x\int\frac{a^2}{y}。$$

现在，如果我们把 y 看作是算术级数，就可以得到

$$\frac{y^2}{2}+\frac{x^2}{2}=\mathrm{d}x\log y。$$[②]

但是上面的讨论也做了同样的假设，即 y 是算术级数，并且有

$$xy+\frac{y^2}{\mathrm{d}x}=a^2\text{或}\ \mathrm{d}x=\frac{y^2}{a^2-xy};$$

从而，现在我们有

$$\mathrm{d}x=\frac{x^2+y^2}{2\overline{\log y}}。$$

因此，我们最终得到一个方程，其中只有 x 和 y 保持不变，且没有限制，该方程为

$$\overline{y^2+x^2},a^2-yx=2y^2\overline{\log y};$$

---

① 从特征三角形来看，$AS:AP=\mathrm{d}x:\mathrm{d}y$。

② 这显然是个明显的错误，这个错误似乎是由 $\mathrm{d}x$ 被放在了积分符号之外造成的；因此莱布尼兹假设 $\mathrm{d}x$ 是常数，而为了进行积分，他也假设 $\mathrm{d}y$ 是常数。

我们不能根据这个方程来证明莱布尼兹在这个时候还没有意识到无穷小是什么，因为无穷小等于一个有限的比；因为他假设 $\mathrm{d}y$ 是一个无限小的单位，$\mathrm{d}x$ 实际上代表$\frac{\mathrm{d}x}{\mathrm{d}y}$。

由于这个方程是确定的，所以它将给出所需的轨迹。

这是一个非常了不起的方法，因为当我们没有能力得到与未知数一样多的方程时，我们往往能够得到更多的方程，借助于这些方程，我们能够消除某些项，如本例中的项 dx，它是唯一阻碍我们的因素。这两个方程中的任何一个，本身就包含了轨迹的全部性质，尽管从它们中都不能导出解，这是由于到目前为止还缺少简单的方法；然而，这两个方程联立就可以立即给出对应的解。

我明白同样的东西可以通过其他方式获得；在这里，我想到了一个新的并不是完全不优美的方法。

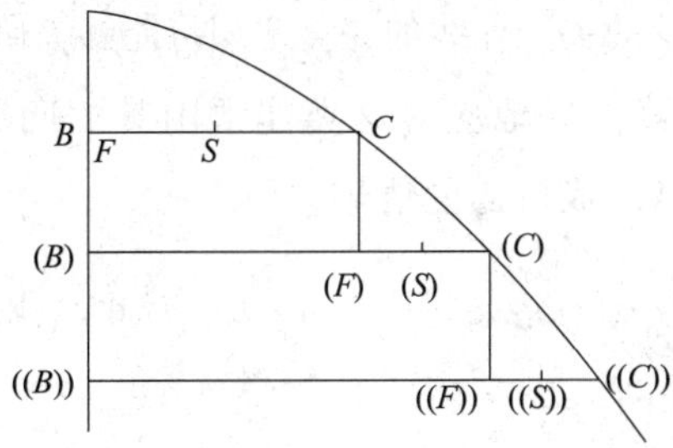

在上图中，令 $BC=y$，$FC=\mathrm{d}y$；设 S 是 FC 的中点；那么很明显，FC 的矩是 FC 和 BS 所包含的矩形，即矩形 BFC；这是因为它等于 $BFC+SFC$，而后者与前者相比是无限小的，可以忽略不计。[①]

因此，我们有 $\int y\mathrm{d}y=\frac{y^2}{2}$，或所有差 FC 的矩将等于最后一项的矩，并且 $y\mathrm{d}y=\mathrm{d}\frac{y^2}{2}$，或 $y^2\,\mathrm{d}y=y\mathrm{d}\frac{y^2}{2}$。

这里，就在上面的方程(A)中，通过假定 x 为算术级数，我们有

$$y\mathrm{d}\frac{y^2}{2}=a^2-xy,\text{或 }\mathrm{d}\frac{y^2}{2}=\frac{a^2-xy}{y};$$

但这与 $y\mathrm{d}y$ 是一回事；从而有 $y\mathrm{d}y=\frac{a^2-xy}{y}$，因此 $\int\overline{y\mathrm{d}y}=\int\overline{\frac{a^2}{y}}-\frac{x^2}{2}$。但我们已经发现 $\int\overline{y\mathrm{d}y}=\frac{y^2}{2}$；所以，如前面一样，我们有 $y^2+x^2=$

① 请注意“与前者相比无限小”这句话所暗示的是思想上的进步。当然，这里的符号 BFC 是 $BF\cdot FC$ 在那个时间段常用的符号，即 BF 和 FC 包含的矩形。

$2\int\overline{\frac{a^2}{y}}$，即 $\mathrm{d}\,\overline{x^2+y^2}=\frac{2a^2}{y}$。

关于这些方程有些值得注意的地方，在这些方程中出现了 $\int$ 和 d，其中一个量，例如 x，默认是以算术级数方式进行的，这些我们都不能改动，更不能说 x 的值已经找到了，因此 $x=2\left(\frac{a^2}{y}\right)-\mathrm{d}\overline{y^2}$；对于 $\mathrm{d}\overline{y^2}$，除非 y 的级数的性质是确定的，否则是无法理解的。但是，为了使 y 的级数可以用于 $\mathrm{d}\overline{y^2}$，必须保证 x 是算术级数；因此 $\mathrm{d}y$ 取决于 x，从而不能从 $\mathrm{d}y$ 中求出 x。其余的，通过这种联立几个相同类型方程的方法，许多在其他情况下是棘手的关于曲线的完美定理将能够被研究。

为了使我们能够更好地应对这类非常困难的问题，最好再尝试一次，例如，AP 与 AB 成反比的情形。

这里 $x+w=\frac{a^2}{x}$，$zw=\mathrm{d}\,\frac{y^2}{2}$，$z=\mathrm{d}x$；因此，我们得到

$$w=\frac{\mathrm{d}\,\overline{\frac{y^2}{2}}}{z}=\frac{\mathrm{d}\,\overline{\frac{y^2}{2}}}{\mathrm{d}x},\text{从而 } x+\frac{\mathrm{d}\,\overline{\frac{y^2}{2}}}{\mathrm{d}x}=\frac{a^2}{x}。$$

现在解决这个问题并不困难；这是因为，如果假设 x 是算术级数，[①] 我们就有

$$\int x+\frac{y^2}{2}=\int\frac{a^2}{x},\text{或} x^2+y^2=\overline{\log y}\ 。^{②}$$

从而有 $\sqrt{x^2+y^2}=AC=\sqrt{2\log AD}$，这是该曲线的一个非常简单的表达式。然而，在这个表达式中，AP 必须是算术级数；但另一方面，如果 y 被认为是算术级数，我们有 $x+\frac{y}{\mathrm{d}x}=\frac{a^2}{x}$；而从这个式子不容易获得曲线的

① 请注意，这是莱布尼兹对现今说法“关于 x 的积分”的等价描述。

② 我认为这更可能是莱布尼兹的过失，而不是印刷错误；因为在接下来的一行中，他使用了 AD，它正是 y 的正确等价。此外，AP 与 x 成反比变化，因此 AP 必须是调和级数，而不是算术级数，否则 x 不等于 $\frac{x^2}{2}$。另一方面，如果我们假设有三个抄写错误，把 x 换成 y，AB 换成 AD，AB 换成 AP，那么对于任意底数，整件事情都是正确的。

性质。

让我们看看是否会有一条曲线满足 AC 总是等于 BP；在这种情况下 $\sqrt{x^2+y^2}=w$，$w=\frac{dy^2}{2dx}$。令 x 为算术级数，那么 $\left(\int\sqrt{x^2+y^2}=\right)\int AC=y^2$；然而，这并不足以在实际中通过连续的点来描述曲线。当 $x=1$ 时，让 $BC=(y)$；那么 $\sqrt{1+(y^2)}=(y^2)$，或 $1+(y^2)=(y^4)$。从这里可能得到 (y)；因此由方程

$$y^4-y^2+\frac{1}{4}=1+\frac{1}{4},$$

我们有

$$(y^2)=\frac{\sqrt{5}}{2}\text{或}(y)=\frac{\sqrt[4]{5}}{\sqrt{2}}\text{。}$$[1]

同样地

$$\underset{AC}{\sqrt{4+((y^2))}}+\underset{A(C)}{\sqrt{1+\frac{\sqrt{5}}{2}}}=((y^2));$$

这样就可以再次得到 $((y))$。通过这种方法，可以找到第三个 AC，也可以找到某种多边形，这个多边形在所取单位越来越小的情况下，与所需曲线越来越相似。

x 是算术级数表示沿 AB 轴的运动(在描述它时)是匀速的。但是，假设任何运动都是匀速的，这种描述不在我们的能力范围之内。[2] 因为除了不断中断的运动，我们不能产生任何匀速运动。

现在让我们来研究一下 $dxdy$ 是否与 $d\overline{xy}$ 相同，以及 $\frac{dx}{dy}$ 是否与 $d\frac{x}{y}$ 一样；可以看出，如果 $y=z^2+bz$，$x=cz+d$，那么

① 几乎没有必要指出二次方程的算术解法中的错误；这也不重要。然而，需要注意的是，如果 $AC=v$，则方程可化简为 $v^2=x(x+v)$，解是一对直线。

② 这让人强烈地联想到巴罗的 Lecture Ⅰ(接近开始)和 Lecture Ⅲ(接近尾声)。

$$dy = z^2 + 2\beta z + \beta^2, + bz + b\beta, - z^2 - bz,$$

而这变为 $dy = \overline{2z + b\beta}$。

同样地，$dx = + c\beta$，因此

$$dx\,dy = \overline{2z + bc\beta^2}\text{。}$$

但如果你直接计算 $d\overline{xy}$，你也会得到同样的结果。因为在这几个因素中，每一个都有单独的影响和作用，且一个不影响另一个；在除法的情况下也是如此。

现在让我们看看，当我们求这些东西的总和时，是否有什么区别。我们有 $\int dx = x$，$\int dy = y$ 和 $\int d\overline{xy} = xy$ 。如果我们有一个方程 $dx\,dy = x$，那么 $\int dx\,dy = \int x$ 。但是 $\int x = \frac{x^2}{2}$ ，因此 $xy = \frac{x^2}{2}$，或 $\frac{x}{2} = y$；而它满足方程 $dx\,dy = x$；用它来代替 y，就可以得到 $ax\,\frac{dx}{2} = x$，或 $a\,\frac{x^2}{2} = x$，[①] 这显然是正确的结果。

总之，这些结果是不成立的；因为 $\int x \int y$ 并不等同于 $\int xy$ ；原因是差是一个单一的量，而和是许多量的集合。差的总和是最后得到的项。然而，从因子之和中我们可以找到乘积的总和，这实际上不是通过分析，而是通过某种推理方法得到的；就像沃利斯在这类事情上所做的那样，不是通过证明它们，而是通过一种容易的归纳法。但是，证明它们成立将是非常重要的事情。

假设 $\int \overline{zy}$ 为所求之和。令 $\int \overline{zy} = w$ ，则 $zy = \overline{dw}$，从而有 $y = \frac{\overline{dw}}{z}$ 和 $\int y = \int \frac{\overline{dw}}{z}$ 。同样地，我们有 $\int z = \int \frac{\overline{dw}}{y}$ 。假设 $\int y = v$ 是已知的，$\int z = \psi$ 也是已知的，那么就有 $y = dv = \frac{dw}{z}$，$z = d\psi = \frac{dw}{y}$，并且 $\frac{dv}{d\psi} = \frac{z}{y}$。由此

① 作为一个逻辑学家，莱布尼兹应该更清楚地知道，不能相信一个单一的例子可以来验证一个肯定的规则。

关于无限小，请注意方程 $dx\,dy = x$。

可以得出 $d\frac{v}{\psi}=\frac{z}{y}$，因此 $\frac{v}{\psi}=\int\frac{z}{y}$。所以 $\int\frac{z}{y}=\frac{\int z}{\int y}$，这显然是不正确的。[①] 由此，我们可以得出结论：$\int\frac{dv}{d\psi}$ 不等于 $\frac{v}{\psi}$。

那么它能是什么呢？我们必须用 v 的差除以 ψ 的差来求和。也就是说，不是每一个 v 的差，也不是整个 v 的差都要被 ψ 的每个差整除，我认为不是这样的，因为第一组中的每一个单项只能被另一组中与之对应的单项所除，而不是被另一组中所有的单项整除。因此 $\int\frac{dv}{d\psi}$ 并不等同于 $\frac{\int dv}{\int d\psi}$ 或 $\frac{v}{\psi}$。那么 $d\frac{v}{\psi}$ 与 $\frac{dv}{d\psi}$ 不会相同吗？如果是相同的，那么也有 $\int d\frac{v}{\psi}=\int\frac{dv}{d\psi}$，即 $\frac{v}{\psi}=\int\frac{dv}{d\psi}=\frac{\int dv}{\int d\psi}$，这是很荒谬的。

同样地，如果我们可以假设 $d\overline{v\psi}=dv d\psi$，那么 $\int\overline{dv\psi}$ 或 $v\psi$ 等于 $\int\overline{dv d\psi}$。这里 $v\psi=\int dv\int d\psi$；因此 $\int\overline{dv d\psi}=\int dv\int d\psi$，这也是荒谬的。

因此，说 $dv d\psi$ 是和 $dv\psi$ 相同的东西，或者说 $\frac{dv}{d\psi}=d\frac{v}{\psi}$，似乎是不正确的；尽管在上面我说情况确实如此，而且似乎已经被证明了。这实际是一个难点，但现在我知道如何解决这个问题了。

如果我们有 v 和 ψ，并且它们组成某个量，例如 $\phi=v\psi$ 或 $\phi=\frac{v}{\psi}$，而且如果 v 和 ψ 的值可以表示为如横坐标 x 等一些变量的有理函数，那么微积分将始终表明产生的差相同，并且 $d\phi$ 与 $dv d\psi$ 或 $\frac{dv}{d\psi}$ 相同。但现在我发现前者永远不可能发生，也不可能通过部分分离来实现后者，即

---

① 如果莱布尼兹可以看出这个等式“显然是错误的”，那么在这句话之前的论证有什么用呢？因为最终的结果也必然是明显不正确的。

$d\phi$ 与 $dvd\psi$ 或$\frac{dv}{d\psi}$相等；例如

$$x+\beta, \frown x+\beta, , -, x, x, \text{成为 } 2\beta x,$$

这不同于式子

$$x+\beta, -x, , \frown x+\beta, -x, \text{其中给定}\beta^2。$$

因此，一定可以得出：$dv\psi$ 不等同于 $dvd\psi$，并且 $d\frac{v}{\psi}$与$\frac{dv}{d\psi}$是不相等的。[①]

取一阶方程 $a+bx+cy=0$。设 $DV=\theta$，$AB=x$，$BC=y$，并且 $TB=t$，那么，利用切线法，[②] 我们可以得到 $bt=-cy$，或 $t=-\frac{cy}{b}$。同理可以得到 $\theta=-\frac{bx}{c}$。

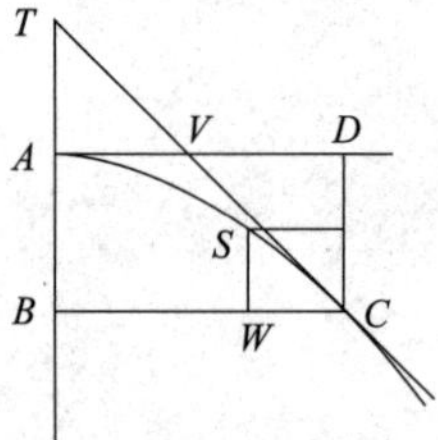

设 $WC=w$，$WS=\beta$，则显然有$\frac{t}{y}=\frac{\beta}{w}$，因此，$w=-\beta\frac{b}{c}$，同理，$\beta=-\frac{wc}{b}$。

---

① 莱布尼兹在这里通过一次违背普遍规律，合理证明了他的假设是错误的。他令 $v=\psi=x$，并将 x 改为 $x+\beta$；因此

$$d(xx)=(x+\beta)(x+\beta)-xx=2\beta x,$$
$$dx\,dx=(x+\beta-x)(x+\beta-x)=\beta^2。$$

在这里，我们看到了与费马以及后来牛顿和巴罗所使用方法相同的第一个想法；正是这种考虑，无论其来源如何，导致他后来采用 $x+dx$，$y+dy$ 替换巴罗使用的 a 和 e。

② ordinando et accommodando 的字面意思是按照有序设置和调整。需要记住的是，斯吕塞只给出了一条规则，而没有证明。该规则的一部分是，如果有两个变量的方程中有含这两个变量的项，那么这些项必须在方程的每一边都保留。因此，对于方程 $y^3=bvv-yvv$，首先要写成

$$y^3+yvv=bvv-yvv\cdots\cdots\text{ordinando (?)}$$

然后左边的每项都乘以 y 的指数，右边的每项都乘以 v 的指数，因此

$$3y^3+yvv=2bvv-2yvv\cdots\cdots\text{acommodando (?)}$$

最后，在每一项中，左边的一个 y 变成了一个 t，其中 t 是沿 y 轴得到的次切线。

对于二阶方程 $a+bx+cy+dx^2+ey^2+fyx=0$。利用切线法，我们有

$$bt+2dxt+fyt=-cy-2ey^2-fyx;$$

从而有 $t=\dfrac{-cy-2ey^2-fyx}{b+2dx+fy}$。由此显然可见，$t$ 总是可以被 y 整除（且 θ 总是可以被 x 整除），并且由于 $w=\dfrac{\beta y}{t}$，我们有

$$w=\frac{\beta\overline{b+2dx+fy}}{-c-2ey-fx},$$

$$y=\frac{-w\overline{c+fx},\frown\beta\overline{b+2dx}}{f+2e},$$

但由于 $y=\dfrac{-a-bx-dx^2}{c+ey+fx}$，从而我们可以得到

$$y=\frac{-w,\overline{c+fx},\frown\beta\overline{b+2dx},\frown\overline{c+fx},,,+\overline{f+2e}\frown\overline{a+bx+dx^2}}{-w,\overline{c+fx},\frown-\beta\overline{b+2dx},\frown-e} \text{①}$$

$$=\frac{-w\overline{c+fx},-\beta\overline{b+2dx}}{f+2e}。$$

由此，我们得到了一个不包含 y 的方程；[②] 通过表示常数的字母的变化，可从这个方程中得到的所有图形都可求面积；以及所有通过其他方法得到其他图形都可以证明与之相关。

---

① 这是极其不准确的；除了 $f+2e$ 应该为 $\beta f+2ew$ 这一错误外，其他错误都可能是抄写不准造成的。即使莱布尼兹的书写很糟糕，一个模糊符号的正确版本（通过糟糕的书写）也可以很容易地通过代数运算得到解决。因此，在莱布尼兹符号中，最后一对值的第一个应该是

$$y=\frac{-w,\overline{c+fx},-\beta,\overline{b+2dx},,\frown\overline{c+fx},,,+\overline{\beta f+2ew},\overline{a+bx+dx^2}}{-w,\overline{c+fx},-\beta,b+2dx,,\smile-e,},$$

对第二个值可以进行类似的修正。

② 即使莱布尼兹已经算出了正确的结果，并且得到了他想要的结果，即用 x 表示了 $\dfrac{w}{\beta}$，他也会得到一个非常长的二次方程，该方程的根在任何时候都超出了他去使用它的能力范围。但是他相信他可以因此找到任意圆锥曲线的求积，或者可以简化成这些曲线的图形。

位于德国柏林的莱布尼兹学会。

第九章

• *Chapter* Ⅸ •

莱布尼兹于1674年制成了第一台能够进行加、减、乘、除和开方运算的计算器。他认为杰出人物像计算的奴隶一样去浪费时间是不值得的，如果用计算器，这些计算交给任何人都可以。

Machina Arithmetica.

in qua non additio tantum (et subtractio) sed
et multiplicatio nullo, divisio paene nullo,
animi labore peragitur.

Cum aliquot abhinc annis Instrumentum quoddam,
quod qui portat, passus ipse suos ne cogitans quidem,
numerat; primum vidissem, statim subiit animum
cogitatio posse toti Arithmeticae simili machina.
menti genere subveniri, ut non numeratio tantum
sed et additio cum subtractione, et multiplicatio
cum divisione, homine successus securo, ab ipsa

对于接下来的手稿中的内容,我们必须克制自己总是持批评的态度;因为正如开头所说的那样,这些内容不过是莱布尼兹想到时随手记下的一些笔记,主要是作为进一步研究的材料。在上一份手稿发表后的十天里,莱布尼兹也许没有空闲时间对上一份手稿的内容进行进一步研究,或许他发现在没有完善目前已有的方法之前,无法进一步更有效地开展新的研究。因此,他又回到通过一组交于一个点的线,再加上矩和重心的概念将图形分解成三角形的方法,获得更一般定理以备分析使用。这样一来,他又遇到了以“分部积分”形式出现的乘积的微分;但他并没有意识到这是乘积的微分,因为他在文中表明以前已经得到过这个结果,他不能从中得到什么新的内容。他还在为获得$\frac{\mathrm{d}y}{\mathrm{d}x}$作为$x$的显函数的想法而浪费精力,以达到积分或求积的目的。他可以使用斯吕塞的方法作为一个未经证实的规则,这一事实似乎掩盖了他继续研究微分定律或直接切线法的必要性。

◀ 莱布尼兹为计算器写的“营销材料”。

1675 年 11 月 21 日

通过切线和其他求积的逆方法的示例和发现；不可分的三角学；不定方程；收敛的纵坐标；重心的特殊用途

关于对重心法的新考虑的主题，其内容如下：

弧段 *AECD* 被分解成无数个三角形，*AEC*，*ACF* 等等，求出每一个三角形的重心；这是一个简单的问题，因为重心总是在距离底边三分之一的高度。然后，由于重心的路径乘以三角形的面积等于它旋转所形成的立体图形，而且由于 *AH* 和轴的无限小部分的乘积是三角形面积的两倍，那么，很明显，*AG* 乘以三角形 *AEC* 的重心距轴的距离等于该区域关于轴的矩；借助这个想法，可以通过两种方式立即得到一些结果：首先，通过取某个一般图形，并进行一般计算，以将其表示为易于找到重心的形式；通过这种方式，我们可以获得空间的矩，否则，如果用普通的坐标方法来研究它们，那将是一个困难的问题。其次，另一方面，如果用这种方法处理那些用普通方法就很容易得到矩的图形，我们就会得到某些非常难的曲线，而这些曲线的维度总是可以从一些比较容易的曲线中推导出来。在这里，我们有一个很好的方法，在它的帮助下，无论多么复杂的方法都可以获得有用的性质。当问题出现时，知道哪些问题本身很简单，而且由于其他原因是可解的，这往往非常有用；由此，可以发现许多值得注意的案例。请看奇恩豪斯对哈斯塔利亚线(Hastarian line)的说明。

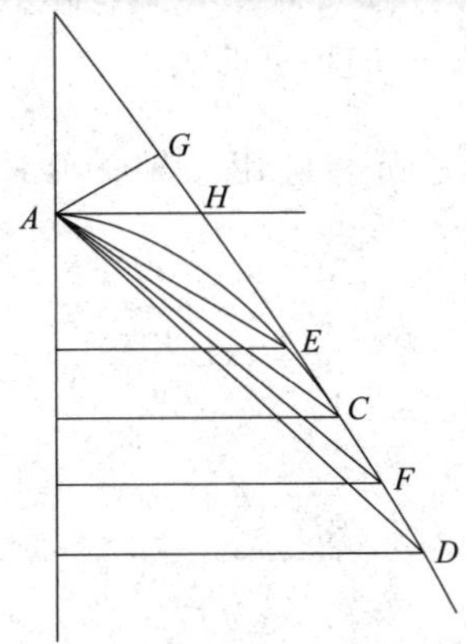

在非常规问题中，例如不能以直接的方式处理或简化为一个充分确定的方程，可以逆向考虑这些问题，将几种具有相同结果的方法相互比较是有用的。这种想法似乎对逆切线法很有用。这里有一个很好的例子。

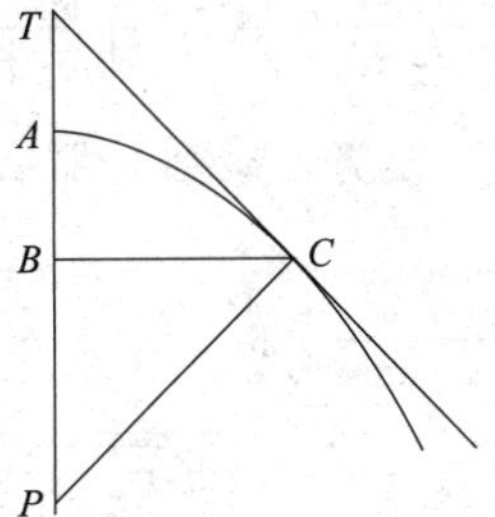

图中，要求 BP 和 AT 成反比。

设 $TB=t$，则 $AT=t-x$，且 $BP=\dfrac{a^2}{t-x}$。如果将其乘以 t，我们有

$$\square\, TBP=\frac{ta^2}{t-x}=a^2+\frac{a^2x}{t-x}=y^2,$$

从而 $ta^2=ty^2-xy^2$ 或 $t=\dfrac{xy^2}{a^2-y^2}$;① 因此 $\dfrac{t}{x}=\dfrac{y^2}{a^2-y^2}$，或者所有的 t 加

① 符号有错误，a^2-y^2 应该是 y^2-a^2；因此，后面的结果也是错误的。

起来等于关于每一个$\frac{y^2}{a^2-y^2}$的顶点的矩。

但从其他原因来看，所有应用于轴的 TP 都等于应用于曲线上的 TC。

由$\frac{t}{y}=\frac{\beta}{w}$，有$w=\dfrac{\beta y}{t=\dfrac{y^2\ x}{a^2-y^2}}=\dfrac{\beta\overline{a^2-y^2}}{xy}$。但是由于$\int w=y$，因此

$$\int\overline{\frac{\beta\overline{a^2-y^2}}{xy}}=y\text{。}\cdots\cdots\cdots\cdots\cdots\cdots\cdots\cdots\text{(A)}$$

此外，$wx=\dfrac{\beta\overline{a^2-y^2}}{y}$，并且$\int\overline{wx}=yx-\int y\beta$，因此有

$$\int\overline{\frac{\beta\overline{a^2-y^2}}{y}}=yx-\int y\beta\text{，}\cdots\cdots\cdots\cdots\cdots\cdots\cdots\text{(B)}$$

再由 $w=\mathrm{d}y$，$\mathrm{d}y=\dfrac{\beta\overline{a^2-y^2}}{xy}$，从而得到

$$xy=\frac{\beta\overline{a^2-y^2}}{\mathrm{d}y=w}=\int\overline{y}\beta+\int\overline{\frac{\beta\overline{a^2-y^2}}{xy}}\text{。}$$

现在，如果我们假设 y 是算术级数，那么 $w=\mathrm{d}y$ 是常数，而 β 是变量；从而我们有

$$\beta=\frac{\int\overline{y\beta+\beta\dfrac{a^2-y^2}{y}}}{a^2-y^2},\overline{\mathrm{d}\beta\overline{a^2-y^2}}=\frac{a^2\beta}{y}\text{。}$$

但由方程(B)，$\beta\dfrac{a^2-y^2}{y}+\beta y=\overline{\mathrm{d}yx}$，可得$\beta\dfrac{a^2}{y}=\overline{\mathrm{d}yx}$。

由此，我们就得到了两个相互独立的方程：

第一个是 $$\frac{\mathrm{d}x}{\mathrm{d}y}=\frac{yx}{a+y,\ a-y},\text{①}\cdots\cdots\cdots\cdots\cdots\cdots\cdots\text{(1)}$$

① 虽然变量是可分离的，但莱布尼兹没有认识到可以利用这一事实。后面他指出，一个问题的解决不能从一个方程中得到。在这种情况下，我们有

$$\frac{\mathrm{d}x}{x}=\frac{y\mathrm{d}y}{y^2-a^2}=\frac{\mathrm{d}v}{v},\text{如果有 } y^2-a^2=\pm v^2\text{。}$$

假设这种替换有效，莱布尼兹就会得出 $x=v$ 的结论，并会说他已经解决了这个问题。

但在这里他又做了一个错误的选择，因为原点(A)不能落在任何一条曲线 $Cx=v$ 或 $Cx^2\pm y^2=\pm a^2$ 上，这是方程的通解。因此，这个问题是不可能的。

第二个是 $\overline{\mathrm{d}yx}=\frac{\mathrm{d}xa^2}{y}$。…………………………(2)

此外，我们还可以寻求其他的结果，如

$$\int t\ \mathrm{d}y=\int y\ \mathrm{d}x。$$

这并没有给我们提供什么新的东西；但是 $\int tw+\int xw=xy$ 或 $t\mathrm{d}y+x\mathrm{d}y=\overline{\mathrm{d}xy}$，以及 $t=\frac{\mathrm{d}x}{\mathrm{d}y}y$；由此，后者 $=\frac{\overline{\mathrm{d}xy}-x\mathrm{d}y}{\mathrm{d}y}$。从而我们有 $\overline{\mathrm{d}xy}=\overline{\mathrm{d}xy}-x\ \overline{\mathrm{d}y}$。

这是一个非常值得注意的定理，也是一个适用于所有曲线的一般定理。但从这个定理中不能推导出任何新的东西，因为我们之前就已经有这个结果了。

然而，从另一个原理出发，我们将得到一个新的定理；因为众所周知，每个 BP 的和等于 $\frac{BC^2}{2}$；也就是说，$BP=\frac{a^2}{t-x}$，$t=\frac{\beta y}{w}=\frac{\overline{\mathrm{d}x}}{\mathrm{d}y}y$，从而可以得到

$$BP=\frac{a^2\mathrm{d}y}{\overline{\mathrm{d}xy}-\overline{\mathrm{d}yx}}=\frac{\overline{\mathrm{d}y^2}}{2}。\cdots\cdots\cdots\cdots(3)$$

因此，我们有两个方程，其中都出现了 $\mathrm{d}x$，即第一个和第三个方程；在这些方程的帮助下，通过消除 $\mathrm{d}x$，我们将得到一个只有一个未知数待定的方程；因此，由方程(1)，我们有 $\mathrm{d}x=\frac{\overline{\mathrm{d}y}yx}{a^2-y^2}$，现在由方程(3)，我们可以得到 $\overline{\mathrm{d}xy}\ \overline{\mathrm{d}y^2}-\mathrm{d}y\ \overline{\mathrm{d}y^2}\ x=2a^2\mathrm{d}y$，从而

$$\mathrm{d}x=\frac{2a^2\overline{\mathrm{d}y}+\mathrm{d}y\overline{\mathrm{d}y^2}\ x}{y\overline{\mathrm{d}y^2}}。$$

所以我们得到了两个 $\mathrm{d}x$ 值之间的方程，其中只保留了变量 y。由此，通过假设 y 是算术级数，即 $\mathrm{d}y=\beta$ 是一个常数，以及 $\overline{\mathrm{d}y^2}=z$，$z=$

$\frac{z^2}{2}=y^2$；$z=\sqrt{2}y=\overline{dy^2}$。[①] 这样我们就得到了所需要的结果。

我们这里有一个很好的例子，可以说明逆切线法的问题是如何解决的，或者说它是如何简化为求积问题的。也就是说，如果可能的话，可以通过合并几个不同的方程来获得结果，以便在求积中只留下一个未知数。这可以通过以各种方式对纵坐标求和来实现，或者在另一方面，用汇聚线或其他线来代替纵坐标。

注意：如果可以找到另一条直线来代替 x 或 y，这条直线要么是斜的，要么是汇聚于同一点的一系列直线中的一条，从而只留下一个未知数，那么就可以安全放心地使用它。以寻找 AP 的关系为例，在这里，应用于轴的 AP 之和是 AC 平方的一半。只要限定一个未知数的公式不包含无理量的形式或作为分母，[②]问题总是可以完全解决；因为它可以被简化为一个我们能够计算的积分；对于简单的无理量或分母的情形，也有同样的结果。但在复杂的情况下，可能会使我们得到一个无法求解的积分。然而，无论结果如何，当我们把问题简化为一个求积分问题时，总是有可能用一个几何运动来描述曲线；这完全在我们的能力范围之内，而且不依赖于问题中的曲线。此外，该方法还揭示了求积的相互依赖性，并将为解决求积的方法铺平道路。与此同时，我承认，可能需要大量的不定方程(我这样称呼它们，是因为需要许多方程来解决问题，也许只要有一个方程就足够了，只要它能求解)，才能完全摆脱其中一个未知数的束缚。不幸的是，一个解不能从单个方程得到，除非其中一项不受束缚；如果这个项经常出现，那么除非它至少有一次不受束缚，否则不能得到解。因此，可能要找到大量不定方程；我们必须检查其中哪些方程在某种程度上是独立于其他方程的，也就是

---

① 这对我来说实在是难以理解，不禁疑问：这是准确抄写吗？

② 这相当于莱布尼兹承认他不能准确地对 $\int \frac{a^2}{y}$ 进行积分，尽管他知道它是对数，或能化简为求双曲线下的面积；他在 11 月 11 日的手稿中给出了这一点。

说，不能通过简单的操作相互推导出来；例如，所有 AP 的总和与所有 AE 的总和。

借助于不平行但汇聚的纵坐标研究一种新的不可分的三角学

设 B 是一个固定点，BDC 是位于曲线上的非常狭窄的三角形；令 DE 垂直于 BC；从点 B 绘制垂直于 BC 或平行于 DE 的 BA 且与切线 $AHDC$ 相交，并令 BH 垂直于所画切线 DC。

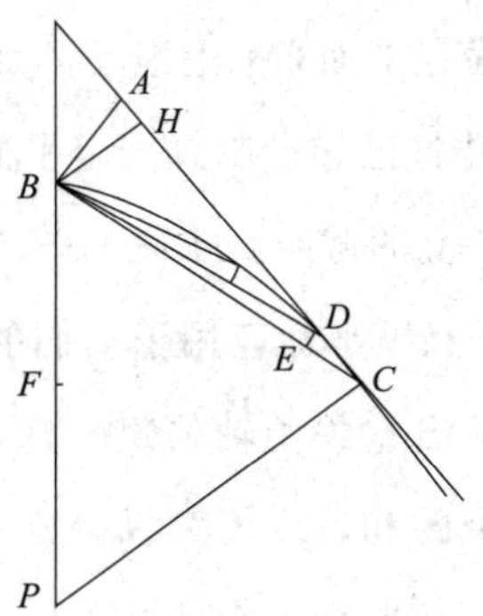

那么可得三角形 CED，CHB，BHA 是相似的；从而我们有 $\frac{BH}{CE}=\frac{HA}{DE}=\frac{BA}{CD}$，因此 $BH\cdot DE=CE\cdot HA$，$BH\cdot CD=CE\cdot BH$。因此，三角形之和或图形的面积等于 AB 与 CE 的乘积，最后，还有 $AH\cdot CD=DE\cdot BH$。[①]

此外，$\frac{CH}{CE}=\frac{HB}{DE}=\frac{CB}{CD}$；从而，同样可以得到 $CH\cdot DE=CE\cdot HB$ 和 $HB\cdot CD=DE\cdot CB$；也就是说，很明显，三角形的面积等于它本身。还可以得到 $CH\cdot CD=CE\cdot CB$，这对于研究次摆线是一个值得注意的

---

① 这一段中的字母有几个错误，可能是抄写造成的；这里 E 代表 B，H 代表 A，等等，都是很容易想象的错误，可能抄写时没有进行核实工作。

根据上述注释及相应正文，可知：$BH\cdot CD=CE\cdot BH$ 中最后的 BH 应为 BA。“AB 与 CE 的乘积”中，CE 应为 CB。$AH\cdot CD=DE\cdot BH$ 中的 BH 应为 BA。——中译者注

结果。

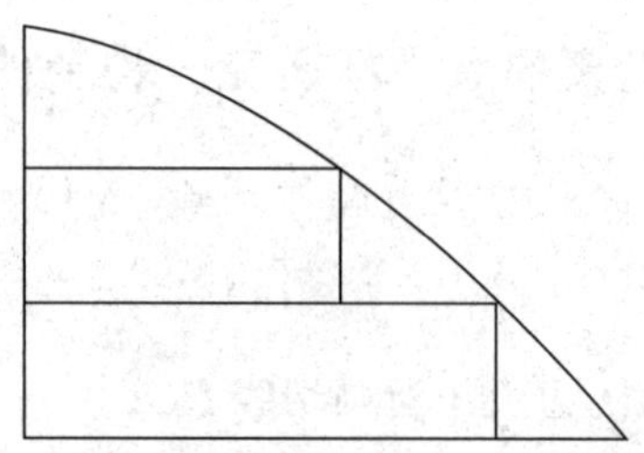

如果将曲线 DC 在固定平面 CA 上滚动，那么可以用固定在 DC 上的点 B 来描述次摆线，并且已知绘制到固定平面 CA 上的次摆线的纵坐标为 BH，则应用于 DC 上的截距 CH 之和等于应用于它们各自差处的截距 CB 之和。如果把任意纵坐标应用于它们的差上，得到的结果总是一样的，就像我们试图求出差关于轴的矩一样，这和我们求它们的和，或者说这与当我们将每个的和，或最大纵坐标乘以其重心到轴的距离，即其中点，也就是它自身一半时的情况相同。这就等于最大纵坐标的平方的一半。因此，我们总是可以得到所有矩形 BC，CE 的总和，它总是等于 BC 平方的一半，或者所有应用于 F 轴的 BP 的总和，其中 CP 是曲线 DC 的法线。

第十章

• *Chapter* Ⅹ •

虚数是奇妙的人类精神寄托，它好像是介于存在与不存在之间的一种两栖动物。

——莱布尼兹

Septemb. 1694. Hug. alia scheda

Sit $dy = y\,dx$. fit $y = \int y\,dx$. et pro y substituendo valorem fit $y = \int\int y\,dx\,dx$, et rursus substituendo valorem fit $y = \int\int\int y\,dx\,dx\,dx$. Ergo continuando in infinitum fit

$y = \int\int\int\int\int \text{etc}\; dx\,dx\,dx\,dx\,dx$.

Sed $\int dx = x$ et $\int\int dx\,dx = \int x\,dx = \frac{1}{2}xx$ et $\int\int\int dx\,dx\,dx = \int \frac{1}{2}xx\,dx = \frac{1}{2.3}x^3$

Ergo per 5, fit $y = x^{infin} : 1.2.3.4.5.6.7.8$ etc in infinitum

AB y, CB v. fit $v = 1:y$ posito AH, 1 erit HC Hyperbola.

Sit $x = \int v\,dy = BE = \int dy:y$ per 12.

Itaque si y incipit a nihilo seu ab A, seu si $y = \int dy$ fit BE infinita ... spatium infinitum CFABKF

Sed si y incipiat alicubi ab aliqua quantitate assumta

莱布尼兹现在把研究的注意力放在求切线的直接方法上,并进一步推广了笛卡儿的方法。巴罗经常使用这种方法，他特别偏爱的曲线是直角双曲线，这只是一种巧合吗？魏森博恩认为，同样的巧合也发生在牛顿的方法上，他使用的是解析逼近；但如果这些观点中暗含着什么的话。我认为，巴罗的方法，纯粹是为了构造切线，比牛顿更接近莱布尼兹在这份手稿中的内容。

无论如何，莱布尼兹终于开始考虑斯吕塞准则是通过什么方法得到的了。他把它归结为笛卡儿方法的发展和延伸；但在这方面，我无法摆脱巴罗在段落中间部分使用第一人称复数的暗示，“我们经常使用”，而这段话与他通常的习惯相反，他通常是以第一人称单数写的，他在这里描述了微分三角形和“a 和 e”方法。我认为斯吕塞已经阐明了求切线的操作方法，他通过观察使用“a 和 e”方法得到的结果对该方法进行了推广；而这一方法在《几何讲义》出版前就已经由巴罗传播出去了，虽然我承认我没有找到这方面的记录，也没有找到巴罗和斯吕塞之间通信的明显证据；但是，斯吕塞 1672 年发表在 *Phil. Trans.* 的文章已经能表明这一点了。

对我来说，更奇怪的是，在巴罗工作的几年时间里，在各种各样的地方，由许多不同的人提出了如此丰富的微分方法，但他们没有一个提到是受巴罗的研究工作启发的。

◀ 莱布尼兹关于微积分的手稿。

1675 年 11 月 22 日

直接切线法的微积分简述，以及它在寻找其他曲线切线方面的用途；一些关于逆方法的观察

在我 11 月 21 日写的那篇文章中，我记下了那些我想到的关于切线方法的内容。现在回到这个主题，设 $ACCR$ 和 $QCCS$ 是两条曲线，它们在一个、两个或更多的点 C，(C)处相交；设 $AB(B)$为轴，$AB=x$ 为纵坐标，$BC=y$ 为横坐标，那么我们将得到两条直线的两个方程，且每个方程都用这两个主要未知数表示。如果这两个方程有相等的根，或者方程有相等的值，那么这两条线就会相交。笛卡儿没有选择 $QC(C)S$，而是选择了以 P 为中心的圆弧 $VC(C)D$，使得 PC 是可以从 P 点画出的所有线条中最短的一条。如果我们不选择圆弧，而是选择切线 $TC(C)$，也就是可以从给定的 T 点画到曲线上的所有线条中最长的一条，也会得出同样的结果，而且往往更简单。假设已知 $TA=b$，$AE=e$，需要找到 AB，BC。这两个方程，一个是对曲线 $AC(C)$的方程，即 $ax^2+cy^2+\cdots=0$；另一个是对直线 $TC(C)$的方程，根据 $\frac{TA}{AE}=\frac{TB}{BC}$，它将是 $\frac{b}{e}=\frac{b\pm x}{y}$ 或 $\pm x=\frac{b}{e}y-b$ 或 $y=\pm\frac{e}{b}x+e$。因此，在不提高给定曲线 $AC(C)$ 的方程阶数的情况下，可以直接求出任意一个未知数的值；接着，我们将立即得到一个方程，它只包含唯一留下的未知数，这样我们就可以确定相等根的条件。毫无疑问，这就是斯吕塞方法的原理。

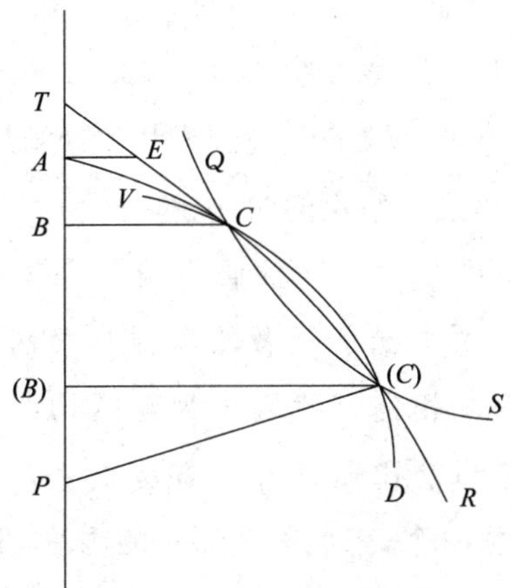

然而，根据笛卡儿的理论，如果圆弧的圆心为 P，那么圆的新方程将可以表示如下：设半径 $PC=s$，$PB=v-x$，我们有 $s^2=y^2+v^2+x^2-2vx$。很明显，我们这里可以选择圆或直线方程；在给定的曲线方程中，当只出现 y 的偶次幂时(在圆锥曲线的情况下总是可以发生)，那么使用圆的方程将更加方便；从而，借助 y^2 的两个值，可以立即算出未知的 x；但是，一般来说，对于所有用有理关系表示的曲线方程，使用直线的方法可能更有效。

而且，我认为，这里不仅可以选择直线或圆，只要知道绘制假设曲线的切线的方法，还可以选择任何你想选择的曲线；并可以通过该方法找到给定曲线的切线方程。采用这种方法会产生优雅的几何结果，这些结果因可以避免或缩短冗长的计算及其证明和构造的方式而引人注目。因为通过这种方式，我们从简单的曲线进入到更复杂的情况。假设一条曲线的方程是已知的，那么总是有可能选择一条切线已知的其他曲线的方程，借助这些方程，可以很容易地计算出其中一个未知数。

因此，如果 $hy^2+y^3=cx^3+dx^2+ex+f$ 是一条需要求切线的曲线的方程，那么假定一条切线已知的曲线的方程是 $hy^2+y^3=gx+q$。消去 y，我们可以得到方程 $gx+q=cx^3+dx^2+ex+f$。这可以通过笛卡儿的比较法或胡德的算术级数法来确定两个相等的根；通过计算 x 的值，可

以找到 g 或 q 的值，并且在 q 或 g 中可以任意选择一个求值。[①] 因此，就得到了一种描述与给定曲线接触的另一条曲线的方法；当我们描述它的时候，让我们在它和所建议的曲线的公共点处画切线，假定这些切线已知，那么这条切线就会与给定的曲线相切。

我认为，一般来说，通过这种假设第二条曲线的方法可以进行计算，就像我们在这种情况下所做的那样，显然可以算出其中一个未知数。因此，我完全相信，我们将为新的切线法则推导出一种优雅的计算，而且，它可能比斯吕塞的方法更好，因为它显然能立即算出两个未知数中的一个，这是斯吕塞的方法没有做到的。现在，这种随意假设任何曲线的非常普遍和广泛的能力使我几乎可以肯定，可以将任何问题简化为切线的求逆法或求积法。事实上，只要给定一条曲线的切线的任意性质，并给出需要的纵坐标和横坐标之间的关系，就可以得出一个方程，其中包含主要的未知数 x 和 y，以及其他两个附带的未知数，如 s 和 v，或 b 和 e 等；现在，由于方程包含切线的性质，通过此性质 s 和 b 可以表示为与切线有关系。在这种情况下，假设任意选择新的曲线，那么 s 和 v 也将与这条曲线有已知的关系。通过任意选择曲线的方程，我们将能够用所需曲线代替给定的切线性质，即通过去除一个或另一个未知数；通过将问题简化到这样一种状态，逆计算就会变得容易了。

那么，整件事情就变成这样了，即在给定任何图形的切线性质后，我们研究这些切线与假定为给定的其他图形的关系，这样就知道了它的纵坐标或切线。这种方法也适用于图形的求积，可以从一个图形中推导出另一个图形；但我们需要一个例子来说明这类问题；因为这的确是一件极其微妙且复杂的事情。

---

① 胡德的方法似乎与斯吕塞的方法在原理上相似，而笛卡儿的方法则是通过假定根来构造导出函数，依次形成可被每个假定根因子整除的函数的商的和，并与原函数进行比较。因此，这两种方法都可以简化为求曲线方程(右边为零)及其微分的公共测度。

然而，奇怪的是，莱布尼兹并没有注意到，当取任意常数 q 等于 f 时，在他选定的特定情况下，方程的阶数会降低。

上面提到的手稿似乎是格哈特在1673—1675年间发现的所有手稿。我感到非常遗憾的是，这些手稿没有被完整地整理和展示，或者至少提供一个较为完整一点的版本。例如，格哈特提到莱布尼兹在1673年8月的手稿中构建了所谓的特征三角形，但没有给出相关图形。这个图形应该被给出，因为1674年10月给出的图形并不是莱布尼兹在“附言”（第一章）或《微积分的历史和起源》（第二章）中给出的特征三角形，而是帕斯卡的图（假设康托给出的图形是正确的）。了解莱布尼兹放弃帕斯卡的图而改用巴罗的图的日期会是有用的。

此时值得注意的是，莱布尼兹只用了无穷小，并验证了笛卡儿的方法在抛物线的简单情况下是正确的；但他对忽略消失量的方法的普遍性并不满意。

同样，1674年10月的第二份手稿似乎非常重要，主要是它包含了后来一些手稿的基础工作。从所提供的少量内容来看，至少应该提供更全面的摘录才是最理想的做法。值得一提的是，这份手稿是一篇关于级数的长文。这可能与它没有被完整提供的事实有什么关系吗？

英国牛津自然历史博物馆大厅中的莱布尼兹雕像。

关于第十一章至第十五章的说明

在上一份研究手稿和后续手稿之间有七个月的间隔,在这一段时间,格哈特似乎没有找到任何莱布尼兹的其他内容的手稿。这是很不幸的,因为在这段时间里,莱布尼兹得到了一个重要的结论,即求切线的正确的通用方法是差分。我们看到,在 1675 年 11 月,他已经开始深入地研究直接求切线的方法;但这个方法是有关辅助曲线的方法,没有任何关于特征三角形的迹象。这个时间段是否对应于莱布尼兹最后阅读巴罗的 Lecture Ⅵ-Lecture Ⅹ,并将其中的所有几何定理与他自己的符号进行比较的时间?或者说,莱布尼兹先用辅助曲线的方法,后用差分法求解切线的研究顺序与巴罗的顺序一致,这只是一个奇怪的巧合吗?如果莱布尼兹为他所考虑的第一个问题,即接下来的手稿中相当于反正弦的微分的问题给出一个示意图,我们就可以形成一个更明确的观点。他在写作时手边一定有这样一个图;因为我想读者会发现他需要一个图来跟随论证;出于验证这个论证的想法,我没有努力去弥补这个遗漏。

然而,直接求切线法的研究显然只是一种手段,而不是目的;因为莱布尼兹又回到了逆切线法,以及可积曲线的列表目录这些研究内容,他似乎说他已经掌握了这些。他似乎从 1676 年 11 月才开始自己的研究;并且,直到 1677 年 7 月,他才真正明确陈述了自己的规则。另一方面,在 1676 年 7 月,他一直在他的积分里使用微分因子,并在该年年底之前,他得到了乘积的微分,但我们不能确定这是他通过对定理 $\int y\mathrm{d}x = xy - \int x\mathrm{d}y$ 求逆得到的,还是通过替换 $x+\mathrm{d}x$,$y+\mathrm{d}y$ 得到的;但这种替换出现在 1676 年 11 月的手稿中。最后,在 1677 年 7 月,出现了替换其他字母的想法,以消除变量出现在根号下或分数分母中所造成的困难;有了这一点,所有代数函数的相关研究就相当完整了。目前还没有同样明确的方法来处理指数、对数或三角函数;对于后面这些函数类型,他提到了一个几何图,而这个图强烈地让人联想到巴罗。

莱布尼兹肖像。

第十一章

• *Chapter* Ⅺ •

在同时代人中，莱布尼兹由于坚信逻辑学的重要性而与众不同，这无疑是现代对莱布尼兹哲学重新感兴趣的一个主要原因。

——英国哲学史家

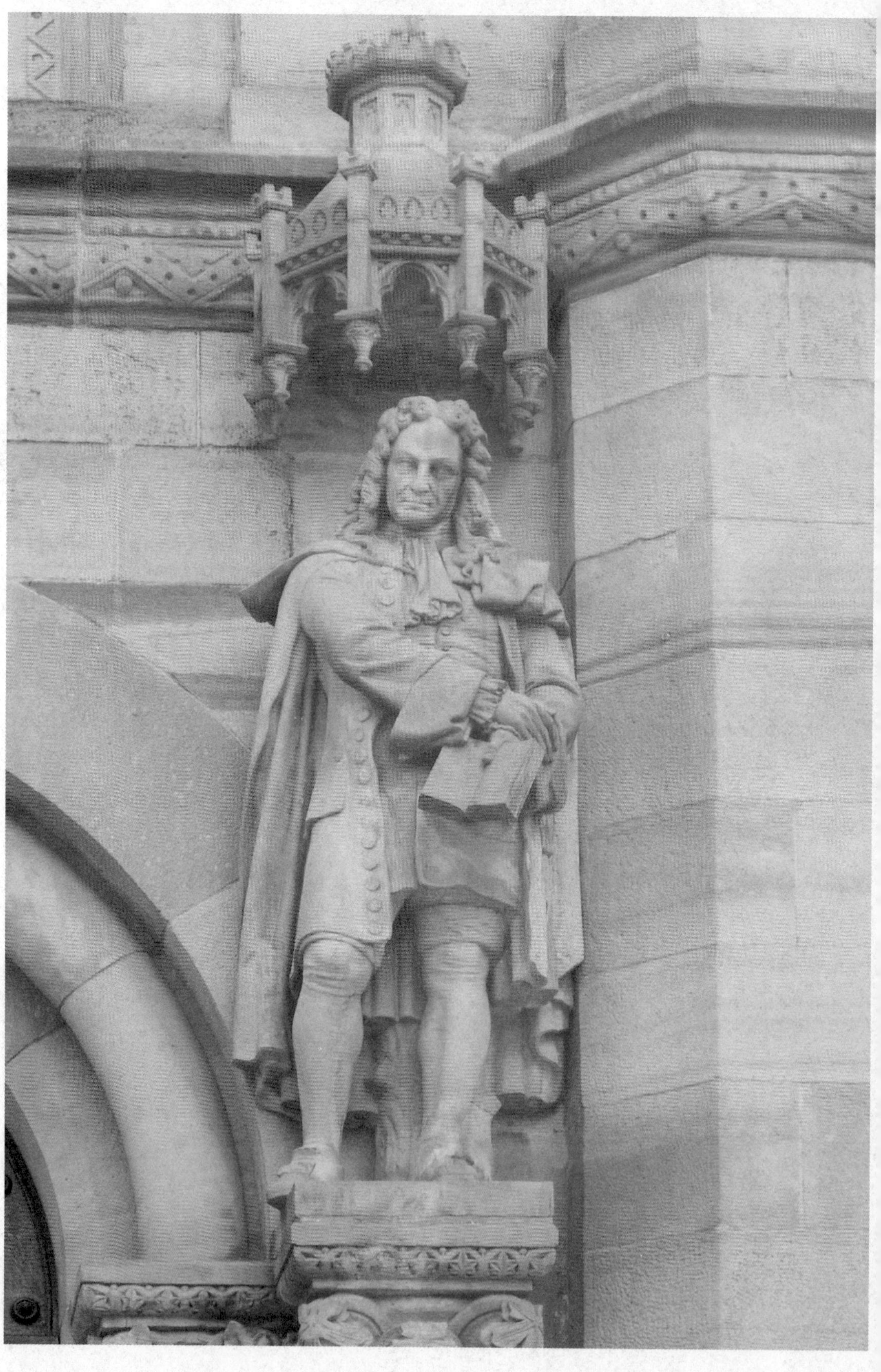

1676 年 6 月 26 日

求切线的新方法

我有许多关于求切线方法的完美定理，这些方法涉及直接求切线和求切线的逆。笛卡儿的切线法依赖于找到两个相等的根，该方法只适用于研究中所有不定量都可以用如横坐标的一个变量表示的情形，其他情形下，不能使用该方法。

但是，真正的求切线的一般方法是借助差分得到的。这就是说，无论是直接的还是收敛的，纵坐标的差分都是需要的。从而，那些不能用于任何其他类型计算的量，只要它们的差是已知的，就可以用于切线的计算。因此，如果我们给定一个包含有三个未知数的方程，其中 x 是横坐标，y 是纵坐标，z 是一个圆的弧，x 为该圆弧的补的正弦，即方程 $b^2y=cx^2+fz^2$。为了找到下一个连续的 y，用 $x+\beta$ 代替 x，用 $z-dz$ 代替 z，或者，由于 $\overline{dz}=\frac{\beta r}{\sqrt{r^2-x^2}}$，我们可以取 $z-\frac{\beta r}{\sqrt{r^2-x^2}}$；[①] 从而我们有

$$b^2(y)=cx^2+2cx\beta+c\beta^2+fz^2-\frac{2fz\beta r}{\sqrt{r^2-x^2}}+\frac{\beta^2r^2}{r^2-x^2},$$

因此，y 和 (y) 之间的差由以下公式给出

$$\pm b^2\ y\mp b^2(y)=\pm 2cx\beta-\frac{2fz\beta r}{\sqrt{r^2-x^2}}=b^2\overline{\mathrm{dy}};$$

所以
$$\frac{dy}{\beta}=\frac{\mp 2cx\sqrt{r^2-x^2}\mp 2fzr}{b^2\sqrt{r^2-x^2}}=\frac{t}{y}=\frac{tb^2}{cx^2+fz^2}。$$

◀ 哥廷根大学礼堂处的莱布尼兹雕像。

① 在这一行和下一行中，我更正了两个明显的印刷错误；它们显然不是莱布尼兹出的错，因为后面的几行是正确的。

由此根据主要变化量 $2cz\sqrt{r^2-x^2}$ 和 $2fzr$，可以发现曲线的弯曲度或曲度；当它们相等时，以前大的那一边的纵坐标就会变小了。同样，如果出现其他几个如对数等形式的不定量，无论它们如何被影响，形如 $b^2y=cx^2+fz^2+xzl$ 的方程情形也一样，方程中 z 表示一段弧，l 是对数函数，x 是圆弧的补的正弦，y 是对数的个数，$b=r$ 是半径和单位。同样，当一个未定义的超越值从某个面积或尚未研究过的积分得出时，情形也是如此。①

至于其余的，许多值得注意的和有用的定理都源于上述求逆切线的方法。因此，一般方程或任意不定阶的方程都可形成，起初确实只有两个未知数 x 和 y。但是，如果这样做不能令人满意，那么当我正在研究的表格②完成后，就会很容易解决；然后就有可能采取一个或多个其他字母，并将差分作为一个任意的已知公式，当这样做时，可以肯定的是，最终在任何情况下都会找到一个所需的公式，并以这种方式找到一条满足所给条件的曲线；但事实上，对曲线的描述将需要这些符号的图表，该图表代表任意选择的差分之和。

一旦找到了一条具有我们想要的切线性质的曲线，就会更容易找到它的更简单的构造方法。这也是一种方便的手段，使我们能够使用许多超越量，但又依赖于另一个量，例如所有依赖于圆或双曲线积分的量。从这些研究中还可以看出，是否有其他求积可以简化为圆或双曲线的求积。最后，由于找到最大值和最小值对于多边形的刻画和外接是有用的，因此，通过使用这些超越量，也可以找到收敛级数，并以同样的方式找到它们的极限，或者以同样的方式形成任何量。然而，在这种情况下，要论证不可能性并不那么容易了；至少用同样的方法证明不那么容易。只是我不明白，如果不计算与圆面积有关的量，是否可以从圆的求积中找到任意和。

① 这里对莱布尼兹是否能给出一个例子有一些疑问；但必须记住，这些实际上只是为了进一步考虑和研究的笔记。

② 原文并未附表格。——中译者注

第十二章

· *Chapter* Ⅻ ·

近代哲学领域内继笛卡儿和斯宾诺莎之后，内容最为丰富的哲学家乃是莱布尼兹。

——费尔巴哈（德国哲学家）

Hoc
duce in
immenfi
penetravi
intima
veri
NET
probal
autorem
magis
ulla
Deum

1676 年 7 月

求切线的逆的方法

在《笛卡儿通信》第三卷中，我看到他认为费马的最大值和最小值方法并不具有普遍性；因为他认为(第 362 页，信件 63)该方法不能用于寻找具有一定特性的曲线的切线，曲线的该特性为：从它上面的任意一点到四个给定的点所画的线加起来等于一条给定的直线。

[至此为拉丁语；下面内容是莱布尼兹是用法语写的]

Mons. des Cartes(letter 73，part 3，p. 409)to Mons. de Beaune.

我不相信在一般情况下可以找到与我的切线方法或费马先生使用的方法相反的方法。尽管在许多情况下，费马的方法比我的方法更容易应用；但人们可以从中推导出一个适用于所有曲线的后验定理，这些曲线由一个方程表示，其中一个量 x 或 y 至多有两个维度，即使另一个量为一千维也是如此。确实有另一种更普遍和先验的方法，即通过两条切线相交，这两条切线应该总是在它们接触曲线的两点之间相交，就像你能想象的那样近；因为在考虑曲线应该是什么样的时候，为了使得这个交点出现在两点之间，而不是在这一边或那一边，它的构造方法可以找到。但是，有这么多不同的方法，而我又很少实践，所以我不知道如何对它们作出公正的说明。”

笛卡儿对后世的看法有点过于自以为是；他认为(第 449 页，信件 77)，他关于解决一般立体问题的规则是迄今为止在几何学中发现的所有事物中最难找到的，而且可能在几个世纪后仍然如此，“除非我自己

◀ 莱布尼兹（版画，1874）。

亲自去找其他的方法”（好像几个世纪都不能出现一个能够做更重要的事情的人似的）。

（第 459 页）对于一个懂得微积分的人来说，四个球问题是一个很容易研究的问题。这要归功于笛卡儿，但正如书中给出的那样，它似乎非常冗长。

笛卡儿说他已经解决了求切线的逆的方法的问题（第三卷，信件 79，第 460 页）。

［莱布尼兹接着用拉丁语继续说］

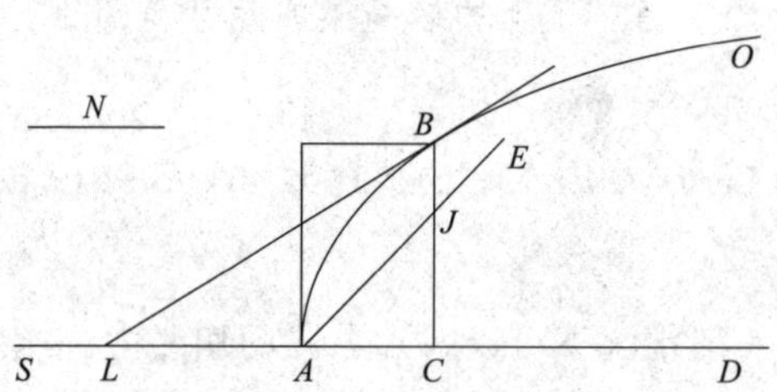

EAD 是一个 45 度角。ABO 是一条曲线，BL 是它的切线；纵坐标 BC 与 CL 的比值等于 N 与 BJ 的比值。那么

$$CL=\frac{BC=ny}{BJ=y-x}, \quad CL=t,$$

从而
$$t=\frac{ny}{y-x}, \quad \frac{n}{t}=\frac{y-x}{y}=1-\frac{x}{y},$$

进而
$$\frac{x}{y}=\frac{t-n}{t}; \quad 但\frac{t}{y}=\frac{\overline{\mathrm{d}x}}{\mathrm{d}y};$$

因此
$$\frac{\overline{\mathrm{d}x}}{\mathrm{d}y}=\frac{n}{y-x}, \quad 或者\overline{\mathrm{d}x}\,y-x\,\overline{\mathrm{d}x}=\overline{\mathrm{d}y}\,n;$$

由此可得，
$$\int\overline{\mathrm{d}x}\,y-\int x\,\overline{\mathrm{d}x}=n\int\mathrm{d}y。$$

由于 $\int\overline{\mathrm{d}y}=y$，$\int\overline{x\,\mathrm{d}x}=\frac{x^2}{2}$，以及 $\int\overline{\mathrm{d}xy}$ 等于 $ACBA$ 的面积，所以所

求曲线满足：$ACBA$ 的面积等于$\frac{x^2}{2}+ny=\frac{AC^2}{2}+nBC$。①

把这个$\frac{x^2}{2}$，即三角形 ACJ 的面积从整体中切掉，那么余下的 $AJBA$ 应该等于矩形 ny。

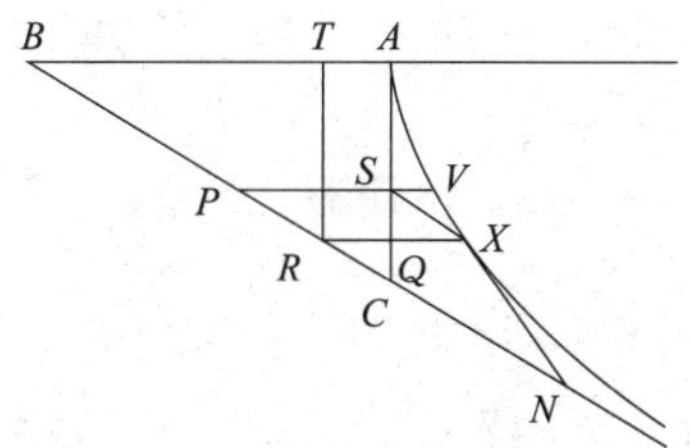

伯纳(F. Beaune，1601—1652)将笛卡儿提出的研究路线简化为：如果 BC 是曲线的渐近线，由于 BAC 是直角，那么 BA 是轴，其中 A 是顶点，AB 和 BC 是固定线。

设 RX 为纵坐标，XN 为切线，那么 RN 总是常数，并等于 BC；要求曲线的性质。

我认为应该这样做。

设 PV 为另一个纵坐标，与另一个纵坐标 RX 相差一条直线 VS，VS 是通过画出与 RN 平行的 XS 得到的；那么三角形 SVX 和 RXN 是相似三角形，且 $RN=t=c$，c 为一个常数，$RX=y$，$SY=\mathrm{d}y$，所以

---

① 莱布尼兹在手稿的脚注上写道："我在一天之内解决了关于求切线的逆的方法的两个问题，其中笛卡儿独自解决了一个问题，另一个问题连他自己都认为他无法解决。"

这个问题就是其中之一，是莱布尼兹在脚注中提到的第一个问题。但是，将莱布尼兹的结果作为解决方案来考虑，需要一定的想象力。因为他最终得到了一个几何结构，至少和使用原始数据所能做出的构造一样难。当然，已经习惯了常见的印刷错误；但莱布尼兹还犯一个不寻常的错误，那就是错误地使用了他的结果。从 $BC:CL=N:BJ$ 的假设开始，他写的是 $CL=N\cdot\frac{BC}{BJ}$（纠正了 N 这个因素的遗漏），而不是 $CL=BC\cdot\frac{BJ}{N}$。

该问题的解是 $y+n\log(y-x+n)=0$，如最初所述，或 $x=n\log(n-y+x)$，如果我们从莱布尼兹的错误结果继续下去的话，就有$\frac{\mathrm{d}x}{\mathrm{d}y}=\frac{n}{y-x}$。

然而，需要注意的是，莱布尼兹并没有说"这条曲线与对数有关"。

$$\frac{\overline{\mathrm{d}y}}{\mathrm{d}x}=\frac{y}{t=c}；因此\ cy=\int\overline{\overline{y\,\mathrm{d}x}}\ 或\ c\,\overline{\mathrm{d}y}=y\,\overline{\mathrm{d}x}。$$ ①

如果 AQ 或 TR 等于 z，$AC=f$，而 $BC=a$；那么

$$\frac{AC}{BC}=\frac{f}{a}=\frac{TR}{BR}=\frac{z}{x}；从而有\ x=\frac{az}{f}。$$

如果 $\overline{\mathrm{d}x}$ 是常数，那么 $\overline{\mathrm{d}z}$ 也是常数。因此 $c\,\mathrm{d}y=\frac{a}{f}y\,\overline{\mathrm{d}z}$，或 $cy=\frac{a}{f}\int\overline{\overline{y\,\mathrm{d}z}}$，并且 $cy\overline{\mathrm{d}y}=\frac{a}{f}y^2\overline{\mathrm{d}z}$，从而有 $c\frac{y^2}{2}=\frac{a}{f}\int y^2\overline{\mathrm{d}z}$。因此，我们在一定程度上有图形的面积和矩（由于倾斜必须添加一些东西）；还有 $cz\overline{\mathrm{d}y}=\frac{a}{f}yz\overline{\mathrm{d}z}$，从而有 $c\int z\overline{\mathrm{d}y}=\frac{a}{f}\int\overline{\overline{yz\,\mathrm{d}z}}$ 。

同时 $\frac{c\overline{\mathrm{d}y}}{y}=\frac{a}{f}\mathrm{d}z$，因此，$c\int\frac{\overline{\mathrm{d}y}}{y}=\frac{a}{f}z$。现在，如果我没有弄错的话，$\int\frac{\overline{\mathrm{d}y}}{y}$ 是在我们的求解能力范围内的。② 整个问题可以简化为：我们必须找到纵坐标等于纵坐标除以横坐标的差的曲线③，然后找到图形的面积。

$$\overline{d\sqrt{ay}}=\frac{1}{\sqrt{ay}}。$$ ④

---

① 莱布尼兹并没有意识到这个结果可以立即给出他所需要的方程。因此正如他所写的那样有 $x=c\log y$；在这种情况下，通常省略任意常数是没有关系的，只要把 BA 看作是单位，这在莱布尼兹的结果中是可能的。

② 在这里，他似乎认识到他有解决办法。然而，接下来的一句话却非常奇怪。早在1675年11月，他就写过 $\int\frac{a^2}{y}$ 为 $\log y$，并认识到双曲线的积分和求积之间的联系；但他却说"除非我搞错了，否则 $\int\frac{\mathrm{d}y}{y}$ 总是在我们的能力范围内。"现在请注意，在日期中没有给出月份的哪一天，这与迄今为止这些手稿的通常习惯相反；有没有可能这个日期是后来凭记忆加上去的，而手稿上应该有一个更早的日期？如果不是，我们必须得出结论，莱布尼兹还没有正确理解他的积分符号的含义，并且仍然在担心（在他看来）取 y 为算术级数的必要性。

③ 拉丁文原文中的这段话非常含糊，可能是没有完全正确地表达出；不过，我认为我对莱布尼兹的意图给出了正确的理解。我们必须画一条辅助曲线，其中 $y=\frac{\mathrm{d}y}{\mathrm{d}x}$，然后求出它的面积；在这种情况下，它应该"除以横坐标的差"而不是"除以横坐标"。

④ 插入的内容，标志着一个突然的想法或猜测；因为下一句话延续了之前的思路。疑问，这之间可能有一些时间间隔，或短（如吃饭的时长）或长（延续到第二天）。

纵坐标为$\frac{dy}{y}$，$\frac{dy}{y^2}$，$\frac{dy}{y^3}$的这类图形可通过相同的方法求出，该方法与我们得到的那些纵坐标为 $y\mathrm{d}y$，$y^2\overline{\mathrm{d}y}$ 等的图形的方法相同。现在有$\frac{w}{a}=\frac{\overline{\mathrm{d}y}}{y}$，并且由于可以将$\overline{\mathrm{d}y}$ 视为常数且等于β，[1] 因此在$\frac{w}{a}=\frac{\overline{\mathrm{d}y}}{y}$的情况下，曲线为 $wy=a\beta$，这将是一条双曲线。[2] 从而无论你如何表示 y，$\frac{\mathrm{d}y}{y}=z$ 的图形都是一条双曲线，如果 y 用 ϕ^2 表示，那么我们有 $\mathrm{d}y=2\phi$，并且$\frac{2\phi}{\phi^2}=\frac{2}{\phi}$。现在得到 $c\int\frac{\mathrm{d}y}{y}=\frac{a}{f}z$，因此有$\frac{fc}{a}\int\frac{1}{y}=z$，这是一个对数函数。[3]

至此，我们已经解决了所有关于求切线的逆的方法的问题，[4] 这些问题出现在《笛卡儿通信》的第三卷中，其中一个问题他自己解决了，正如他在第三卷第 460 页信件 79 中所说的；但他没有给出解决方案；另一个问题他试图解决，但无法解决，他说这是一条不规则的线，无论如何都不在人类的能力范围内，更不在天使的能力范围内，除非描述它的方法是通过其他方式确定的。

---

① 这不能回溯到目前的问题上，因为莱布尼兹已经在其中假定 $\mathrm{d}z$ 和 $\mathrm{d}x$ 是常数。这可能是他迟迟不说积分代表对数的原因。

② 这一工作旨在适用于上述的辅助曲线，w 代表 $\mathrm{d}x$，而 β 代表 $\mathrm{d}y$；因此该曲线不是双曲线；莱布尼兹似乎被 xy 等于常数的方程的出现所误导了。

③ 在这里，他显然摆脱了纠缠在其中的混乱局面，回到了他的原始方程；然后他想起了他之前的发现，所讨论的这个积分可以得到一个对数。

④ 这两个问题他都没有解决；也不能据此说"莱布尼兹在 1676 年寻找并找到了次切线为常数的曲线"。在莱布尼兹迄今为止所做的所有工作中，没有比这更不确定的了。

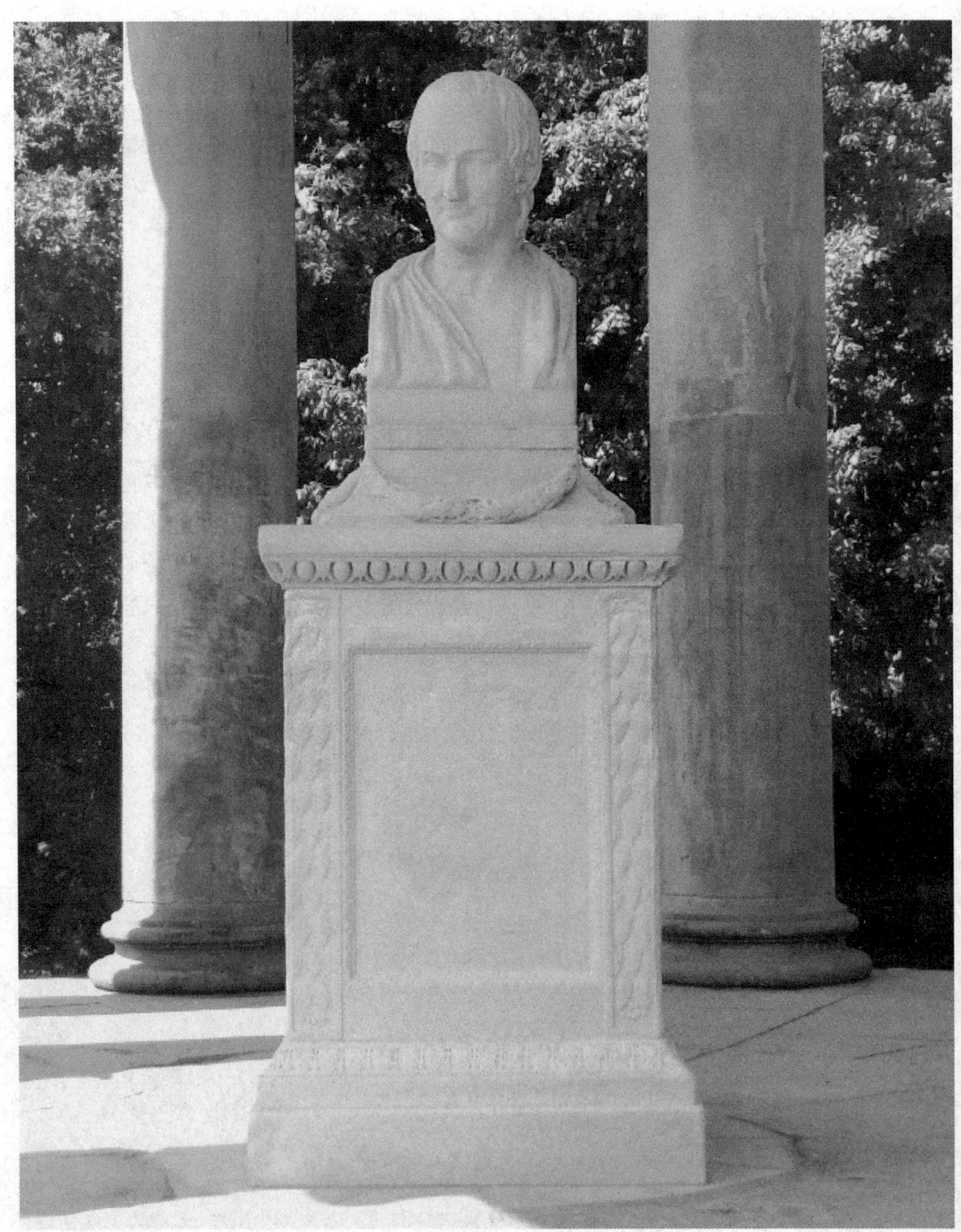

汉诺威乔治花园中莱布尼兹半身像。

第十三章

• *Chapter* XIII •

综观有史以来的全部数学，牛顿做了一多半的工作。

——莱布尼兹

1700 n. Chr.

Leibnitz in Berlin.

这份手稿没有日期，它可能是在他从英国（第二次访问）返回汉诺威的途中，在阿姆斯特丹拜访胡德后不久写的，莱布尼兹从1676年10月到当年12月一直居住在荷兰；由此也可以比较准确地确定该手稿的日期了。

◀ 莱布尼兹于1700年拜访普鲁士女王索菲娅·夏洛特（Sophia Charlotte，1668—1705），她是汉诺威选帝侯索菲娅的女儿。

胡德向我展示了他在1662年已经求得的双曲线的积分，我发现这与墨卡托独立发现并发表的结果是一样的。他给我看了一封写给一个叫范·达克(van Duck)的人的信，我认为这个人是莱顿(Leyden)，信中谈到了这个问题。他的切线方法比斯吕塞的方法更完整，因为他能够使用任何算术级数，比如一个简单的方程，而斯吕塞和其他人只能使用一个。因此，结构可以变得简单，而方程的项可以随意消除。这也可以用来更方便地消除任意的未知数字母，因为许多各种类型的方程也因此变得适合消除。

$$x^3+px^2+qx=0 \qquad x^2+xy+y^2+x+y+a=0$$

$$y \quad y\cdot y \qquad 2x\overline{dx}+x\overline{dy}+2y\overline{dy}+\overline{dx}+\overline{dy}=0$$

$$y^2\cdot y^2$$

$$y^3 \qquad y\overline{dx}$$

$$\overline{\qquad\qquad\qquad}$$

$$3x^2+2px^2+qx \quad 0$$

$$2yx^2+yx \qquad \frac{t}{y}=\frac{\overline{dx}}{dy}=\frac{x+2y+1}{y+2x+1}$$

$$y^2x$$

我所观察到的关于三个相等根的三角形数和关于四个相等根的棱锥数，他已经知道了，事实上甚至更普遍，这里必须注意，零的数量增加了，因为这对分离根有非常大的帮助。

		−1	0	1	2	3	4	5	6
	−3	−1	0	0	1	3	6	10	15
−4	−1	0	0	0	1	4	10	20	

他还制定了方程相乘的规则，因此它们不仅可以确定相等的根，还可以确定通过算术、几何或任何级数增加的根。

胡德用一个非常优雅的结构来描述两条曲线，一条在圆的外面，另一条在圆的里面，这两条曲线可以求积，通过这些曲线，他找到了一个非常接近的圆的真实面积，以至于在十二边形的帮助下，精确到小数点后六位，只有三个单位的误差，或者说是$\frac{3}{100000}$。

他有一种方法，可以通过另一个所有根为实数的方程，找到方程的根，其中一些根是实数，其余为虚数，而这个轴助方程的实根数等于之前实数根和虚数根的总和。

他有一个通过几何级数的连续减法来找到级数和的漂亮方法的例子。他减去几何级数，该级数的和也是几何级数，因此他可以找到和的和，从而获得级数的和。这种方法非常适用于分子为算术级数而分母为几何级数的级数，例如，

$$\frac{1}{2},\frac{2}{4},\frac{3}{8},\frac{4}{16},\cdots$$

他有三个级数，就像沃利斯的一样，对圆进行插值。他说没有其他的方法了，我也这么认为。

此外，他还可以经常写出无理数的求积，以及它们的正切值，而无须消除无理数或分数等。

莱布尼兹峰，吉尔吉斯斯坦和我国边境地区的一座海拔为 5797 米的山峰，

靠近塔吉克斯坦边境。首批登山者以莱布尼兹的名字命名这座山。

第十四章

• *Chapter* XIV •

不论是数学还是其他自然学科，您(牛顿)都给我们带来太多的惊喜。在任何场合下，我都愿意承认您取得的巨大成就。您的无穷级数极大地促进了几何学的发展，您的《自然哲学之数学原理》轻而易举地解决了那些原来被认为无法解答的难题。

——莱布尼兹

1676 年 11 月

切线的微分计算

$$\overline{\mathrm{d}x}=1,\ \overline{\mathrm{d}x^2}=2x,\ \overline{\mathrm{d}x^3}=3x^2,\ \cdots$$

$$\overline{\mathrm{d}\frac{1}{x}}=-\frac{1}{x^2},\ \overline{\mathrm{d}\frac{1}{x^2}}=-\frac{2}{x^3},\ \overline{\mathrm{d}\frac{1}{x^3}}=-\frac{3}{x^4},\ \cdots$$

$$\overline{\mathrm{d}\sqrt{x}}=\frac{1}{\sqrt{x}}$$ ①,…

从这些可以推导出下列关于简单幂的差以及和的一般规律：

$\overline{\mathrm{d}x^e}=e$，$x^{e-1}$，相反地，$\int\overline{x^e}=\frac{x^{e+1}}{e+1}$。

因此，$\overline{\mathrm{d}\frac{1}{x^2}}=\overline{\mathrm{d}x^{-2}}=-2x^{-3}$或$-\frac{2}{x^3}$，并且$\overline{\mathrm{d}\sqrt{x}}$或$\mathrm{d}x^{\frac{1}{2}}$是$-\frac{1}{2}x^{-\frac{1}{2}}$或$-\frac{1}{2}\sqrt{\frac{1}{x}}$②。

令 $y=x^2$，则$\overline{\mathrm{d}y}=2x\ \overline{\mathrm{d}x}$ 或$\frac{\overline{\mathrm{d}y}}{\mathrm{d}x}=2x$。这个推理是通用的，它与 x 是什么级数无关③。用同样的方法，建立一般规则为：

---

① 此处疑有误，应为$\overline{\mathrm{d}\sqrt{x}}=\frac{1}{2\sqrt{x}}$。——中译者注

② 此处疑有误，应为$\frac{1}{2}x^{-\frac{1}{2}}$或$\frac{1}{2}\sqrt{\frac{1}{x}}$。——中译者注

③ 莱布尼兹终于认识到了 $\mathrm{d}x$ 和 $\mathrm{d}y$ 都不一定是常数这一事实，使用另一个字母来代表被微分的函数，这标志着莱布尼兹发展微分的真正开端。在这份手稿的后面，我们发现他使用的第三个伟大的想法，可能是由上述给出的第二个想法提出的，即替换的想法，通过这个想法，他最终得到了商的微分以及函数的根。

很明显，这一显著的进步发生在他第二次访问伦敦之后，当时他正在荷兰逗留。那个时候，是否有人告诉他牛顿的工作，或巴罗的方法(在几何学上完全等同于替换法)，指出那些他没有意识到的东西，或者认为这是他与胡德交往的结果？因为日期是他在海牙逗留时的日期。(关于这个问题的答案，可参见题为 *Leibniz in London* 的文章)。

◀ 莱布尼兹（木刻，1880）。

$$\frac{\overline{\mathrm{d}x^{e}}}{\mathrm{d}x}=ex^{e-1},\int \overline{x^{e}\,\overline{\mathrm{d}x}}=\frac{x^{e+1}}{e+1}。$$

对于任意方程

$$ay^{2}+byx+cz^{2}+f^{2}x+g^{2}y+h^{3}=0,$$

假设我们用 $y+\mathrm{d}y$ 代替 y，而 $x+\mathrm{d}x$ 代替 x，通过省略那些应该省略的东西，我们可以得到另一个方程

$$\left.\begin{array}{c}\dfrac{ay^{2}+byx+cx^{2}+f^{2}\ x+g^{2}\ y+h^{3}=0}{a2\overline{\mathrm{d}y}y+by\overline{\mathrm{d}x}+2cx\overline{\mathrm{d}x}+f^{2}\overline{\mathrm{d}x}+g^{2}\overline{\mathrm{d}y}}\\ \dfrac{bx\overline{\mathrm{d}y}}{a\overline{\mathrm{d}y^{2}}+b\overline{\mathrm{d}x\mathrm{d}y}+c\overline{\mathrm{d}x^{2}}=0}\end{array}\right\}=0,$$ [①]

这就是斯吕塞发布的规则的由来。它可以被无限扩展：可以是任何数量的字母，以及由它们组成的任何公式；例如，假设有一个由三个字母组成的公式，

$$ay^{2}\quad bx^{2}\quad cz^{2}\quad fyx\quad gyx\quad hxz\quad ly\quad mx\quad nz\quad p=0。$$

由此我们得到另一个方程

$$\frac{ay^{2}\qquad bx^{2}\qquad cz^{2}\qquad fyx\qquad \text{simi-}\qquad ly\qquad mx\qquad \text{simi-}\qquad p}{2a\overline{\mathrm{d}y}y\quad 2b\overline{\mathrm{d}x}x\quad 2c\overline{\mathrm{d}z}z\quad fy\overline{\mathrm{d}x}\quad \text{larly}\quad l\overline{\mathrm{d}y}\quad m\overline{\mathrm{d}x}\quad \text{larly}}$$

$$\frac{fx\overline{\mathrm{d}y}}{a\overline{\mathrm{d}y^{2}}\quad b\overline{\mathrm{d}x^{2}}\quad c\overline{\mathrm{d}z^{2}}\quad f\overline{\mathrm{d}x\mathrm{d}y}\cdots},$$

由此可以清楚地看出，用同样的方法可以得到曲面之间的切平面，而且在任何情况下，字母 x，y，z 是否有已知的关系并不重要，因为这可以在以后替换。

此外，同样的方法也可以很好地发挥作用，即使繁分数或无理数加入计算，也不需要去求其他更高阶的方程来摆脱它们；因为它们的差分更容易被单独找到，然后再进行替换。因此，普通的切线方法不仅可以在纵坐标平行的情况下进行，而且还可以适用于切线和其他任何东西，是的，甚至可以适用于那些与它们有关的东西，例如纵坐标与曲线的

① 这就是巴罗的全部内容；甚至包括 omissis omittendis 这句话，而不是巴罗的 rejectis rejiciendis。见巴罗 Lecture X 最后关于微分三角形的 Ex. 1。

比，或者按照某种确定的规律变化的纵坐标的角度。特别值得一提的是，该方法对无理数和繁分数的计算具有一定的应用价值。[①]

$$\overline{\mathrm{d}\sqrt[2]{a+bz+cz^2}}\text{，令 } a+bz+cz^2=x\text{；}$$

然后 $$\overline{\mathrm{d}\sqrt[2]{x}}=-\frac{1}{2\sqrt{x}}\text{，}\frac{\mathrm{d}x}{\mathrm{d}z}=b+2cz\text{；}$$

所以有 $\overline{\mathrm{d}\sqrt[2]{a+bz+cz^2}}=-\dfrac{b+2cz}{2\overline{\mathrm{d}z}\sqrt{a+bz+cz^2}}$。

取由两个字母 x 和 y 表示的任意曲线方程，并确定其切线方程，两个字母 x 或 y 中的任何一个都可以被消去，这样就只剩下另一个，加上 $\overline{\mathrm{d}x}$ 和 $\overline{\mathrm{d}y}$；为方便计算，这在所有情况下都是值得做的。

如果给出三个字母，例如 x，y 和 z，通过用 x 或 y（甚至它们两个）来表示 $\overline{\mathrm{d}z}$ 的值，最终会得到一个切线方程，在这个方程中，仍然只剩下 x 和 y 这两个字母中的一个以及 $\overline{\mathrm{d}x}$ 和 $\overline{\mathrm{d}y}$；有时 z 不能被消除。同样，这也可以在假设值 $\mathrm{d}z$ 的所有情况下推导出来，并且以同样的方式可以采用更多的额外的字母。因此，将所有一般微积分合二为一，我们就得到了最一般的微积分。此外，在求积的帮助下，可以采用假设大量字母的方法来解决求切线的逆的方法的问题。

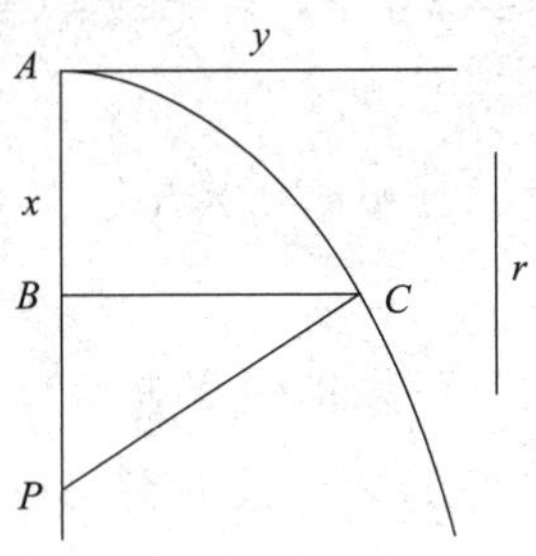

因此，如果设定对以下问题进行求解：已知直线 CB，BP 的和，或者

---

① 这里我们有了替换的思想，它使莱布尼兹的微积分比以前的任何方法都要好。请注意，他在手稿的开头仍然有一个错误的符号，这个符号是他对 $\sqrt{x}$ 进行微分时得到的。还有，$\mathrm{d}z$ 也被错误地放在结果的分母上。

$$y+y\frac{\overline{\mathrm{d}y}}{\mathrm{d}x}=xy;$$

我们有

$$\overline{\mathrm{d}x}+\overline{\mathrm{d}y}=x\overline{\mathrm{d}x}\text{ 或 }x+y=\frac{x^2}{2}。$$

因此，我们有这样一条曲线，其中和 $CB+BP$(乘以常数 r)等于矩形的面积 $AB \cdot BC$。

在这份手稿中，必须提到莱布尼兹的两条边注。第一条是这样的：

关于我的差分计算，特别需要注意的是，如果

$$b, y\mathrm{d}x+x\mathrm{d}y+\cdots=0,$$

那么有 $byx+\int\cdots=0$，以此类推。至于如何处理 h^3，还有待进一步的研究。为了更好地进行这些计算，方程 $ay^2+byx+cx^2+\cdots$ 可以通过曲线的另一种关系转换为其他形式，并且，如果结果是正确的，可以将它与另一种差分计算方法进行比较，因为它与第一个方法相同。

需要注意的两点是，莱布尼兹现在第一次认识到需要考虑积分的任意常数，尽管他还不知道它是如何产生的，以及即使现在，他也忍不住回想自己对得到多个方程进行比较的痴迷。这条注释并没有因为它被格哈特作为参考 x^2 的微分而变得更容易理解，而它显然(当你读到文章后面的时候)指的是二阶方程的微分。

第二条边注是关于用 $x+\mathrm{d}x$ 替换 x，用 $y+\mathrm{d}y$ 替换 y 的，内容如下：

不管是 $\mathrm{d}x$ 还是 $\mathrm{d}y$，都可以被任意表示，从而得到一个新的方程；而且不管是 $\mathrm{d}x$ 还是 $\mathrm{d}y$ 被消掉，x 或 y 都可以用其他形式的量来表达。我认为这是不正确的，因为如果假设它们中的一个是常数，那么就会得到所有能求积的曲线的目录。

在这个相当模棱两可的陈述中，需要注意的一点是，莱布尼兹仍在思考他的列表目录，并且他自己也不相信他的方法对所有目的都是完整的。

第十五章

· *Chapter* XV ·

在十年前我与最杰出的几何学家莱布尼兹的往来信件中，当我要告诉他……

——牛顿《自然哲学之数学原理》(第一版)

从上一篇研究手稿到现在的这份手稿之间，有将近七个月的时间间隔。这段时间有很丰富的研究工作；因为我们发现了莱布尼兹对和、差、积、商等的微分规则的清晰阐述，尽管他没有证明这些规则，也没有说明他是如何得到它们的。手稿中也没有给出对数、指数或三角函数相对应的规则。莱布尼兹自己可能知道这些规则是什么，但即使如此，发现这些内容被遗漏也不要奇怪，因为莱布尼兹的伟大思想是用他的方法来方便计算。因此，我们可以得出这样的结论：这些规则是对先前手稿中概述的替换方法的进一步研究和发展。

这篇文稿有其独特的特点，这些特点使它有别于以前的那些文稿。它通篇都是用法语写的，并在某种程度上具有历史性和批判性，看起来像是准备出版的，或者可能是一封信。有一份原稿和更全面详细的修订版这一事实可以证实上述观点。莫非这就是莱布尼兹将这种方法传达给牛顿等人的原文？如果是这样的话，莱布尼兹应该会非常谨慎，不会透露太多信息。手稿中的图像很容易让人联想到巴罗，但上下文并没有涉及次切线，而这是巴罗所有研究工作中的一个特征。

斯吕塞的作品的出发点是很特别的；这似乎表明莱布尼兹在指出他的方法是对前人方法的更充分的发展。莱布尼兹已经对斯吕塞给出的规则的起源进行了两种不同的猜测；其中，第二种猜测是更有可能的，即用 $x+\mathrm{d}x$ 代替 x 等。莱布尼兹是不是试图在通往巴罗的 a 和 e 的真正线索上转移注意力？

◀ 莱布尼兹向普鲁士女王索菲娅·夏洛特展示柏林科学学会的计划。

1677 年 7 月 11 日

不需计算，不需化简无理数或分数量而画出曲线切线的通用方法

斯吕塞发表了他的不用计算就能找到曲线切线的方法，在这种方法中，方程中没有无理数或分数这些量。

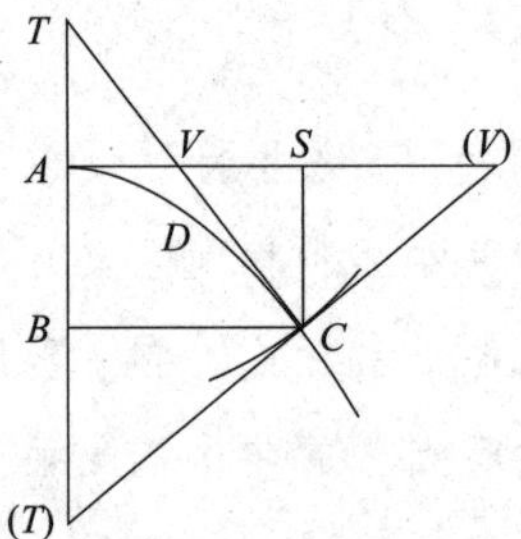

例如，给定一条曲线 DC，其中的方程表达了 BC 和 AS（我们称之为 y）与 AB 或 SC（我们称之为 x）之间的关系，假设方程为

$$a+bx+cy+\mathrm{d}xy+ex^2+fy^2+gx^2y+hxy^2+kx^3+ly^3+\cdots=0。$$

可以写为

$$0+b\xi+cv+\mathrm{d}xv+2ex\xi+2fyv+gx^2v+hy^2\xi+3kx^2\xi+3ly^2v$$

$$\mathrm{d}y\xi \qquad\qquad 2gxy\xi \quad 2hxyv$$

$$+mx^2y^2+nx^3y+pxy^3+qx^4+ry^4$$ ①

$$+2mx^2yv+nx^3v+py^3\xi+4qx^3\xi+4ry^3v$$

$$+2mxy^2\xi+3nx^2y\xi+3py^2xv,$$

也就是说，如果把方程改为比的形式，我们有

$$\frac{\xi}{v}=\frac{c+\mathrm{d}x+2fy+gx^2+2hxy+3ly^2+2mx^2y+\cdots}{b+\mathrm{d}y+2ex+2gxy+hy^2+3kx^2+\cdots};$$

并且，假设$\frac{\xi}{v}$表示比$\frac{TB}{BC=x}$或$\frac{CS=y}{SV}$，如果 BC 和 SC 假定已知，则可

---

① 这行代表原方程的“…”，是为了得到导出项而设置的；因此，完整的导出方程由上面的两行和下面的两行组成。请注意从等式更改为比的形式时省略了负号。

以得到 TB 或 SV。当给定大小及适当符号的 b，c，d，e，…使 $\frac{\xi}{v}$ 为负数时，切线不会是朝向横坐标 AB 的起点 A 的 CT，而是远离它的 $C(T)$。这就是到现在为止所发表的全部内容，对这些问题有研究的人都能很容易理解。当存在包含 x 或 y 或两者的无理数或分数量值时，不能使用该方法，除非将给定的方程简化为不包含这些量值的方程。但有时这会使计算量增加到一个可怕的程度，迫使我们上升到非常高的维度，并导致我们的方程的消减过程非常困难。我毫不怀疑，我刚才提到的那几位先生[①]都知道应用这种补救方法的必要性，但由于这种方法目前还没有得到普遍应用，而且我相信只有少数人知道，也因为它为笛卡儿所称的最难解决的几何问题之一提供了解决办法，又因其具有普遍实用性，我认为发表它是一件好事。

假设我们有上面给出的任何公式、量值或方程，

$$a+bx+cy+dxy+ex^2+fy^2+\cdots;$$

为简洁起见，我们称它为 ω；当以上述方式处理它时，可以得到

$$b\xi+cv+dxv+dy\xi+\cdots,$$

称之为 $d\omega$；同样地，如果公式是 λ 或 μ，那么上面的结果将是 $d\lambda$ 或 $d\mu$，其他的也类似。现在让公式或方程或量值 ω 等于 $\frac{\lambda}{\mu}$，那么就有 $d\omega=\frac{\mu\overline{d\lambda}-\lambda\overline{d\mu}}{\mu^2}$。这将足以处理分数的问题。

同样，令 $\omega=\sqrt[z]{\omega}$，则 $d\omega=\frac{dw}{z\cdot\sqrt[z]{\omega^{z-1}}}$；而这对于正确处理无理数就足够了。

最大值和最小值以及切线的新解析算法

令 $AB=x$，$BC=y$，令 TVC 是曲线 AC 的切线；那么比 $\frac{TB}{BC=y}$ 或

① 莱布尼兹在一开始就写道："胡德、斯吕塞等人"；但后来他把除了斯吕塞以外的人都删掉了。（格哈特注）

$\frac{SC=x}{SV}$将被称为$\frac{dx}{dy}$。

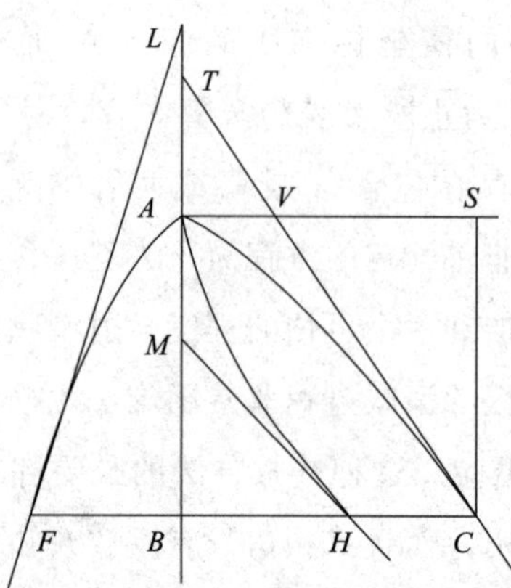

设有两条或更多条曲线 AF 和 AH，并假设 $BF=v$ 和 $BH=w$，且直线 FL 是曲线 AF 的切线，MH 是曲线 AH 的切线；同时$\frac{LF}{FB}=\frac{dx}{dv}$，并且$\frac{MH}{BH}=\frac{dx}{dw}$；那么我就认为 dy 或 dvw 将等于 $vdw+wdv$；如果 $v=w=x$，$y=vw=x^2$，则通过用 x 代替 v 和 w，我们将得到 $dvw=2x\,dx$。

（如果角 ABC 是锐角或钝角，这也成立；如果它是无限大的钝角，也就是说，如果 TAC 是一条直线，这也是成立的。）

[这个草稿有以下的修改，这显然是在同一时期。（格哈特注）]

费马首先找到了一种通用方法，通过该方法可以找到与解析曲线相接触的直线。笛卡儿以另一种方式完成了这一任务，但他所使用的计算方法有点冗长。胡德通过将级数的项乘以算术级数的项发现了一种非常简单的方法。他只对有一个未知数的方程发表了这一方法，尽管他也得到了适用于有两个未知数的方程的方法。接着就是受到大家赞扬的斯吕塞的方法；在那之后，有几个人认为这种方法已经非常成熟了。但所有这些已经发表的方法都假定方程已经被简化并消去了分数和无理数；我指的是其中出现的变量。但是我已经找到了避免这些无用的简化的方法，这些简化使计算量增加到可怕的程度，并迫使我们上升到很高的维度，在这种情况下，我们必须千方百计地寻找相应的消减方法；相反，所有的事情都在第一次实施中完成了。

与斯吕塞的方法相比，这种方法比其他所有已经发表的方法更有优势，因为对计算进行简单删节是一回事，而摆脱简化和降阶计算则是另一回事。关于它的出版，由于笛卡儿本人说这是几何学最有用的部分，而且他表示希望后面还有更多的内容——以便能简短而清楚地解释他的话，所以我必须介绍一些新的字符，并给它们一个新的算法，也就是说，为它们的加、减、乘、除、幂、根以及方程提供完全特殊的规则。

字符的解释

假设有几条曲线，如 CD，FE，HJ，它们通过同一点 B 画出的纵坐标(即 BC，BF，BH)与同一条轴 AB 相连，这些曲线的切线 CT，FL，HM 交轴线于 T，L，M 三点；

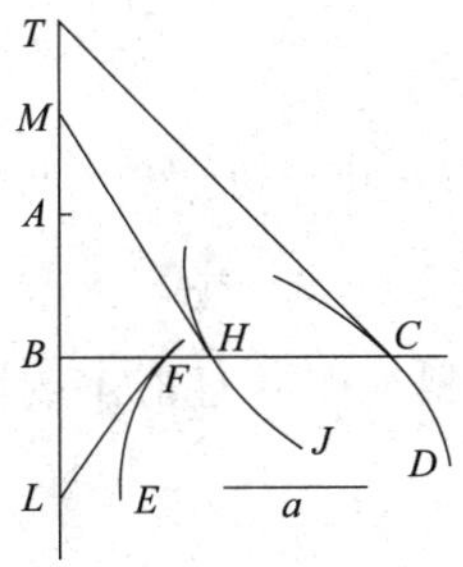

轴线上的 A 点是固定的，B 点随纵坐标的变化而变化。设$AB=x$，$BC=y$，$BF=w$，$BH=v$；把 TB 与 BC 的比称为 $\mathrm{d}x$ 与 $\mathrm{d}y$ 的比，LB 与 BF 的比称为 $\mathrm{d}x$ 与 $\mathrm{d}w$ 的比，MB 与 BH 的比称为 $\mathrm{d}x$ 与 $\mathrm{d}v$ 的比。例如，如果 y 等于 vw，我们应该说 $\mathrm{d}vw$ 而不是 $\mathrm{d}y$，对于所有其他情况，以此类推。设 a 是一条恒定的直线，那么，如果 y 等于a，也就是说，如果 CD 是一条与AB 平行的直线，那么 $\mathrm{d}y$ 或 $\mathrm{d}a$ 将等于 0。如果$\frac{\mathrm{d}x}{\mathrm{d}w}$为负，那么 FL 不是在B 的上面指向A，而是在 B 的下面指向相反的方向。

加法和减法：设 $y=v\pm w(\pm)a$，那么$\overline{\mathrm{d}y}=\overline{\mathrm{d}v}\pm\overline{\mathrm{d}w}(\pm)0$。

乘法：设 $y=avw$，则$\overline{\mathrm{d}y}$ 或$\overline{\mathrm{d}avw}$ 或 $a\ \overline{\mathrm{d}vw}$ 将等于 $av\ \overline{\mathrm{d}w}+aw\ \overline{\mathrm{d}v}$。

除法：设 $y=\frac{v}{aw}$，则$\overline{\mathrm{d}y}$ 或$\mathrm{d}\,\overline{\frac{v}{aw}}$或$\frac{1}{a}\mathrm{d}\,\overline{\frac{v}{w}}$将等于$\frac{w\overline{\mathrm{d}v}-v\overline{\mathrm{d}w}}{aw^2}$。

幂和根的规则实际上是一回事。

幂：如果 $y=w^z$（其中 z 应该是一个特定的数字），那么$\overline{\mathrm{d}y}$ 将等于 z，w^{z-1}，$\mathrm{d}w$。

根或求根：如果 $y=\sqrt[z]{w}$，则$\overline{\mathrm{d}z}=\dfrac{\mathrm{d}w}{z\cdot\sqrt[z]{w}^{\,z-1}}$。

用有理积分项表示的方程：

$$a+bv+cy+tvy+ev^2+fy^2+gv^2\ y+hvy^2+kv^3+ly^3+ mv^2y^2+nv^3\ y+pvy^3+qv^4+ry^4=0,$$

假设 a，b，c，t，e，…是已知和确定的量，那么我们应该有

$$0=b\overline{\mathrm{d}v}+c\overline{\mathrm{d}y}+tv\overline{\mathrm{d}y}+2ev\overline{\mathrm{d}v}+2fy\overline{\mathrm{d}y}+gv^2\overline{\mathrm{d}y}+hy^2\overline{\mathrm{d}v}+$$

$$ty\overline{\mathrm{d}v}\qquad\qquad +2gvy\overline{\mathrm{d}y}+2hvy\overline{\mathrm{d}y}+$$

$$3ly^2\overline{\mathrm{d}y}+2mv^2y\overline{\mathrm{d}y}+nv^3\overline{\mathrm{d}y}+py^3\overline{\mathrm{d}v}+4qv^3\overline{\mathrm{d}v}+4ry^3\overline{\mathrm{d}y}+$$

$$2mvy^2\overline{\mathrm{d}v}+3nv^2y\overline{\mathrm{d}v}+3py^2v\overline{\mathrm{d}y}。$$

这条规则可以被前面的规则证明并且能不受限制地继续下去；这是因为，如果

$$a+bv+cy+tvy+ev^2+fy^2+gv^2y+\cdots=0,$$

那么 $\mathrm{d}a+\mathrm{d}bv+\mathrm{d}cy+t\mathrm{d}vy+e\mathrm{d}v^2+f\mathrm{d}y^2+g\mathrm{d}v^2y+\cdots$也将等于 0。现在有 $\mathrm{d}a=0$，$\mathrm{d}bv=b\mathrm{d}v$，$\mathrm{d}cy=c\mathrm{d}y$，$\mathrm{d}vy=v\mathrm{d}y+y\mathrm{d}v$；且$\mathrm{d}v^2=2v\mathrm{d}v$，由于$\mathrm{d}v^z$等于 z，v^{z-1}，$\mathrm{d}v$，也就是(用 2 代替 z)$2v\mathrm{d}v$；并有$\mathrm{d}v^2y=v^2\mathrm{d}y+2vy\mathrm{d}v$，这是因为，如果假设 $w=v^2$，那么$\mathrm{d}v^2y=\mathrm{d}wy$，$\mathrm{d}wy=y\mathrm{d}w+w\mathrm{d}y$，并且 $\mathrm{d}w$ 或$\mathrm{d}v^2$ 等于 $2v\mathrm{d}v$；因此，在值 $\mathrm{d}wy$ 中，用找到的 w 和 $\mathrm{d}w$ 的值代替它们，我们将得到$\mathrm{d}v^2y=v^2\mathrm{d}y+2vy\mathrm{d}v$，如上所述。这可以无限制地继续下去。如果在给定的方程中 $a+bv+cy+\cdots=0$，其中 $v=x$，也就是说，如果通过点 A 的线 JH 是与轴成 45 度角的直线，那么得到的方程转化为比的形式后，将给出斯吕塞公布的切线方法的规则；因此，这只不过是一般方法的一个特殊情况或推论。

对于带有分数和无理数的复杂方程：它们都可以用同样的方式处

理，不需要任何计算，只要假设分数的分母或需要求根的量等于一个可以按照前面规则来处理的量或字母。[①]

另外，当有一些量必须要彼此相乘时，在现实中没有必要真去相乘，这就更省力了。举一个例子就能说明。

[但根据格哈特的说法，原文中并没有给出例子，以下内容似乎是后来加上去的。]

最后，当曲线不是纯粹的解析曲线时，即使它们的性质不能由这样的纵坐标表示，这种方法也很有效。此外，它还能使几何构造变得非常方便。如此令人钦佩的简化以及使我们能够避免简化分数和无理数的真正原因是，通过前面的规则，我们总是可以确保，字母 dy，dv，dw 等不会出现在分数的分母中或根号下。

① 这是替换方法的完整陈述。

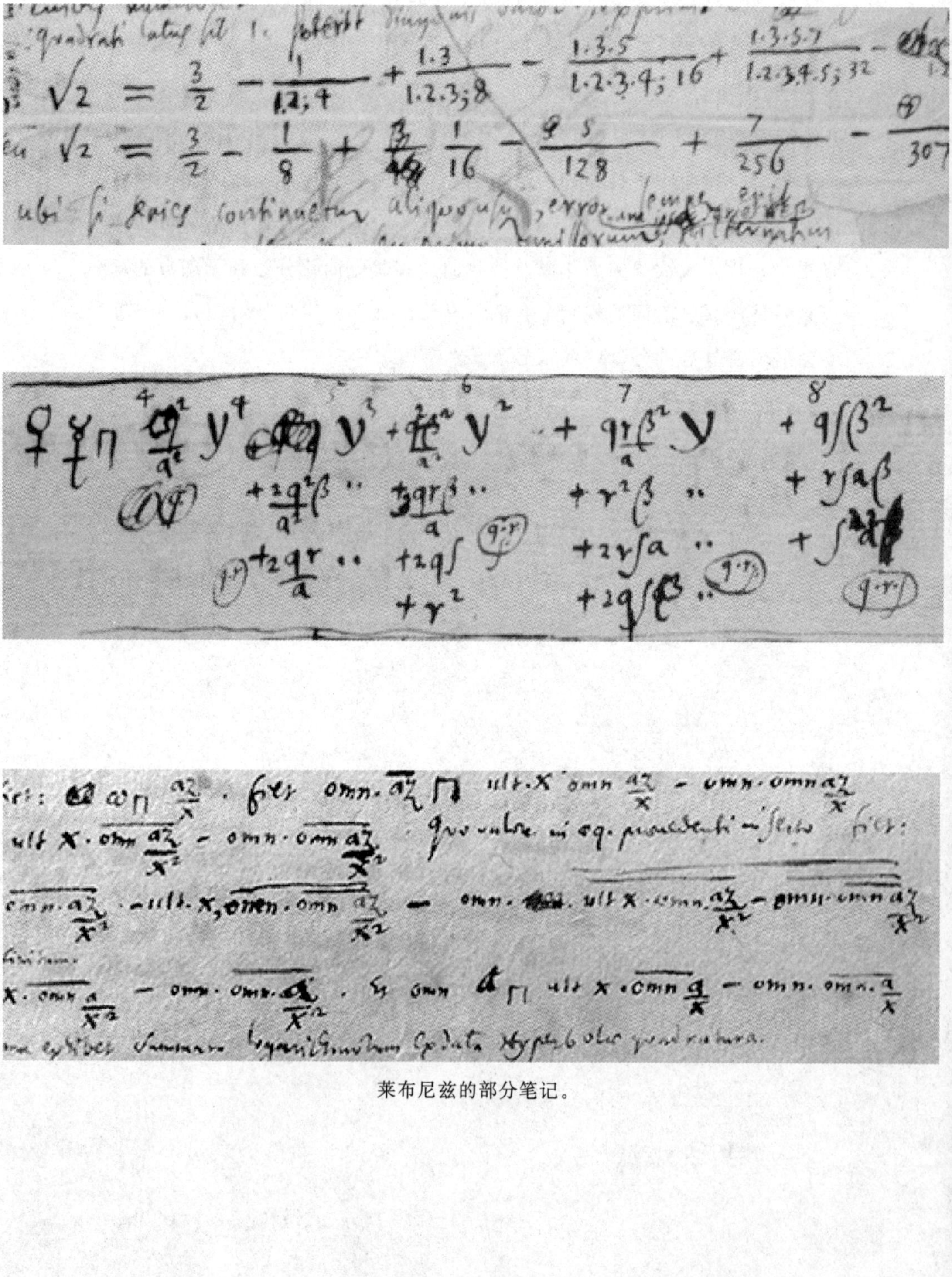

莱布尼兹的部分笔记。

第十六章

• *Chapter* XVI •

全人类最伟大的文化和最发达的文明仿佛今天汇集在我们大陆的两端,即汇集在欧洲和位于地球另一端的东方的欧洲——中国。

——莱布尼兹

TRAITÉ
SUR
QUELQUES POINTS
DE
LA RELIGION
DES CHINOIS.

Par le R. Pere LONGOBARDI, *ancien Superieur des Missions de la Compagnie de* JESUS *à la Chine*,

A PARIS;
Chez JACQUES JOSSE, ruë ſaint Jacques, à la Colombe Royale, proche ſaint Yves.

M. DCCI.

Avec Privilege du Roy.

接下来的这份手稿似乎是上面手稿的更详细版本。它没有注明日期；但可以肯定地说，它的日期要比 1677 年 7 月晚得多。因为在这期间，莱布尼兹借助无穷小量 dx 和 dy，第一次给出了微积分基本规则的证明；数字符号也从笨拙的 C，(C)，$((C))$ 变成了简洁的 $_1C$，$_2C$，$_3C$；比号现在是 $a:b::c:d$；读者在阅读的时候还会注意到其他一些变化。莱布尼兹的思想现在已经接近形成，这可以由第一次明确说明 $\int ydx$ 是由 y 和 dx 组成的矩形之和这一事实证明。然而，令人惊讶的是，由此求得的 $\int \overline{x+y-v}=\int x+\int y-\int v$ 根据上面定义没有任何意义；还发现了用算术级数解释的整个事情，然而其中要注意的是，dx 并不是常数。但对于这一点，几乎可以将其置于 1684 年该方法在《教师学报》中发表之后；在这篇文章中，莱布尼兹在没有证明的情况下全面介绍了他的规则，并且显然是想摆脱无穷小的想法，这种努力在下一章中，也是最后一篇手稿中达到了顶点。

如果我们猜测日期为 1680 年左右，应该不会相差太远。

这份手稿的一个显著特点是省略了真正必要的图形，没有这些图形，文中的文字就很难理解。当然，这份手稿是为出版而写的，可以认为这些图表是单独绘制的，就像在当时的书中，这些图是单独印在折页上一样；但是，为什么他又给出了三幅图呢？在我看来，唯一合理的解释是，他参考了圣文森特的格雷戈里、卡瓦列里、詹姆斯·格雷戈里(他引用了其中一个定理)、巴罗(奇怪的是他也引用了同一个定理)、沃利斯等人已经绘制了图的文本。他提到了许多这样的作者，但对巴罗却只字未提。我认为他在查找他们的定理，以表明他的方法比他们任何一个的方法优越多少。

值得注意的是，在这份手稿中甚至也没有提到对数、指数或三角函数的问题。稍后我们将看到，莱布尼兹只能通过参考一个图形及其求积

◀《中国宗教之研讨》，莱布尼兹曾通过此书了解中国。

获得$(a^2+x^2)^{\frac{1}{2}}$的积分；也就是说，他显然无法以分析方式进行积分。因此，如果他从巴罗那里学习到很多东西，那么他就无法理解《几何讲义》Lecture Ⅻ中 App. I 的内容。

在完成对莱布尼兹手稿的审核后，就格哈特提供的手稿而言，我个人得出的最后结论是：

就莱布尼兹所理解的微积分这个术语的实际发明而言，莱布尼兹没有得到牛顿或巴罗的帮助；但就支撑他的基础思想而言，他从巴罗那里得到的东西比他承认的要多得多，比他希望得到的要少得多，或者说，如果他对自己不喜欢的几何学多一点喜欢话，他可能从巴罗那里得到的能更少。在写这篇文章的时候，尽管莱布尼兹的微积分在有用的应用问题上远远优于巴罗的微积分，但在完整性问题上却远远不如。

(没有日期)

新微积分的元素，关于差与和、切线和求积、最大值和最小值、线与曲面以及立体图形的维度，以及超越其他计算方法的其他内容

设 CC 是一条直线，其轴为 AB，设 BC 为垂直于此轴的纵坐标，称为 y，设 AB 为沿轴截取的横坐标，称为 x。

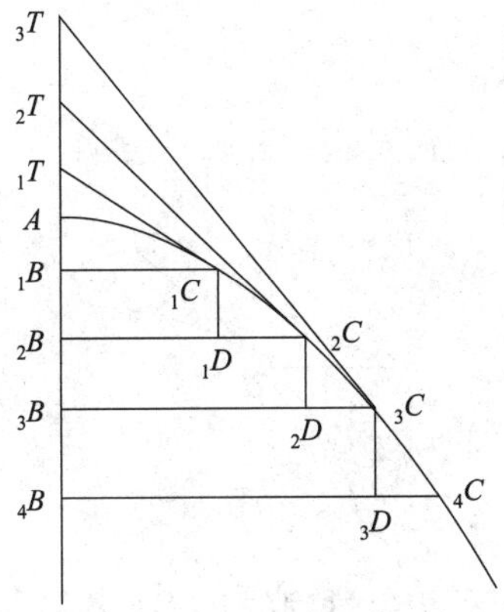

那么横坐标的差 CD 称为 $\mathrm{d}x$，比如${}_1C\,{}_1D$，${}_2C\,{}_2D$，${}_3C\,{}_3D$，…直线${}_1D\,{}_2C$，${}_2D\,{}_3C$，${}_3D\,{}_4C$ 即纵坐标的差，称为 $\mathrm{d}y$。如果这些 $\mathrm{d}x$ 和 $\mathrm{d}y$ 是无穷小的，或者曲线上两个点的距离被理解为小于任何给定长度，即如果${}_1D\,{}_2C$，${}_2D\,{}_3C$，…可以看作是直线 BC 的瞬时增量[1]，沿 AB[2] 下降时不断增加，那么很明显，当连接这两点的直线，例如${}_2C\,{}_1C$（它是曲线的一个元素或代表曲线的无限多边形的一个边）与轴线在${}_1T$ 相交时，它将是曲线的

① 莱布尼兹在写这篇文章时显然已经看过了牛顿的文章；另外，下一句中 descends（下降）一词的使用再次表明了与巴罗的联系，而该图与巴罗在 Lecture Ⅺ，10 中给出的图的上半部分完全一样，这也是莱布尼兹引用的格雷戈里（Gregory）的定理。对于此图，见该段的注释。

此句中 BC 指${}_iB\,{}_iC$，其中 $i=1$，2，3，4。——中译者注

② 此处 B 指${}_1B$，${}_2B$，${}_3B$ 或${}_4B$ 均可。——中译者注

切线，而${}_1T\ {}_1B$（沿轴线取的纵坐标和切线之间的间隔）将与${}_1B\ {}_1C$ 相交，就像${}_1C\ {}_1D$ 与${}_1D\ {}_2C$ 相交的情形一样；或者说如果将${}_1T\ {}_1B$ 或${}_2T\ {}_2B$，…记为 t，那么有 $t : y :: \mathrm{d}x : \mathrm{d}y$。因此，求级数之差就是求切线。

例如，需要找到双曲线的切线的情形。这里，由于 $y=\dfrac{aa}{x}$，在下图中，假设 x 代表沿渐近线的横坐标 AB，a 代表由 AB 和 BC 所围矩形的一条边；那么，当我们提出这个微积分的方法时，很容易得到

$$\mathrm{d}y=-\frac{aa}{xx}\mathrm{d}x,$$

因此 $\mathrm{d}x : \mathrm{d}y$ 或 $t : y :: -xx : aa :: -x : \dfrac{aa}{x} :: -x : y$；因此 $t=-y$，也就是说，在双曲线中，BT 将等于 AB，但由于符号 $-x$ 的存在，BT 一定不能指向 A 而是指向相反的方向。

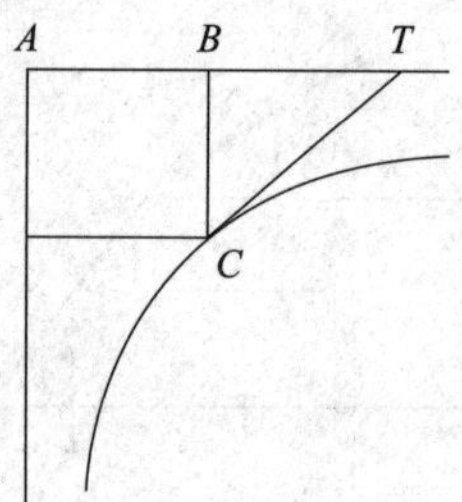

此外，求差与求和是相反过程的运算；因此远离 A 点的${}_4B\ {}_4C$ 是如${}_3D\ {}_4C$，${}_2D\ {}_3C$ 等所有差的总和，即使它们的个数是无限的。我用 $\int \mathrm{d}y=y$ 来表示这个事实。我还用纵坐标和横坐标差所包含的所有矩形的和来表示图形的面积，也就是用和${}_1B\ {}_1D+{}_2B\ {}_2D+{}_3B\ {}_3D+\cdots$表示。对于狭长的三角形${}_1C\ {}_1D\ {}_2C$，${}_2C\ {}_2D\ {}_3C$，…，由于它们与上述矩形相比是无限小的，因此可以毫无风险地忽略；因此我在微积分中，用 $\int y\mathrm{d}x$ 表示图形的面积，或由每个 y 和与之对应的 $\mathrm{d}x$ 所包含的矩形的总和；在这里，如果 $\mathrm{d}x$ 彼此相等，就可以得到卡瓦列里的方法了。

但是，我们可以更进一步，通过找到割圆曲线来求图形的面积，这个割圆曲线的纵坐标与给定圆形的纵坐标之间的比等于和与差的比；例如，假设需要求的圆形的曲线为 EE，并设其纵坐标为 EB，记为

e，使其与纵坐标 BC 或 dy 的差成正比；即令 ${}_1B{}_1E : {}_2B{}_2E :: {}_1D{}_2C : {}_2D{}_3C$，以此类推；或者，再设 $A{}_1B : {}_1B{}_1C, {}_1C{}_1D : {}_1D{}_2C \cdots$，或 $dx : dy$ 等于一个常数或永不变化的直线 a 与 ${}_1B{}_1E$ 或 e 的比；那么我们有

$$dx : dy :: a : e \text{ 或 } e\,dx = a\,dy;$$

所以

$$\int e\,dx = \int a\,dy。$$

但 $e\,dx$ 等于 e 乘以其相应的 dx，例如由 ${}_3B{}_3E$ 和 ${}_3B{}_4B$ 组成的矩形 ${}_3B{}_4E$；因此，如果假设 dx，或者说纵坐标 e 或 BC 之间的间隔是无限小的，那么 $\int e\,dx$ 是所有这些矩形的总和，即 ${}_3B{}_4E + {}_2B{}_1E + {}_3B{}_2E + \cdots$，这个总和就是 $A{}_4B{}_4EA$。同样，$a\,dy$ 是由 a 和 dy 所包含的矩形，如由 ${}_3D{}_4C$ 和恒定长度 a 所包含的矩形，且这些矩形之和，即 $\int a\,dy$ 或 ${}_3D{}_4C \cdot a + {}_2D{}_3C \cdot a + {}_1D{}_2C \cdot a + \cdots$，与 ${}_4B{}_4C \cdot a$ 相同；从而我们有 $\int a\,dy = a\int dy = ay$。因此 $\int e\,dx = ay$，即区域 $A{}_4B{}_4EA$ 等于由 ${}_4B{}_4C$ 和恒长线 a 所包含的矩形，而一般来说 $ABEA$ 就等于由 BC 和 a 所形成的矩形。①

① 莱布尼兹没有给出图表，但从他给出的描述不难构建对应的图形。下面这段内容应该与来自巴罗(Lecture Ⅺ，19)的摘录进行逐条比较。

同样，设 AMB 是一条曲线，其轴是 AD，令 BD 垂直于 AD；再设 KZL 是另一条线，满足：当在曲线 AB 中取任意点 M 时，通过它画出曲线 AB 的切线 MT，且 MFZ 平行于 DB，与 KZ 交于 Z 点，与 AD 交于 F 点，R 是一条给定长度的线，有 $TF : FM = R : FZ$。那么空间 $ADLK$ 就等于 R 和 DB 所围成的矩形。

如果 $DH=R$，就形成了矩形 $BDHI$，取 MN 为曲线 AB 的无限小弧，并画出与 AD 平行的 MEX 和 NOS；那么我们就有 $NO : MO = TF : FM = R : FZ$，$NO \cdot FZ = MO \cdot R$，$FG \cdot FZ = ES \cdot EX$。

因此，由于 $FG \cdot FZ$ 这样的矩形之和与空间 $ADLK$ 差很小，且矩形 $ES \cdot EX$ 形成了矩形 $DHIB$，所以这个结论很容易就得证了。

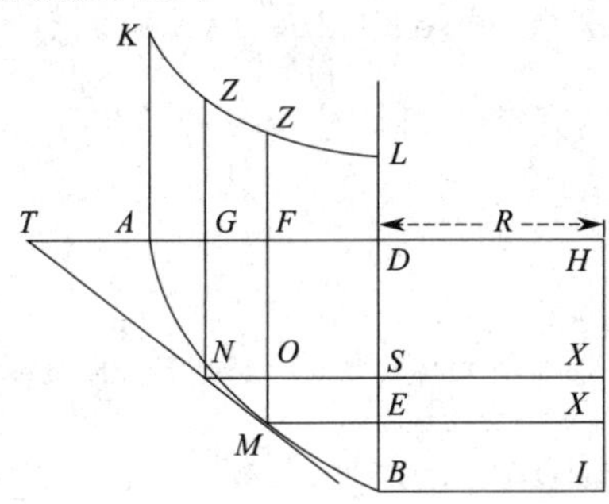

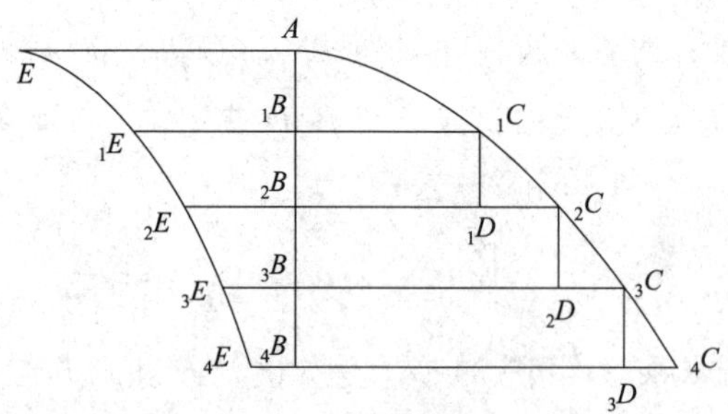

因此，对于面积的求解，只需要已知线 EE[①]，就可以找到割圆线 CC，而这实际上总是可以通过微积分求出的，无论这条直线是普通几何中的直线，还是无法用代数计算表示的超越曲线。这一方面的问题将在另一个地方讨论。

这里，我把对应这条线的三角形称为线的特征，因为通过它非常有力的帮助，可以找到关于这条线的一些非常有用的定理，例如对于 ${}_1C\,{}_2C=\sqrt{\mathrm{d}x\cdot\mathrm{d}x+\mathrm{d}y\cdot\mathrm{d}y}$，这些定理对于求解曲线旋线的长度，曲线旋转所形成的曲面和立体图形以及线的重心都是非常有帮助的；由此，我们立刻有了一种通过某种积分求曲线长度的方法；例如，对于抛物线，如果 $y=\dfrac{xx}{2a}$，那么我们就有 $\mathrm{d}y=\dfrac{x\,\mathrm{d}x}{a}$，因此 ${}_1C\,{}_2C=\dfrac{\mathrm{d}x}{a}\sqrt{aa+xx}$。因此 ${}_1C\,{}_2C:\mathrm{d}x$ 等于双曲线 $\sqrt{aa+xx}$ 的纵坐标与常数 a 的比，也就是 $\dfrac{1}{a}\int\mathrm{d}x\sqrt{aa+xx}$，这是一条等于抛物线的弧的直线，它依赖于双曲线的积分，这是已经被其他人证实的结果；因此我们可以通过微积分推导出惠更斯、沃利斯、赫拉特和尼尔发现的所有完美的结果。[②]

我在上面说过，$t:y::\mathrm{d}x:\mathrm{d}y$；因此我们有 $t\mathrm{d}y=y\mathrm{d}x$，从而有 $\int t\mathrm{d}y=\int y\mathrm{d}x$。如果从几何上讲，这个方程给出了格雷戈里（Gregory）

---

① 当 B，C，D，E 不带下角标出现时，表明下角标不影响所指曲线，如 CC 即指 ${}_1C$，${}_2C$，${}_3C$，${}_4C$ 所在曲线。——中译者注

② 给出的所有内容都可以在巴罗的结果中找到，但对他的名字却只字不提。

的一个优美的定理。① 也就是说，如果 BAF 是一个直角，$AF=BG$，FG 平行于 AB 并等于 BT，即 ${}_1F\,{}_1G={}_1B\,{}_1T$，那么 $\int t\mathrm{d}y$，或由 t（如 ${}_4F\,{}_4G$ 或 ${}_4B\,{}_4T$）和 $\mathrm{d}y$（${}_3F\,{}_4F$ 或 ${}_3D\,{}_4C$）包含的矩形之和等于矩形 ${}_4F\,{}_3G+{}_3F\,{}_2G+{}_2F\,{}_1G+\cdots$，或图形 $A\,{}_4F\,{}_4GA$ 的面积等于 $\int y\mathrm{d}x$，即等于图 $A\,{}_4B\,{}_4CA$；或者一般来说，图 $AFGA$ 和图 $ABCA$ 相等。

此外，从图形上看，其他东西也很容易用微积分推导出来。例如，在三线性图 $ABCA$ 的情况下，图形 $ABCA$ 连同其互补图形 $AFCA$ 等于矩形 $ABCF$，因为微积分很容易表明 $\int y\mathrm{d}x+\int x\mathrm{d}y=xy$。

如果需要找到绕轴旋转形成的立体的体积，只需要求 $\int y^2\mathrm{d}x$。对于绕底边旋转形成的立体，我们有 $\int x^2\mathrm{d}y$；对于绕顶点的矩，我们有 $\int yx\mathrm{d}x$。而这些东西有助于找到图形的重心，同时也给出了圣文森特的

① 这是最奇怪的巧合！因为，巴罗也引用了格雷戈里（Gregory）的这个定理，且没有引用其他定理；而且它也出现在我们已经提到过的文献 Lecture Ⅺ中！莱布尼兹没有给出对应的图表；在我参考巴罗给出的图表之前，我也无法从他的阐述中完成所需的图形！下面给出了两张图供比较。巴罗的图是我在上面注释中提到的那个。我想知道，莱布尼兹的图是取自格雷戈里（Gregory）的原图（我一直未能看到），还是在巴罗的图的基础上作的修改？

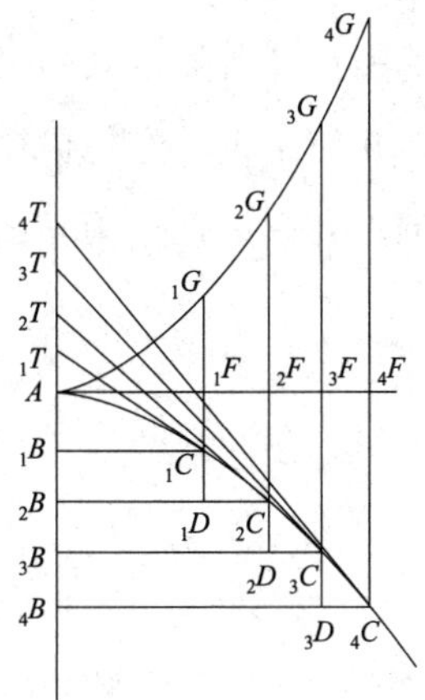

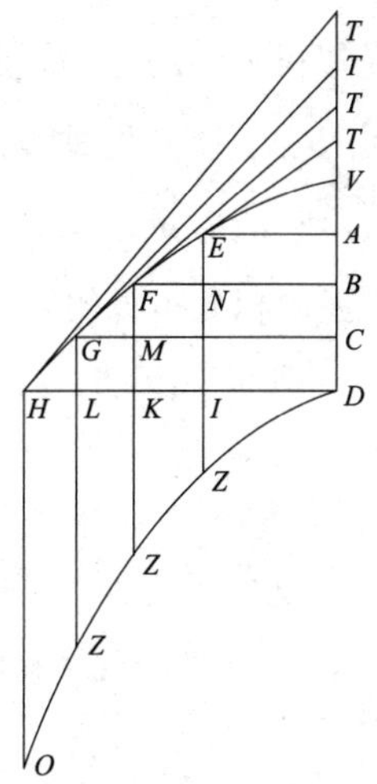

格雷戈里的平截头台，以及帕斯卡、沃利斯、拉鲁贝尔(De Laloubère，1600—1664）等人对这些问题的所有发现。

如果需要找到线的中心，或由它们的旋转产生的曲面，例如由线 AC 关于 AB 旋转产生的曲面，只需要找到

$$\int y\sqrt{\mathrm{d}x\cdot\mathrm{d}x+\mathrm{d}y\cdot\mathrm{d}y}$$

或在与之相对应的点 B 处应用于轴的每一个 PC 的总和(因此${}_2P\ {}_2C$ 将在 ${}_2B$ 处垂直于轴 AB)，以这种方式产生了一个图形，而上面式子代表其面积。因此，如果不用 y 和 $\mathrm{d}y$，而是用从曲线的纵坐标和切线的性质中得到的数值来代替，整个问题就会立即简化为某个平面图形的求积。因此，对于抛物线，如果$y=\sqrt{2ax}$，则 $\mathrm{d}y=\dfrac{a\,\mathrm{d}x}{y}$(可以直接得到)；因此我们有

$$\int y\sqrt{\mathrm{d}x\,\mathrm{d}x+\frac{aa}{yy}\mathrm{d}x\,\mathrm{d}x}\text{ 或}\int \mathrm{d}x\sqrt{yy+aa}\text{ 或}\int \mathrm{d}x\sqrt{2ax+aa},$$

这依赖于抛物线的积分(如果假设 AC 是抛物线，AB 是其轴，那么每一个$\sqrt{2ax+aa}$或 PC 都可应用于抛物线，前提是在这种情况下图形发生了变化，曲线使其凹度朝向轴)；[①] 这可以通过普通的几何学得到，因此也可以找到一个等于抛物型圆锥体曲面的圆；但其具体证明不在这里给出，毕竟这里不是主要讨论这个问题的地方。

这些看似很重要的问题，其实只是这种计算所能得到的最简单的结果；由此还产生了许多更重要的结果，在几何中也没有任何简单的问题可以完全逃避它的力量，无论是纯粹的问题还是应用于力学的问题。现在我们将阐述微积分本身的要素。

---

① 这里的拉丁文相当含糊；可能是一个误印。但我认为我已经正确地表达了这个论点。需要指出的是，抛物线在这个时期一直被认为是我们现在应该用方程 $y=x^2$ 表示的形式。而莱布尼兹提到的图形就是沃利斯所说的半抛物线的补。

微积分的基本原则

作差和求和是互逆的，也就是说，一个级数的差之和是这个级数的一项，一个级数的和之差也是这个级数的一项；我把前者表示为 $\int dx = x$，把后者表示为 $d\int x = x$。

因此，令级数的差、级数本身、级数的和如下

级数的差	1	2	3	4	5		………dx
级数本身	0	1	3	6	10	15	………x
级数的和	0	1	4	10	20	25	………$\int x$

那么级数的项就是差的和，或者说 $x = \int dx$；从而有 3=1+2，6=1+2+3,…；另一方面，级数之和的差是级数的项，或 $d\int x = x$，也就是，3 是 1 和 4 的差，6 是 4 和 10 的差。

此外，如果给定 a 是恒定的量，那么 $da=0$，因为 $a-a=0$。

加法和减法

一个级数的差或和，其中该级数的一般项是由其他级数的一般项加或减组成的，以完全相同的方式由这些级数的差或和组成；或

$$x+y-v=\int \overline{dx+dy-dv}, \int \overline{x+y-v}=\int x+\int y-\int v。$$

如果你取任意三个级数，列出它们的和与它们的差，并按上述方式相应地把它们放在一起，就很容易得到结果了。

简单乘法

这里有

$$dxy = x\,dx + y\,dy \text{ 或 } xy=\int x\,dx+\int y\,dy。$$

这就是我们在上面所说的图形与它的补等于外接矩形的情形。用微积分证明如下：

dxy 等于两个连续的 xy 的差，假设其中一个是 xy，而另一个是 $x+dx$ 乘以 $y+dy$；那么我们有

$$dxy = \overline{x+dx} \cdot \overline{y+dy} - xy = xdy + ydx + dxdy;$$

如果 dx 和 dy 是无穷小的，那么与其余项相比，$dxdy$ 也是无穷小的，可以忽略不计（因为这些线被理解为在整个项级数中以非常小的增量持续增加或减少），省略掉 $dxdy$ 这个量，将留下 $xdy+ydx$；符号随着 y 和 x 一起增加，或者一个增加另一个减少，而变化；这一点必须注意。

简单除法

我们有

$$d\frac{y}{x} = \frac{xdy - ydx}{xx}。$$

对于 $d\frac{y}{x} = \frac{y+dy}{x+dx} - \frac{y}{x} = \frac{xdy-ydx}{xx+xdx}$，它等于$\frac{xdy-ydx}{xx}$（如果把 xx 写为 $xx+xdx$，由于与 xx 相比，xdx 是无穷小的值，所以可以忽略不计）；同时，如果 $y=aa$，则 $dy=0$，结果变成$-\frac{aadx}{xx}$，这就是我们之前在双曲线的切线的情况下使用的值。

由此，任何人都可以通过微积分推导出复式乘法和除法的规则：

$$dxvy = xydv + xvdy + yvdx,$$

$$d\frac{y}{vz} = \frac{xvdy - yvdz - yzdv}{vv \cdot zz};$$

这可以通过之前得到的内容证明。因为我们有

$$d\frac{y}{x} = \frac{xdy - ydx}{xx};$$

因此，用 zv 替换 x，用 $zdv+vdz$ 代替 dx 或 dzv，我们得到了上述的结果。

幂

$dx^2 = 2xdx$，$dx^3 = 3x^2dx$，以此类推。取 $y=x$ 和 $v=x$，我们可以写 dx^2 代替 dxy，而这等于 $xdy+ydx$，或者(如果 $x=y$，因此$dx=dy$)等于 $2xdx$。同样地，对于 dx^3，我们将其写成 $dxyv$，即 $xydv+xvdy+yvdx$，或者(把 x 写为 y，把 v 和 dx 写为 dy 和 dv)等于 $3x^2dx$。

这样就完成了上面公式的证明。用同样的方法，一般情况下，通过上述内容可以很容易证得 $\mathrm{d}x^{e}=e\cdot x^{\underline{e-1}}\mathrm{d}x$。

从而也有

$$\mathrm{d}\,\frac{1}{x^{h}}=-\frac{h\,\mathrm{d}x}{x^{\underline{h+1}}}。$$

这是因为，如果$\frac{1}{x^{h}}=x^{e}$，则 $e=-h$，且 $x^{e-1}=\frac{1}{x^{\underline{h+1}}}$，任何了解几何级数中指数性质的人都知道这一点。同样的事情也适用于分数，该过程与无理数或根式相同。$\mathrm{d}\sqrt[r]{x^{h}}$ 等于 $\mathrm{d}x^{h:r}$(在这里我所说的 $h:r$ 是指$\frac{h}{r}$或 h 除以 r)，或等于 $\mathrm{d}x^{e}$(取 e 等于$\frac{h}{r}$)，或按照上面所说的，等于$e\cdot x^{\underline{e-1}}\mathrm{d}x$，或者等于($h:r$ 用 e 替换，$\overline{h-r}:r$ 替换为$e-1$)$\frac{h}{r}\cdot x^{\overline{h-r}:r}\mathrm{d}x$；因此，最后我们得到 $\mathrm{d}\,\sqrt[r]{x^{h}}$ 的值。

此外，反过来说，我们有

$$\int x^{e}\,\mathrm{d}x=\frac{x^{\underline{e+1}}}{e+1},\quad \int\frac{1}{x^{e}}\mathrm{d}x=-\frac{1}{\overline{e-1}\cdot x^{\underline{e-1}}},$$

$$\int\sqrt[r]{x^{h}}\,\mathrm{d}x=\frac{r}{r+h}\sqrt[r]{x^{\underline{\overline{h+r}:r}}}。①$$

这些是微分和求和计算的基本原理，通过这些原理，可以处理高度复杂的公式，不仅可以处理分数或无理数，或其他任何量；还可以处理不确定的量，如 x 或 y，或任何其他表示任何级数的项的东西。

---

① 疑有误，应为$\frac{r}{r+h}\sqrt[2]{x^{h+r}}$。——中译者注

莱布尼兹画像。

第十七章

• *Chapter* XVII •

无论是我们的项目取得进展，还是科学取得进步，都无法让我们逃脱死亡。

——莱布尼兹

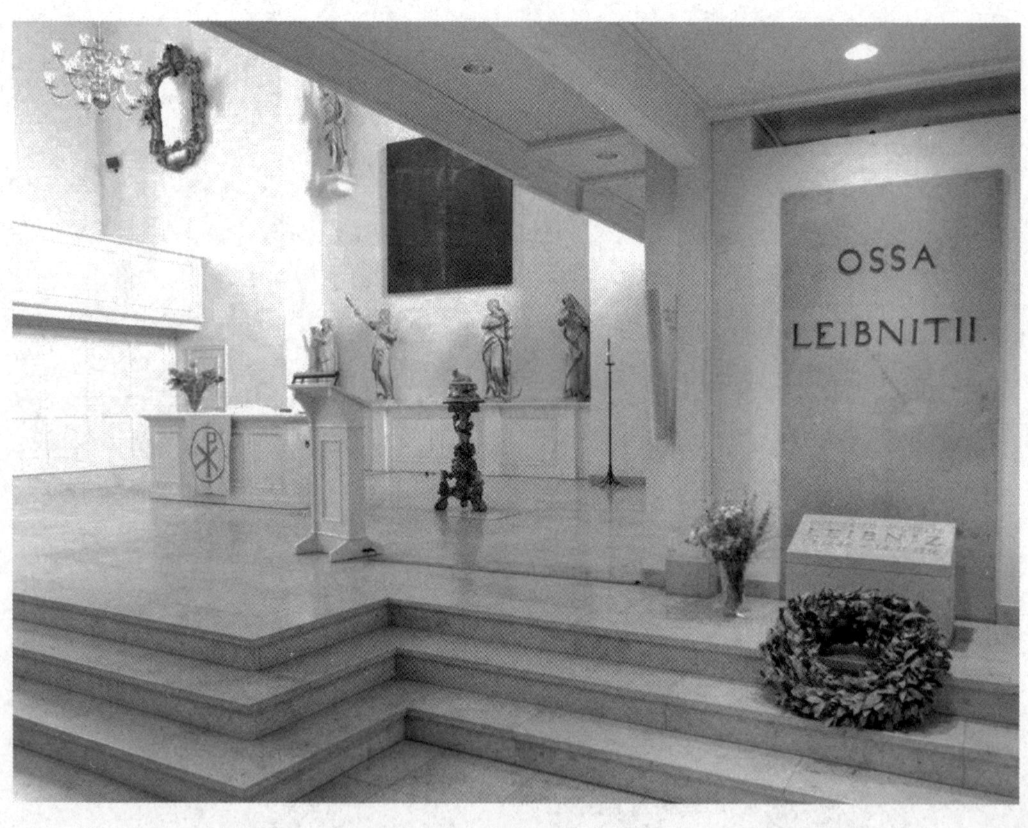
OSSA
LEIBNITII.
LEIBNIZ

接下来的这份手稿虽然没有标明完成的日期，但根据手稿里的内容可以很容易确定一个大概的完成时间。首先，这份手稿的日期应该是在莱布尼兹 1684 年在《教师学报》上发文向世界首次传达他的微积分相关研究之后。这份手稿是对纽文泰特反对无穷小微积分思想的一个回应，或者可能是这个回应的第一份草稿。纽文泰特指出：（ⅰ）莱布尼兹没能比巴罗或牛顿给出关于无限小的差与绝对零值之间区别的更多解释；（ⅱ）没有阐述清楚高阶微分是如何从一阶微分得到的；（ⅲ）微分方法不能应用于指数函数。针对这三点质疑，莱布尼兹巧妙地回应了第一点，却因错误的工作而在回应第二点上失败了。我想他后来应该意识到了这一点。因为他在文中写了一个注释，提醒自己在出版前要仔细修改整个内容。似乎他对自己完整回答这些反对意见的能力并不十分自信，所以他在手稿中还提醒自己，所用语言必须不能像刚开始那样粗鲁。

对于第三点，他是沉默的，没有给出回应；但在后来出版的《微积分的历史和起源》中，我们已经看到他能够绕过而非克服指数函数的困难；然而，这里的沉默似乎表明莱布尼兹那时还不能处理指数函数的微分。

对第一点的成功回应源于一个基本原则，即比 $dy : dx$ 最终可以转变为一个速率；但当这个想法被文稿中最后一段的无限小想法混淆时，结果几乎是灾难性的。然而，莱布尼兹把他的微积分看作是一种更能经得起考验的工具。

◀莱布尼兹墓。

当我的无穷小演算（包括对差与和的演算）出现并传播开来后，某些过于精确的老手开始制造麻烦，就像很久以前那些怀疑论者曾经反对教义学一样，正如从恩皮库鲁斯（Empicurus）反对数学家（即教义学）的著作中可以看到的，比如 *Quod nihil scitur* 一书的作者桑切斯（F. Sanchez，约 1550—1623）质疑克拉维乌斯（C. Clavius，1538—1612）；反对卡瓦列里的人，反对所有几何学家的霍布斯，以及著名的克鲁弗（D. Cluver）最近也对阿基米德的求抛物线面积的方法提出了异议；当我的无穷小方法——后称为微积分，通过我自己和著名的伯努利兄弟的几个应用实例，特别是通过杰出的法国人洛必达的优雅文章，开始在国外传播的时候，某个博学的数学家，以假名在科学杂志 *Journal de Trevoux* 上撰文，似乎对这种方法提出了质疑和批评。但我要提到其中一个，在此之前，荷兰人纽文泰特就对我的微积分提出过反对意见，他确实在学识和能力方面都很强，但他可能更希望通过在某种程度上修改我们的方法而不是改进它们而出名。我不仅引入了一阶差分，还引入了二阶、三阶和其他更高阶的差分，这些与一阶差分是完全不同的，但他看起来只满足于一阶差分的定义，而不考虑一阶差分与后面的其他差分存在着的同样的困难，也没有考虑到无论这些困难在一阶差分中什么地方被克服，它们也不会再出现在其余阶差分中了。更不用说一个学识渊博的年轻人，巴塞尔的赫尔曼（J. Hermann，1678—1733），表明前者仅在名义上避免了第二阶和更高阶的差分，而实际上并没有解决这些问题；此外，在合理使用一阶差分来证明定理时，通过坚持，他本可以自己完成一些有用的工作，但他没有这样做，而是被迫退回到无人承认的假设上；例如，用 2 乘以 m 和用 m 乘以 2 会得到不同的结果；在前者可能的情况下，后者是不可能的。

然而，这些反对意见中也有一些值得称赞的建议，那就是他希望用论证来加强微积分的相关说明，以便让那些严谨的人满意。如果不是因为到处夹杂着指责，且这个愿望似乎对那些渴望真理而非名利的人来说不显得陌生的话，那么他也早就从我这里看到这项工作的结果了，而且是心甘情愿的。

有人多次向我建议通过论证来明确微积分的基本原理，在此我把它的基本原理列在下面，目的是让任何有闲暇时间的人都能完成这项工作。但到现在为止，我还没有看到有人愿意做这项工作。因为博学的赫尔曼在他作品中所开始研究的，即发表在我的辩护文章上的反对纽文泰特的内容，还没有完成。

除了数学上的无穷小微积分外，我还有一种用于物理学的方法，其中一个例子在 *Nouvelles de la République des Lettres* 中给出；我把这两种方法归入连续性法则之下。利用这些法则，我已经证明了，著名哲学家笛卡儿和马勒伯朗士的规则本身就足以解决一切关于运动的问题。

我认为以下假设是理所当然的：

在任何假定的以任何终点结束的变化过程中，都可以进行一般推理，这个推理也应包括最终终点的情形。

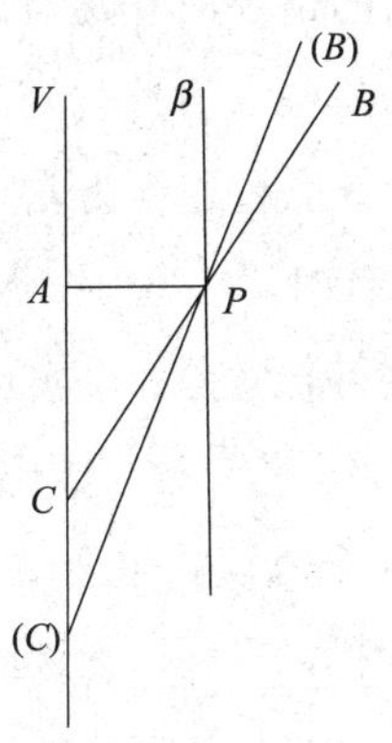

例如，如果 A 和 B 是任意的两个量，其中前者较大，后者较小，在 B 保持不变的情况下，假定 A 不断减小，直到 A 等于 B；那么，在一般推理下，允许包括 A 大于 B 的先前情况，以及差为零和 A 等于 B 的最终情况。同样，如果两个物体同时运动，并假定在 B 的运动保持不变的情况下，A 的速度不断减小，直到它完全消失，或 A 的速度为零；在一般推理下，允许将这种情况与 B 的运动情况包括在内。我们在几何学中也是这样做的，当两条直线以任何方式产生时，一条直线 VA 在位置上是给定的或保持在同一地点，另一条直线 BP 经过一个给定点 P，并且在位置上有变化，而点 P 保持固定；起初确实向直线 VA 汇聚，并在点 C 处相遇；然后，随着倾角 VCA 的不断减小，在某个更远的点(C)处与 VA 相遇，直到最后从 BP 通过位置(B)P，它来到了 βP，在这里，直线不再向 VA 汇聚，而是与它平行，而 C 是一个不可能的或虚构的点。有了这个假设，就可以在某个一般推理下，不仅包括所有的中间情况，如(B)P，而且包括最终情况 βP。

因此，我们也可以把椭圆和抛物线作为一种情况，就像如果 A 被认为是椭圆的一个焦点(V 是其给定的顶点)，并且这个焦点保持固定，而另一个焦点在我们从一个椭圆到另一个椭圆的过程中是可变的，直到最后(在直线 BP 与直线 VA 相交并提供可变焦点的情况下)焦点 C 变得逐渐消失[①]或不存在，在这种情况下，椭圆就变成抛物线了。因此，根据我们的假设，抛物线在一个共同的推理下与椭圆一起考虑应该是允许的。正如在几何结构中使用这种方法是常见的做法一样，当他们在一个一般的结构下包括许多不同的情况时，注意到在某种情况下，汇聚的直线会变成平行的直线，它和另一条直线之间的夹角就消失了。

此外，从这个假设中产生了一些通常为方便而使用但似乎包含荒谬的表达，尽管当它的正确含义被取代时，它是一个不会造成任何阻碍的表达方式。例如，我们谈论一个虚交点就好像它是一个实点一样，就像在代数中虚根被认为是可接受的数字一样。因此，有了这个类比，我们说，当直线 BP 最终变得与直线 VA 平行时，即使那个时候它也会向它汇聚或与它形成一个角度，只是这个角度是无限小的；同样，当一个物体最终静止时，仍然说它有一个速度，但这个速度是无限小的。当一条直线与另一条直线相等时，可以说它与另一条直线不相等，但这种差别是无限小的；抛物线是椭圆的最终形式，其中第二个焦点与离给定顶点最近的给定焦点相距无限远，或者说 PA 与 AC 的比值，或角 BCA，是无限小的。

当然，绝对相等的事物有绝对不存在的差异；平行的直线永远不会相遇，因为它们之间的距离在任何地方都是完全相同的；抛物线根本就不是椭圆，等等。然而，我们可以想象一种过渡状态，或者说一种瞬息状态，在这种状态下，确实还没有出现完全的相等、静止或平行，但它正在进入这样一种状态，它们之间的差小于任何给定的量；同时，在这

---

① 这个词在这里被用来表示“消失在遥远的地方”的意思。

种状态下，仍然会存在某个差、某个速度、某个角度，但在每一种情况下，都是无限小的。交点或可变焦点与固定焦点的距离将是无限大的，抛物线可以归在椭圆的主题下(或以某种方式和同样的推理归在双曲线的主题下)，可以看到，对于任何结构来说，那些被发现的关于这种抛物线的事实与那些可以通过严格处理抛物线来说明的事实没有任何区别。

确实很有可能，阿基米德和一个似乎比他更出色的人——科农(Conon，约公元前280—约前220)，很可能是在这种思想的帮助下发现了他们奇妙而优雅的定理；这些定理是他们用“荒谬的还原”证明完成的，他们同时提供了严格的证明，也掩盖了他们的方法。笛卡儿在他的一本著作中非常恰当地指出，阿基米德使用的是一种形而上学的推理[卡拉缪尔(J. Caramuel，1606—1682)称之为元几何学(metageometry)]，这种方法几乎没有任何古人使用过(除了那些处理求积问题的人)。在我们这个时代，卡瓦列里复兴了阿基米德的方法，并为其他人提供了进一步发展的机会。事实上，笛卡儿本人也是这样做的，因为他曾一度把圆想象成一个有无数条边的规则多边形，并在处理摆线时使用了同样的想法；惠更斯也在他关于摆线的工作中这样做了，因为他习惯于通过严格的证明来证实他的定理；然而在其他时候，为了避免过于冗长，他使用了无穷小的思想；最近，著名的拉伊尔(La Hire，1640—1718)也做了同样的事情。

就目前而言，这种从不等到相等、从运动到静止、从汇聚到平行或任何类似的瞬间过渡状态，在严格的或形而上学的意义上能否成立，无限大是否是连续地越来越大，或无限小是否是连续地越来越小，是否是合理的考虑，我认为这是一个有待商榷的问题。但对于要讨论这些问题的人来说，没有必要回到形而上学的争论中去，例如连续统的构成，也没有必要以此作为几何问题的依据。当然，毫无疑问，一条线在任何情况下都可以被认为是无限的，而且，如果它只在一边是无限的，就可以在它的两边加上一些限制。但是，这样一条直线是否可以当作一个整体来计算，或者是否可以将其分割成可用于计算的若干部分，是一个完全不同的问题，在这个地方无须讨论。

当我们谈到无限大(或更严格的无限)或无限小的量(即我们知识范围内

的最小量)时，如果将其理解为我们所指的无限大或无限小的量，即你想多大就多大，你想多小就多小，这样，任何人可以分配的误差都可能小于某个指定的量，这就够了。另外，由于在一般情况下会出现这样的情况，即当任何小的误差被指定时，可以证明它应该更小，因此得出的结论是，误差绝对是零；欧几里得、特奥多修斯(Theodosius，公元前 2 世纪下半叶)等人在不同的地方使用了几乎完全类似的一种论证；这在他们看来是一件奇妙的事情，尽管不能否认的是，从被假定为误差的东西中，可以推断出误差是不存在的，这是完全正确的。因此，通过无限大和无限小，我们可以理解无限大的东西，或无限小的东西。所以，每一种无限小或无限大都是作为一种类别，而不仅仅是作为一种类别的最后一个东西。如果有人想把这些东西理解为最终的东西，或者理解为真正的无限，那是可以做到的，而且也不需要回过头来争论延伸的真实性，或者争论一般的无限连续统的真实性，或者争论无限小的真实性，即使他认为这些东西是完全不可能的；只要把它们当作一种对计算有好处的工具来使用就足够了，就像代数学家保留虚根有很大好处一样。因为它们包含了一种方便的计算手段，这显然可以在各种情况下以严格的方式通过已经说明的方法加以验证。

不过我还是应该更清楚地说明这一点，这样才能说明我在 1684 年提出的所谓的微分算法是相当合理的。首先，通过考虑直线 AY，它指的是直线 AX 作为轴，可以更好地理解“$\mathrm{d}y$ 是 y 的元素”这句话的含义。

设曲线 AY 为抛物线，以顶点 A 处的切线为轴。如果 AX 记为 x，AY 记为 y，通径是 a，则抛物线的方程将是 $xx=ay$，这在每一点上都是成立的。现在，设 $A\,{}_1X=x$，而 ${}_1X\,{}_1Y=y$，且从点 ${}_1Y$ 引垂线 ${}_1YD$ 落在某个更大的坐标 ${}_2X\,{}_2Y$ 上，设 $A\,{}_1X$ 和 $A\,{}_2X$ 之间的差 ${}_1X\,{}_2X$ 为 $\mathrm{d}x$；同样地，设 ${}_1X\,{}_1Y$ 和 ${}_2X\,{}_2Y$ 之间的差 $D\,{}_2Y$ 为 $\mathrm{d}y$。

那么，由 $y=xx:a$，并根据同样的法则，我们有

$$y+\mathrm{d}y=xx+2x\,\mathrm{d}x+\mathrm{d}x\,\mathrm{d}x,:a;$$

从一边消去 y，从另一边消去 $xx:a$，就剩下

$$\mathrm{d}y:\mathrm{d}x=2x+\mathrm{d}x:a;$$

这是一个一般的规则，表达的是纵坐标之差与横坐标之差的比，或者，

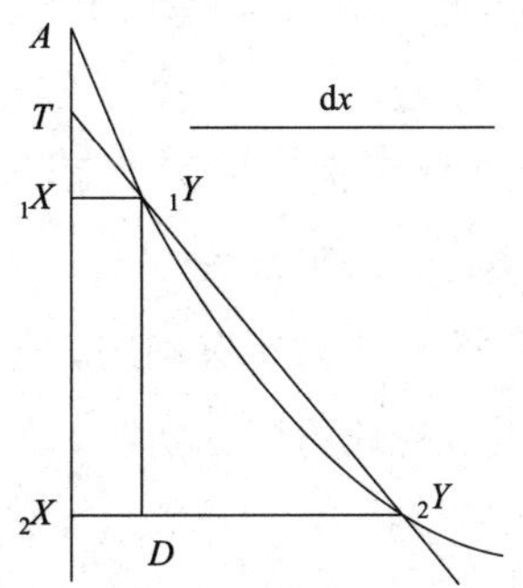

如果绘制弦${}_1Y\,{}_2Y$，使其与轴相交于 T，那么纵坐标${}_1X\,{}_1Y$ 与 $T\,{}_1X$ 的比，即在交点和纵坐标之间截取的轴的一部分，是 $2x+\mathrm{d}x$ 与 a 的比。现在，根据我们的假设，允许在一个一般的推理中包括这样的情况，即纵坐标${}_2X\,{}_2Y$ 向上移动，越来越接近固定纵坐标${}_1X\,{}_1Y$，直到最终与之重合。显然，在这种情况下 $\mathrm{d}x$ 等于零，应予忽略，由此很容易得到：由于在这种情况下，$T\,{}_1Y$ 是切线，所以${}_1X\,{}_1Y$ 与 $T\,{}_1X$ 的比与 $2x$ 与 a 的比相同。

因此，我们可以看到，在我们的整个微分计算中，没有必要说那些具有无限小的差的东西是相等的，但可以把那些根本没有任何差异的东西视为相等，前提是计算应该是通用的，包括存在差和差为零的情况；条件是，在计算中尽可能地通过合理的省略来清除差，并在将其简化为非消失量的比之前，不假定差为零，而且我们最终会达到将我们的结果应用于最终情况的程度。

同样地，如果 $x^3=aay$，那么我们有

$$x^3+3xx\,\mathrm{d}x+3x\,\mathrm{d}x\,\mathrm{d}x+\mathrm{d}x\,\mathrm{d}x\,\mathrm{d}x=aay+aa\,\mathrm{d}y,$$

消去两边相同的量有

$$3xx\,\mathrm{d}x+3x\,\mathrm{d}x\,\mathrm{d}x+\mathrm{d}x\,\mathrm{d}x\,\mathrm{d}x=aa\,\mathrm{d}y,$$

或 $$3xx+3x\,\mathrm{d}x+\mathrm{d}x\,\mathrm{d}x:aa=\mathrm{d}y:\mathrm{d}x={}_1X\,{}_1Y:T\,{}_1X;$$

因此，当差消失时，我们有

$$3xx:aa={}_1X\,{}_1Y:T\,{}_1X。$$

但如果希望在计算中保留 $\mathrm{d}y$ 和 $\mathrm{d}x$，以便它们即使在最终情况下仍代表不会逐渐趋于零的量，那么，可取任意可分配的直线作为$(\mathrm{d}x)$，并将与$(\mathrm{d}x)$之比为 y 或${}_1X\,{}_1Y$ 与${}_1XT$ 之比值的直线记为$(\mathrm{d}y)$；这样，

dy 和 dx 将始终是可分配的，它们之间的比将等于 $D\,_2Y$ 与 $D\,_1Y$ 的比，后者在最终情形下为零。

［莱布尼兹在此对《教师学报》中的一篇文章进行了修正，这篇文章在没有上下文的情况下是无法理解的。］

根据这些假设，我们的算法的所有规则，如 1684 年 10 月《教师学报》所规定的，都可以很容易地得到证明。

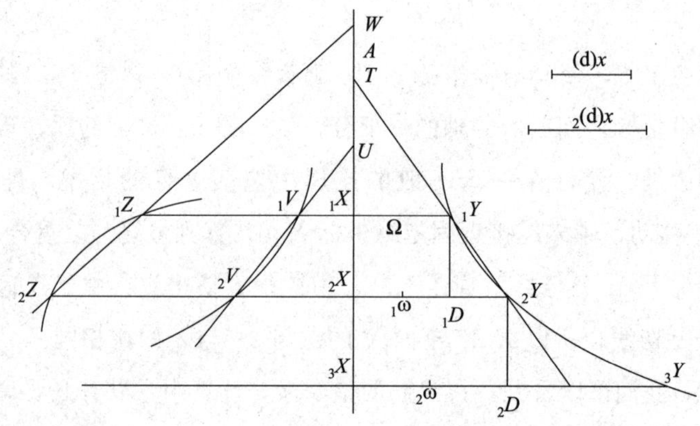

令曲线 YY，VV，ZZ 参考同一轴线 AXX 和横坐标 $A\,_1X$（$=x$）以及 $A\,_2X$（$=x+\mathrm{d}x$）；对应纵坐标分别为$_1X\,_1Y$（$=y$）和$_2X\,_2Y$（$=y+\mathrm{d}y$）），$_1X\,_1V$（$=v$）和$_2X\,_2V$（$=v+\mathrm{d}v$），以及$_1X\,_1Z$（$=z$）和$_2X\,_2Z$（$=z+\mathrm{d}z$）。设弦$_1Y\,_2Y$，$_1V\,_2V$，$_1Z\,_2Z$ 与轴 AXX 分别相交于点 T，U，W。取任意一条直线为(d)x，当点$_1X$ 保持固定，点$_2X$ 以任何方式接近$_1X$ 时，让它保持不变，并且设(d)y 是另一条线，其与(d)x 之比为 y 与$_1XT$ 之比，或 dy 与 dx 之比。同样地，令(d)v 与(d)x 的比等于 v 与$_1XU$ 的比或 dv 与 dx 的比；也令(d)z 与(d)x 的比等于 z 与$_1XW$ 的比或 dz 与 dx 的比；那么(d)x，(d)y，(d)z 将始终是普通的或可分配的直线。

对于加法和减法，我们也有如下公式：

如果 $y-z=v$，那么(d)$y-$(d)$z=$(d)v。

这一点我是这样证明的：$y+\mathrm{d}y-z-\mathrm{d}z=v+\mathrm{d}v$（如果我们假设，随着 y 增加，z 和 v 也会增加；否则对于减少的量，例如 z，应该取

$-\mathrm{d}z$ 而不是 $\mathrm{d}z$，正如我以前提到过的）；因此，去掉相等的量，即去掉一边的 $y-z$，和另一边 v，我们有 $\mathrm{d}y-\mathrm{d}z=\mathrm{d}v$，因此也就有了 $\mathrm{d}y-\mathrm{d}z:\mathrm{d}x=\mathrm{d}v:\mathrm{d}x$。但 $\mathrm{d}y:\mathrm{d}x$，$\mathrm{d}z:\mathrm{d}x$，$\mathrm{d}v:\mathrm{d}x$ 分别等于 $(\mathrm{d})y:(\mathrm{d})x$，$(\mathrm{d})z:(\mathrm{d})x$ 和 $(\mathrm{d})v:(\mathrm{d})x$。

同理，$(\mathrm{d})z:(\mathrm{d})y$ 和 $(\mathrm{d})v:(\mathrm{d})y$ 分别等于 $\mathrm{d}z:\mathrm{d}y$ 和 $\mathrm{d}v:\mathrm{d}y$。从而有 $(\mathrm{d})y-(\mathrm{d})z,:(\mathrm{d})x=(\mathrm{d})v:(\mathrm{d})x$；因此，$(\mathrm{d})y-(\mathrm{d})z$ 等于 $(\mathrm{d})v$，这是需要证明的。或者我们可以把结果写成 $(\mathrm{d})v:(\mathrm{d})y=1-(\mathrm{d})z:(\mathrm{d})y$。

当 ${}_1X$ 与 ${}_2X$ 重合，${}_1YT$，${}_1YU$，${}_1YW$ 是曲线 YY，VV，ZZ 的切线时，这个加减法的规则也可以通过使用我们常用的计算原则得到。此外，尽管我们可以满足于可分配的量 $(\mathrm{d})y$，$(\mathrm{d})v$，$(\mathrm{d})z$，$(\mathrm{d})x$，…，因为这样我们就可以看到我们微积分的全部成果，即通过分配的方式进行的构造，但是，从我描述的内容中可以看出，至少在我们的头脑中，不可分配量 $\mathrm{d}x$ 和 $\mathrm{d}y$ 也可以用一种假设的方法来代替它们，甚至在它们消失的情况下也是如此；因为 $\mathrm{d}y:\mathrm{d}x$ 总是可以被简化为 $(\mathrm{d})y:(\mathrm{d})x$，这属于可分配的或无疑是真实的量之间的比。因此，对于切线，我们有 $\mathrm{d}v:\mathrm{d}y=1-\mathrm{d}z:\mathrm{d}x$ 或 $\mathrm{d}v=\mathrm{d}y-\mathrm{d}z$。

乘法：设 $ay=xv$，则 $a(\mathrm{d})y=x(\mathrm{d})v+v(\mathrm{d})x$。

证明：$ay+a\mathrm{d}y=x+\mathrm{d}x$，$v+\mathrm{d}v=xv+x\mathrm{d}v+v\mathrm{d}x+\mathrm{d}x\mathrm{d}v$；从等式两边去掉相等的量 ay 和 xy，我们有

$$a\mathrm{d}y=x\mathrm{d}v+v\mathrm{d}x+\mathrm{d}x\mathrm{d}v,$$

或

$$\frac{a\mathrm{d}y}{\mathrm{d}x}=\frac{x\mathrm{d}v}{\mathrm{d}x}+v+\mathrm{d}v;$$

我们可以把这个问题转移到永远不会消失的直线上，我们有

$$\frac{a(\mathrm{d})y}{(\mathrm{d})x}+\frac{x(\mathrm{d})y}{(\mathrm{d})x}+v+\mathrm{d}v;$$

因此，由于它本身就可以消失，所以 $\mathrm{d}v$ 是多余的，而在差消失的情况下，对应 $\mathrm{d}v=0$ 的情形，我们有

$$a(\mathrm{d})y=x(\mathrm{d})v+v(\mathrm{d})x,$$

或 $$(\mathrm{d})y:(\mathrm{d})x=x+v,:a。$$

另外，由于$(\mathrm{d})y:(\mathrm{d})x$总是等于$\mathrm{d}y:\mathrm{d}x$，所以在$\mathrm{d}y$和$\mathrm{d}x$消失的情况下，我们可以假设这一点是真的，并有$\mathrm{d}y:\mathrm{d}x=x+v:a$或$a\mathrm{d}y=x\mathrm{d}v+v\mathrm{d}x$。

除法：设$z:a=v:x$，则$(\mathrm{d})z:a=v(\mathrm{d})x-x(\mathrm{d})y,:xx$。

证明：$z+\mathrm{d}z:a=v+\mathrm{d}v,:,x+\mathrm{d}x$；消除分数有$xz+x\mathrm{d}z+z\mathrm{d}x+\mathrm{d}z\mathrm{d}x=av+a\mathrm{d}v$；消去两边相等的量$xz$和$av$，再用剩下的除以$\mathrm{d}x$，我们有

$$a\mathrm{d}v-x\mathrm{d}z,:\mathrm{d}x=z+\mathrm{d}z,$$

或 $$a(\mathrm{d})v-x(\mathrm{d})z,:\mathrm{d}x=z+\mathrm{d}z;$$

因此，只有可以变为瞬时量的$\mathrm{d}z$是多余的。另外，在差消失的情况下，当${}_1X$与${}_2X$重合时，由于在这种情况下$\mathrm{d}z=0$，所以我们有

$$a(\mathrm{d})v-x(\mathrm{d})z,:(\mathrm{d})x=z=av:x;$$

其中(如前所述) $$(\mathrm{d})z=ax(\mathrm{d})v-av(\mathrm{d})x,:xx,$$

或 $$(\mathrm{d})z:(\mathrm{d})x=(a:x)(\mathrm{d})v:(\mathrm{d})x-av:xx。$$

此外，由于$(\mathrm{d})z:(\mathrm{d})x$始终等于$\mathrm{d}z:\mathrm{d}x$，因此在所有其他情况下，当$\mathrm{d}z$，$\mathrm{d}v$，$\mathrm{d}x$消失时，也可以假设这样，并令

$$\mathrm{d}z:\mathrm{d}x=ax\mathrm{d}v-av\mathrm{d}x,:xx。$$

对于幂，设方程为$a^{\overline{n-e}}\cdot x^e=y^n$，则

$$\frac{(\mathrm{d})y}{(\mathrm{d})x}=\frac{e\cdot x^{\overline{e-1}}\cdot}{n\cdot y^{\overline{n-1}}\cdot};$$

我将用比上述更详细的方式证明这一点，由此

$$a^{n-e},\frac{1}{1}x^e+\frac{e}{1}x^{\overline{e-1}}\cdot\ \mathrm{d}x+\frac{e,e-1}{1,2}x^{\overline{e-2}}\cdot\ \mathrm{d}x\mathrm{d}x+\frac{e,e-1,e-2}{1,2,3}x^{\overline{e-3}}\cdot\ \mathrm{d}x\mathrm{d}x\mathrm{d}x$$

(以此类推，直到$e-e$或0)

$$=\frac{1}{1}y^n+\frac{n}{1}y^{\overline{n-1}}\cdot\ \mathrm{d}y+\frac{n,n-1}{1,2}y^{\overline{n-2}}\cdot\ \mathrm{d}y\mathrm{d}y+\frac{n,n-1,n-2}{1,2,3}x^{\overline{n-3}}\cdot\ \mathrm{d}y\mathrm{d}y\mathrm{d}y$$

(以此类推，直到$n-n$或0)；

分别从两边去掉相等的 $a^{\frac{n-e}{\cdot}}x^e$ 和 y^n，它们彼此相等，然后将剩下的部分除以 $\mathrm{d}x$，最后，对于两个不断减少的量之间的比 $\mathrm{d}y:\mathrm{d}x$，用与之相等的两个量$(\mathrm{d})y:(\mathrm{d})x$ 的比代替,其中在差递减期间，或者在${}_2X$ 接近固定点${}_1X$ 期间，$(\mathrm{d})x$ 始终保持不变，我们有

$$\frac{e}{1}x^{e-1}+\frac{e,e-1}{1,2}x^{\frac{e-2}{\cdot}}\mathrm{d}x+\frac{e,e-1,e-2}{1,2,3}x^{\frac{e-3}{\cdot}}\mathrm{d}x\mathrm{d}x+\cdots$$

$$=\frac{n}{1}y^{\frac{n-1}{\cdot}}\frac{(\mathrm{d})y}{(\mathrm{d})x}+\frac{n,n-1}{1,2}y^{\frac{n-2}{\cdot}}\frac{(\mathrm{d})y}{(\mathrm{d})x}\mathrm{d}y+$$

$$\frac{n,n-1,n-2}{1,2,3}y^{\frac{n-3}{\cdot}}\frac{(\mathrm{d})y}{(\mathrm{d})x}\mathrm{d}y\mathrm{d}y+\cdots$$

现在，由于假设在这个一般规则中还包括差变为零的情况，即当点${}_2X$，${}_2Y$ 分别与点${}_1X$，${}_1Y$ 重合时的情况；因此，在这种情况下，令 $\mathrm{d}x$ 和 $\mathrm{d}y$ 等于 0，我们有

$$\frac{e}{1}x^{e-1}=\frac{n}{1}y^{n-1}\frac{(\mathrm{d})y}{(\mathrm{d})x},$$

其余项都为零，或$(\mathrm{d})y:(\mathrm{d})x=ex^{e-1}:ny^{\frac{n-1}{\cdot}}$。此外，正如我们已经解释过的，这个比$(\mathrm{d})y:(\mathrm{d})x$ 和 y 或者纵坐标${}_1X\,{}_1Y$ 与次切线${}_1X\,T$ 的比相等，这里假设 $T\,{}_1Y$ 与曲线相交于点${}_1Y$。

无论幂是整数幂，还是指数为分数的根式，该证明都适用。虽然我们也可以通过把方程的每一边提高到某个幂来摆脱分数指数，这样 e 和 n 就只表示有理指数幂，就不需要一直到无穷的级数了。此外，由上面给出的解释，无论如何都允许通过在差逐渐消失的情况下回到未分配的量 $\mathrm{d}y$ 和 $\mathrm{d}x$，就像其他情形一样，假设逐渐消失的量 $\mathrm{d}y$ 和 $\mathrm{d}x$ 的比等于$(\mathrm{d})y$ 和$(\mathrm{d})x$ 的比，因为这个假设总是可以归结为一个无可置疑的事实。

到目前为止，该算法已被证明适用于一阶差分。现在我将继续证明，同样的方法也适用于差分的差分。为此，取三个纵坐标${}_1X\,{}_1Y$，${}_2X\,{}_2Y$，${}_3X\,{}_3Y$，其中${}_1X\,{}_1Y$ 保持不变，但${}_2X\,{}_2Y$ 和${}_3X\,{}_3Y$ 不断接近${}_1X\,{}_1Y$，直到最后它们同时与之重合；如果${}_3X$ 接近${}_1X$ 的速度与${}_2X$ 接近${}_1X$ 的速度之比为${}_1X\,{}_3X$ 与${}_1X\,{}_2X$ 的比，那么上面的这种情况就会发生。还设两条直线$(\mathrm{d})x$ 和

${}_2(\mathrm{d})x$，其中$(\mathrm{d})x$ 对于任意位置的${}_2X$ 都是常数，而${}_2(\mathrm{d})x$ 对于任意位置的${}_3X$ 也是常数；再设$(\mathrm{d})y$ 与$(\mathrm{d})x$ 的比如同 $D\,{}_2Y$ 与${}_1X\,{}_2X$ 的比，或者如同 y(即${}_1X\,{}_1Y$)与${}_1X\,T$ 的比；因此，当$(\mathrm{d})x$ 保持不变时，$(\mathrm{d})y$ 将随着${}_2X$ 接近${}_1X$ 而改变同样地，设${}_2(\mathrm{d})y$ 与${}_2(\mathrm{d})x$ 的比值如同${}_2D\,{}_3\mathrm{Y}$ 与${}_2X\,{}_3X$ 的比，或者如同 $y+\mathrm{d}y$（即${}_2X\,{}_2Y$）与${}_2X\,{}_2T$ 的比；因此，当${}_2(\mathrm{d})x$ 保持不变时，${}_2(\mathrm{d})y$ 将随着${}_3X$ 接近${}_1X$ 而改变。

设$(\mathrm{d})y$ 始终取在变化线${}_2X\,{}_2Y$ 上，并设${}_2X\,{}_1\omega$ 等于$(\mathrm{d})y$，同样，在线${}_3X\,{}_3Y$ 上取${}_2(\mathrm{d})y$，并设${}_3X\,{}_2\omega$ 等于${}_2(\mathrm{d})y$。因此，当${}_2X$ 和${}_3X$ 不断地逼近直线${}_1X\,{}_1Y$ 时，${}_2X\,{}_1\omega$ 和${}_3X\,{}_2\omega$ 也不断地接近它，并最终与${}_2X$ 和${}_3X$ 同时重合。此外，记下纵坐标${}_1X\,{}_1Y$ 中${}_1\omega$ 不断逼近并最终与之重合的点，设为 Ω；假设 $T\,{}_1X$ 与曲线相交于点${}_1Y$,[①] 然后因为${}_1Y$ 和${}_2Y$ 确实重合，所以，${}_1X\,\Omega$ 是最终的$(\mathrm{d})y$，它和$(\mathrm{d})x$ 的比与纵坐标${}_1X\,{}_1Y$ 和次切线${}_1X\,T$ 的比相等。现在，由于无论${}_1Y$ 在曲线上的什么位置所有这些都可以做到，显然这样都会产生一条曲线 ΩΩ，它是曲线 YY 的差分；反之，曲线 YY 是曲线 ΩΩ 的求和，这一点可以很容易地证明。

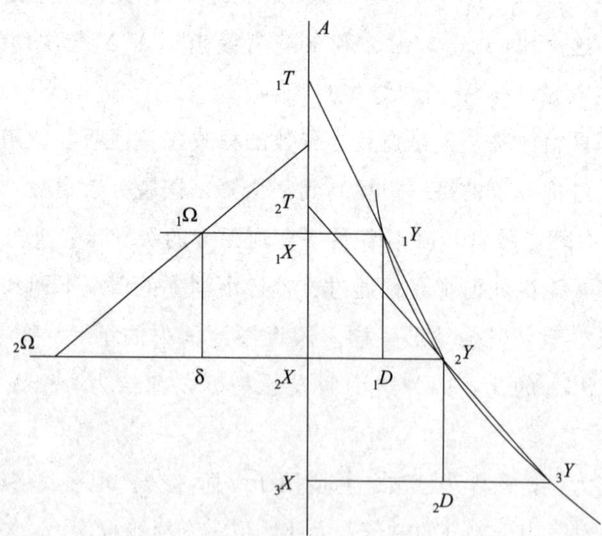

通过这种方法，微积分也可适用于差分的差分。

① 此句中 $T\,{}_1X$ 可能是${}_1T\,{}_1Y$。——中译者注

设$_1X\ _1Y$，$_2X\ _2Y$，$_3X\ _3Y$ 为三个纵坐标，其值为 y，$y+\mathrm{d}y$，$y+\mathrm{d}y+\mathrm{dd}y$，并设$_1X\ _2X(\mathrm{d}x)$和$_2X\ _3X(\mathrm{d}x+\mathrm{dd}x)$是任意距离，$D\ _2Y(\mathrm{d}y)$ 和$_2D\ _3Y(\mathrm{d}y+\mathrm{dd}y)$是差。现在$(\mathrm{d})y$ 和$_2(\mathrm{d})y$ 之间的差或$_1X\Omega$ 和$_2X_2\Omega$ 之间的差是$\delta\ _2\Omega$，$_1X\ _2X$ 和$_2X\ _3X$ 之间的差是 $\mathrm{dd}x$；再令$(\mathrm{d})\mathrm{d}x : (\mathrm{d})x=\mathrm{d}x : {}_2(\mathrm{d})x$，[①]同样地，令$(\mathrm{d})\mathrm{d}y : (\mathrm{d})y={}_2\Omega\delta : {}_1X\ _2X$ 或$_1X\Omega : {}_1XT$。

现在，为了举例，我们取 $ay=xv$。那么我们有 $a\mathrm{d}y=x\mathrm{d}v+v\mathrm{d}x+\mathrm{d}x\mathrm{d}v$，同样地，

$$\begin{aligned} a\mathrm{d}y+a\mathrm{dd}y &= (x+\mathrm{d}x)(\mathrm{d}v+\mathrm{dd}v)+(v+\mathrm{d}v)(\mathrm{d}x+\mathrm{dd}x)^{②}+ \\ &\quad (\mathrm{d}x+\mathrm{dd}x)(\mathrm{d}v+\mathrm{dd}v) \\ &= x\mathrm{d}v+x\mathrm{d}\,\mathrm{d}v+\mathrm{d}x\mathrm{d}v+\mathrm{d}x\mathrm{dd}v+v\mathrm{d}x+v\mathrm{dd}x+\mathrm{d}v\mathrm{d}x+ \\ &\quad \mathrm{d}v\mathrm{dd}x+\mathrm{d}x\mathrm{d}v+\mathrm{d}x\mathrm{dd}v+\mathrm{dd}x\mathrm{d}v+\mathrm{dd}x\mathrm{dd}v。\end{aligned}$$

分别从等式两边消去 $a\mathrm{d}y$ 和 $x\mathrm{d}x+v\mathrm{d}x+\mathrm{d}x\mathrm{d}v$，我们有

$$\frac{\mathrm{dd}y}{\mathrm{dd}x}=\frac{x}{a}\frac{\mathrm{dd}y}{\mathrm{dd}x}+\frac{v}{a}+\frac{2}{a}\frac{\mathrm{d}x\mathrm{d}v}{\mathrm{dd}x}+\frac{2\mathrm{d}v}{a}+\frac{2\mathrm{d}x\mathrm{dd}x}{a\mathrm{dd}x}+\frac{\mathrm{dd}v}{a}。$$

由此可见，$\mathrm{dd}y$ 和 $\mathrm{dd}x$ 的比可以用直线$(\mathrm{d})\mathrm{d}y$ 与$(\mathrm{d})x$ 的比来表示，即上面假定的直线，我们假设它在$_2X$ 和$_3X$ 接近$_1X$ 时保持不变。另外，即使在最后 $\mathrm{d}x$ 和 $\mathrm{dd}x$，$\mathrm{d}v$ 和 $\mathrm{dd}v$ 都被认为是零，$(\mathrm{d})\mathrm{d}x$ 也不会消失(因为它与$(\mathrm{d})x$ 有一个设定的比，无论$_2X$ 如何接近$_1X$，或无论 $\mathrm{d}x$ 多大，横坐标之间的差都只是减小)。同理，$\mathrm{dd}v$ 与 $\mathrm{dd}x$ 的比可以用可分配的直线$(\mathrm{d})\mathrm{d}v$ 与假定常数$(\mathrm{d})x$ 的比表示；甚至 $\mathrm{d}v\mathrm{d}x$ 与 $a\mathrm{dd}x$ 的比也可以这样表示；由于 $\mathrm{d}v : \mathrm{d}x=(\mathrm{d})v : (\mathrm{d})x$，从而有 $\mathrm{d}v\mathrm{d}x : \mathrm{d}x\mathrm{d}x=(\mathrm{d})v : (\mathrm{d})x$。因此，如果一条新的直线$(\mathrm{dd})x$ 满足 $a\mathrm{dd}x : \mathrm{d}x\mathrm{d}x=(\mathrm{dd})x\mathrm{s}(\mathrm{d})x$，那么，这条新的直线将是可分配的，即使 $\mathrm{d}x$，$\mathrm{dd}x$，…逐渐消失。因此，由于 $\mathrm{d}v\mathrm{d}x : \mathrm{d}x\mathrm{d}x=(\mathrm{d})v : (\mathrm{d})x$ 和 $\mathrm{d}v\mathrm{d}x : a\mathrm{dd}x=(\mathrm{d})x : (\mathrm{dd})x$，所以 $\mathrm{d}v\mathrm{d}x : a\mathrm{dd}x=(\mathrm{d})v : (\mathrm{dd})x$，这样最终就产生了

---

① 这使得$(\mathrm{d})\mathrm{d}x$ 成为不可分配的。这可能是莱布尼兹或格哈特在抄写时失误造成的误印；因为它与下一行的陈述之间没有相似之处。但我无法提供任何可行的纠正建议。

② 这是非常错误的。莱布尼兹显然是用 $x+\mathrm{d}x$ 来代替 x，……；这是不合理的，除非$_3X\ _3Y$ 被视为 $y+\mathrm{d}y+\mathrm{d}(y+\mathrm{d}y)$，以此类推；即使如此，也会带来新的困难。目前，这一行应该是

$$a\mathrm{d}y+a\mathrm{dd}y=x(\mathrm{d}v+\mathrm{dd}v)+v(\mathrm{d}x+\mathrm{dd}x)+(\mathrm{d}x+\mathrm{dd}x)(\mathrm{d}v+\mathrm{dd}v)。$$

鉴于这个错误和上面提到的错误，考虑这篇手稿的其余部分并不会收获什么。

一个方程，它尽可能地摆脱了那些可能变得模糊的比，即

$$\frac{(\mathrm{d})\mathrm{d}y}{(\mathrm{d})\mathrm{d}x}=\frac{x}{a}\frac{x(\mathrm{d})\mathrm{d}y}{(\mathrm{d})\mathrm{d}x}+\frac{y}{a}+\frac{2(\mathrm{d})y}{(\mathrm{dd})x}+\frac{2\mathrm{d}v}{a}+\frac{2\mathrm{d}x}{a}\frac{(\mathrm{d})\mathrm{d}y}{(\mathrm{d})\mathrm{d}x}+\frac{\mathrm{dd}v}{a}。$$

到目前为止，只要${}_1X$ 和${}_2X$ 不重合，所有的直线都被认为是可以分配的；但在重合的情况下，dv 和 dd$v$ 为零，我们有

$$\frac{(\mathrm{d})\mathrm{d}y}{(\mathrm{d})\mathrm{d}x}=\frac{x}{a}\frac{(\mathrm{d})\mathrm{d}v}{(\mathrm{d})\mathrm{d}x}+\frac{v}{a}+\frac{2(\mathrm{d})y}{(\mathrm{dd})x}+\frac{0}{a}+\frac{2(\mathrm{d})\mathrm{d}v}{(\mathrm{d})\mathrm{d}x}\frac{0}{a}+\frac{0}{a},$$

或者，去掉等于零的项，有

$$\frac{(\mathrm{d})\mathrm{d}y}{(\mathrm{d})\mathrm{d}x}=\frac{x}{a}\frac{(\mathrm{d})\mathrm{d}v}{(\mathrm{d})\mathrm{d}x}+\frac{v}{a}+\frac{2(\mathrm{d})y}{(\mathrm{dd})x}。$$

如果通过某种虚构的方式，假想 dx，dd$x$，dv，dd$v$，dy，dd$y$ 即使在它们变得渐趋消失时也保持存在，就好像它们是无限小的量一样(在这一点上没有任何危险，因为整件事情总是可以回到可分配的量上)，那么在点${}_1X$ 和${}_2X$ 重合的情况下，我们就会有这样的方程

$$\frac{\mathrm{dd}v}{\mathrm{dd}x}=\frac{x}{a}\frac{\mathrm{dd}y}{\mathrm{dd}x}+\frac{v}{a}+\frac{2}{a}\frac{\mathrm{d}x\mathrm{d}y}{\mathrm{dd}x}。$$

英译本参考文献

Cantor: Moritz Cantor, *Vorlesungen über die Geschichete der Mathematik*. Vol. Ⅱ, 2d ed., Leipsic, 1900; Vol. Ⅲ, 2d, ed., Leipsic, 1901.

Couturat, 1901: Louis Couturat, *La Logique de Leibniz d'après des documents inédits*. Paris, 1901.

Couturat, 1903: Louis Couturat, *Opuscules et fragements inédits de Leibniz*, Paris, 1903.

De Morgan's *Newton*: Augustus De Morgan, *Essays on the life and Work of Newton*. Edited with Notes and Appendices by Philip E. B. Jourdain. Chicago and London, 1914.

G.: Carl Imanuel Gerhardt (Ed.), *Die philosophischen Schriften von G. W. Leibniz*. Berlin, 1875—1890.

G., 1846: C. I. Gerhardt (Ed.), *Historia et Origo Calculi Differentialis a G. G. Leibnitio conscripta. Zur zweiten Säcularfeier des Leibnizischen Geburtstages aus den Handschriften der Königlichen Bibliothek zu Hannover*. Hannover, 1846.

G., 1848: C. I. Gerhardt, *Die Entdeckung der Differentialrechnung durch Leibniz, mit Benutzung der Leibnizischen Manuscripte auf der Königlichen Bibliothek zu Hannover*. Hannover, 1848.

G., 1855: C. I. Gerhardt, *Die Geschichte der höheren Analysis. Erste Abtheilung* [the only one which appeared]: *Die Entdeckung der höheren Analysis*. Halle, 1855.

G. *BW.*: C. I. Gerhardt (Ed.), *Der Briefwechsel von Gottfried Wilhelm Leibniz mit Mathematikern*. Vol. I, Berlin, 1899. Cf. De Morgan's *Newton*, p. 106.

G. *math.*: C. I. Gerhardt (Ed.), *Leibnizens mathematische Schriften*. Berlin and Halle, 1849-1863. See De Morgan's *Newton*, pp. 71-72.

Guhrauer: G. E. Guhrauer, *Gottfried Wilhelm Freiherr von Leibnitz: Eine Biographie*. 2 vols. Breslau, 1846.

Klopp: Onno Klopp (Ed.), *Die Werke von Leibniz*. Hannover, 1864-1877.

Latta: Robert Latta (Tr.), *Leibniz: The Monadology and other Philosophical Writings*. Translated, with Introduction and Notes. Oxford, 1898.

Merz: John Theodore Merz, *Leibniz*. No. 8 of Blackwood's *Philosophical Classics for English Readers*. Edinburgh and London, 1907.

Montgomery: George R. Montgomery, *Leibniz: Discourse on Metaphysics, Correspondence with Arnauld, and Monadology*. Chicago and London, 1902.

Rosenberger: Ferdinand Rosenberger, *Isaac Newton und seine physikalischen Principien. Ein Hauptstück aus der Entwickelungsgeschichte der modernen Physik*. Leipsic, 1895.

Russell: Bertrand Russell, *A Critical Exposition of the Philosophy of Leibniz, with an Appendix of Leading Passages*. Cambridge, 1900.

Sorlery: W. R. Sorley, "Leibnitz", *Encyclopaedia Britannica*, 9th ed., Vol. XIV, pp. 417-423. Edinburgh, 1882.

Tren: A. Trendelenburg, *Historische Beiträge zur Philosophie*. 3 vols. Berlin, 1867.

U.: Friedrich Ueberweg, *System der Logik und Geschichte der logischen Lehren*. 3d ed. Bonn, 1868.

科学元典丛书

1	天体运行论	[波兰] 哥白尼
2	关于托勒密和哥白尼两大世界体系的对话	[意] 伽利略
3	心血运动论	[英] 威廉·哈维
4	薛定谔讲演录	[奥地利] 薛定谔
5	自然哲学之数学原理	[英] 牛顿
6	牛顿光学	[英] 牛顿
7	惠更斯光论（附《惠更斯评传》）	[荷兰] 惠更斯
8	怀疑的化学家	[英] 波义耳
9	化学哲学新体系	[英] 道尔顿
10	控制论	[美] 维纳
11	海陆的起源	[德] 魏格纳
12	物种起源（增订版）	[英] 达尔文
13	热的解析理论	[法] 傅立叶
14	化学基础论	[法] 拉瓦锡
15	笛卡儿几何	[法] 笛卡儿
16	狭义与广义相对论浅说	[美] 爱因斯坦
17	人类在自然界的位置（全译本）	[英] 赫胥黎
18	基因论	[美] 摩尔根
19	进化论与伦理学（全译本）（附《天演论》）	[英] 赫胥黎
20	从存在到演化	[比利时] 普里戈金
21	地质学原理	[英] 莱伊尔
22	人类的由来及性选择	[英] 达尔文
23	希尔伯特几何基础	[德] 希尔伯特
24	人类和动物的表情	[英] 达尔文
25	条件反射：动物高级神经活动	[俄] 巴甫洛夫
26	电磁通论	[英] 麦克斯韦
27	居里夫人文选	[法] 玛丽·居里
28	计算机与人脑	[美] 冯·诺伊曼
29	人有人的用处——控制论与社会	[美] 维纳
30	李比希文选	[德] 李比希
31	世界的和谐	[德] 开普勒
32	遗传学经典文选	[奥地利] 孟德尔 等
33	德布罗意文选	[法] 德布罗意
34	行为主义	[美] 华生
35	人类与动物心理学讲义	[德] 冯特
36	心理学原理	[美] 詹姆斯
37	大脑两半球机能讲义	[俄] 巴甫洛夫
38	相对论的意义：爱因斯坦在普林斯顿大学的演讲	[美] 爱因斯坦
39	关于两门新科学的对谈	[意] 伽利略
40	玻尔讲演录	[丹麦] 玻尔
41	动物和植物在家养下的变异	[英] 达尔文
42	攀援植物的运动和习性	[英] 达尔文
43	食虫植物	[英] 达尔文

44 宇宙发展史概论 ［德］康德
45 兰科植物的受精 ［英］达尔文
46 星云世界 ［美］哈勃
47 费米讲演录 ［美］费米
48 宇宙体系 ［英］牛顿
49 对称 ［德］外尔
50 植物的运动本领 ［英］达尔文
51 博弈论与经济行为（60 周年纪念版） ［美］冯·诺伊曼 摩根斯坦
52 生命是什么（附《我的世界观》） ［奥地利］薛定谔
53 同种植物的不同花型 ［英］达尔文
54 生命的奇迹 ［德］海克尔
55 阿基米德经典著作集 ［古希腊］阿基米德
56 性心理学、性教育与性道德 ［英］霭理士
57 宇宙之谜 ［德］海克尔
58 植物界异花和自花受精的效果 ［英］达尔文
59 盖伦经典著作选 ［古罗马］盖伦
60 超穷数理论基础（茹尔丹 齐民友 注释） ［德］康托
61 宇宙（第一卷） ［德］亚历山大·洪堡
62 圆锥曲线论 ［古希腊］阿波罗尼奥斯
63 几何原本 ［古希腊］欧几里得
化学键的本质 ［美］鲍林

科学元典丛书（彩图珍藏版）

自然哲学之数学原理（彩图珍藏版） ［英］牛顿
物种起源（彩图珍藏版）（附《进化论的十大猜想》） ［英］达尔文
狭义与广义相对论浅说（彩图珍藏版） ［美］爱因斯坦
关于两门新科学的对话（彩图珍藏版） ［意］伽利略
海陆的起源（彩图珍藏版） ［德］魏格纳

科学元典丛书（学生版）

1 天体运行论（学生版） ［波兰］哥白尼
2 关于两门新科学的对话（学生版） ［意］伽利略
3 笛卡儿几何（学生版） ［法］笛卡儿
4 自然哲学之数学原理（学生版） ［英］牛顿
5 化学基础论（学生版） ［法］拉瓦锡
6 物种起源（学生版） ［英］达尔文
7 基因论（学生版） ［美］摩尔根
8 居里夫人文选（学生版） ［法］玛丽·居里
9 狭义与广义相对论浅说（学生版） ［美］爱因斯坦
10 海陆的起源（学生版） ［德］魏格纳
11 生命是什么（学生版） ［奥地利］薛定谔
12 化学键的本质（学生版） ［美］鲍林
13 计算机与人脑（学生版） ［美］冯·诺伊曼
14 从存在到演化（学生版） ［比利时］普里戈金
15 九章算术（学生版） （汉）张苍 耿寿昌
16 几何原本（学生版） ［古希腊］欧几里得

全新改版·华美精装·大字彩图·书房必藏

科学元典丛书，销量超过100万册!

——你收藏的不仅仅是“纸”的艺术品，更是两千年人类文明史!

科学元典丛书(彩图珍藏版)除了沿袭丛书之前的优势和特色之外，还新增了三大亮点：

①增加了数百幅插图。

②增加了专家的“音频+视频+图文”导读。

③装帧设计全面升级，更典雅、更值得收藏。

名作名译·名家导读

《物种起源》由舒德干领衔翻译，他是中国科学院院士，国家自然科学奖一等奖获得者，西北大学早期生命研究所所长，西北大学博物馆馆长。2015年，舒德干教授重走达尔文航路，以高级科学顾问身份前往加拉帕戈斯群岛考察，幸运地目睹了达尔文在《物种起源》中描述的部分生物和进化证据。本书也由他亲自“音频+视频+图文”导读。

《自然哲学之数学原理》译者王克迪，系北京大学博士，中共中央党校教授、现代科学技术与科技哲学教研室主任。在英伦访学期间，曾多次寻访牛顿生活、学习和工作过的圣迹，对牛顿的思想有深入的研究。本书亦由他亲自“音频+视频+图文”导读。

《狭义与广义相对论浅说》译者杨润殷先生是著名学者、翻译家。校译者胡刚复(1892—1966)是中国近代物理学奠基人之一，著名的物理学家、教育家。本书由中国科学院李醒民教授撰写导读，中国科学院自然科学史研究所方在庆研究员“音频+视频”导读。

《关于两门新科学的对话》译者北京大学物理学武际可教授，曾任中国力学学会副理事长、计算力学专业委员会副主任、《力学与实践》期刊主编、《固体力学学报》编委、吉林大学兼职教授。本书亦由他亲自导读。

《海陆的起源》由中国著名地理学家和地理教育家，南京师范大学教授李旭旦翻译，北京大学教授孙元林，华中师范大学教授张祖林，中国地质科学院彭立红、刘平宇等导读。